"十二五"国家重点图书出版规划项目

典型生态脆弱区退化生态系统恢复技术与模式丛书

黄河三角洲退化湿地生态恢复

——理论、方法与实践

陆兆华 等 著

科学出版社

北京

内 容 简 介

　　本书以黄河三角洲退化湿地为研究对象，以水为主线，对黄河三角洲湿地生态系统退化类型和退化机制、不同水源（淡水、咸水及废水）恢复退化湿地关键技术及退化湿地生态系统恢复模式进行了研究，并对区域湿地中人类影响最为剧烈的滨海湿地生态安全进行了评价，以期为黄河三角洲退化湿地生态系统的恢复提供方法和技术支撑。

　　本书可供生态学、农学、林学、水土保持、环境科学与环境工程等领域的研究人员和高校师生使用，亦可供环境保护、生态建设、自然保护区及区域可持续发展方面有关部门的管理工作者和技术人员参考。

图书在版编目(CIP)数据

黄河三角洲退化湿地生态恢复：理论、方法与实践 / 陆兆华等著.
—北京：科学出版社，2013
（典型生态脆弱区退化生态系统恢复技术与模式丛书）

"十二五"国家重点图书出版规划项目

ISBN 978-7-03-036766-2

Ⅰ. 黄…　Ⅱ. 陆…　Ⅲ. 黄河－三角洲－沼泽化地－生态恢复－研究
Ⅳ. P942.520.78

中国版本图书馆 CIP 数据核字（2013）第 035787 号

责任编辑：李　敏　张　菊 / 责任校对：李　影
责任印制：徐晓晨 / 封面设计：王　浩

科学出版社 出版
北京东黄城根北街 16 号
邮政编码：100717
http://www.sciencep.com

北京京华虎彩印刷有限公司 印刷
科学出版社发行　各地新华书店经销

*

2013 年 3 月第　一　版　　开本：787×1092 1/16
2017 年 4 月第四次印刷　印张：19 1/4　插页：10
字数：490 000

定价：150.00 元

如有印装质量问题，我社负责调换

《黄河三角洲退化湿地生态恢复——理论、方法与实践》
撰 写 成 员

主　　笔　陆兆华

成　　员　马克明　杨玉珍　王震宇　刘月良　于　妍

　　　　　夏江宝　谢文军　孙景宽　刘京涛　刘　庆

　　　　　夏孟婧

总　序

我国是世界上生态环境比较脆弱的国家之一，由于气候、地貌等地理条件的影响，形成了西北干旱荒漠区、青藏高原高寒区、黄土高原区、西南岩溶区、西南山地区、西南干热河谷区、北方农牧交错区等不同类型的生态脆弱区。在长期高强度的人类活动影响下，这些区域的生态系统破坏和退化十分严重，导致水土流失、草地沙化、石漠化、泥石流等一系列生态问题，人与自然的矛盾非常突出，许多地区形成了生态退化与经济贫困化的恶性循环，严重制约了区域经济和社会发展，威胁国家生态安全与社会和谐发展。因此，在对我国生态脆弱区基本特征以及生态系统退化机理进行研究的基础上，系统研发生态脆弱区退化生态系统恢复与重建及生态综合治理技术和模式，不仅是我国目前正在实施的天然林保护、退耕还林还草、退牧还草、京津风沙源治理、三江源区综合整治以及石漠化地区综合整治等重大生态工程的需要，更是保障我国广大生态脆弱地区社会经济发展和全国生态安全的迫切需要。

面向国家重大战略需求，科学技术部自"十五"以来组织有关科研单位和高校科研人员，开展了我国典型生态脆弱区退化生态系统恢复重建及生态综合治理研究，开发了生态脆弱区退化生态系统恢复重建与生态综合治理的关键技术和模式，筛选集成了典型退化生态系统类型综合整治技术体系和生态系统可持续管理方法，建立了我国生态脆弱区退化生态系统综合整治的技术应用和推广机制，旨在为促进区域经济开发与生态环境保护的协调发展、提高退化生态系统综合整治成效、推进退化生态系统的恢复和生态脆弱区的生态综合治理提供系统的技术支撑和科学基础。

在过去 10 年中，参与项目的科研人员针对我国青藏高寒区、西南岩溶地区、黄土高原区、干旱荒漠区、干热河谷区、西南山地区、北方沙化草地区、典型海岸带区等生态脆弱区退化生态系统恢复和生态综合治理的关键技术、整治模式与产业化机制，开展试验示范，重点开展了以下三个方面的研究。

一是退化生态系统恢复的关键技术与示范。重点针对我国典型生态脆弱区的退化生态系统，开展退化生态系统恢复重建的关键技术研究。主要包括：耐寒/耐高温、耐旱、耐盐、耐瘠薄植物资源调查、引进、评价、培育和改良技术，极端环境条件下植被恢复关键技术，低效人工林改造技术、外来入侵物种防治技术、虫鼠害及毒杂草生物防治技术，多层次立体植被种植技术和林农果木等多形式配置经营模式、坡地农林复合经营技术，以及受损生态系统的自然修复和人工加速恢复技术。

二是典型生态脆弱区的生态综合治理集成技术与示范。在广泛收集现有生态综合治理技术、进行筛选评价的基础上，针对不同生态脆弱区退化生态系统特征和恢复重建目标以及存在的区域生态问题，研究典型脆弱区的生态综合治理技术集成与模式，并开展试验示范。主要包括：黄土高原地区水土流失防治集成技术，干旱半干旱地区沙漠化防治集成技术，石漠化综合治理集成技术，东北盐碱地综合改良技术，内陆河流域水资源调控机制和水资源高效综合利用技术等。

三是生态脆弱区生态系统管理模式与示范。生态环境脆弱、经济社会发展落后、管理方法不合理是造成我国生态脆弱区生态系统退化的根本原因，生态系统管理方法不当已经或正在导致脆弱生态系统的持续退化。根据生态系统演化规律，结合不同地区社会经济发展特点，开展了生态脆弱区典型生态系统综合管理模式研究与示范。主要包括：高寒草地和典型草原可持续管理模式，可持续农—林—牧系统调控模式，新农村建设与农村生态环境管理模式，生态重建与扶贫式开发模式，全民参与退化生态系统综合整治模式，生态移民与生态环境保护模式。

围绕上述研究目标与内容，在"十五"和"十一五"期间，典型生态脆弱区的生态综合治理和退化生态系统恢复重建研究项目分别设置了 11 个和 15 个研究课题，项目研究单位 81 个，参加研究人员 463 人。经过科研人员 10 年的努力，项目取得了一系列原创性成果：开发了一系列关键技术、技术体系和模式；揭示了我国生态脆弱区的空间格局与形成机制，完成了全国生态脆弱区区划，分析了不同生态脆弱区面临的生态环境问题，提出了生态恢复的目标与策略；评价了具有应用潜力的植物物种 500 多种，开发关键技术数百项，集成了生态恢复技术体系 100 多项，试验和示范了生态恢复模式近百个，建立了 39 个典型退化生态系统恢复与综合整治试验示范区。同时，通过本项目的实施，培养和锻炼了一大批生态环境治理的科技人员，建立了一批生态恢复研究试验示范基地。

为了系统总结项目研究成果，服务于国家与地方生态恢复技术需求，项目专家组组织编撰了《典型生态脆弱区退化生态系统恢复技术与模式丛书》。本丛书共 16 卷，包括《中国生态脆弱特征及生态恢复对策》、《中国生态区划研究》、《三江源区退化草地生态系统恢复与可持续管理》、《中国半干旱草原的恢复治理与可持续利用》、《半干旱黄土丘陵区退化生态系统恢复技术与模式》、《黄土丘陵沟壑区生态综合整治技术与模式》、《贵州喀斯特高原山区土地变化研究》、《喀斯特高原石漠化综合治理模式与技术集成》、《广西岩溶山区石漠化及其综合治理研究》、《重庆岩溶环境与石漠化综合治理研究》、《西南山地退化生态系统评估与恢复重建技术》、《干热河谷退化生态系统典型恢复模式的生态响应与评价》、《基于生态承载力的空间决策支持系统开发与应用：上海市崇明岛案例》、《黄河三角洲退化湿地生态恢复——理论、方法与实践》、《青藏高原土地退化整治技术与模式》、《世界自然遗产地——九寨与黄龙的生态环境与可持续发展》。内容涵盖了我国三江源地区、黄土高原区、青藏高寒区、西南岩溶石漠化区、内蒙古退化草原区、黄河河口退化湿地等典型生态脆弱区退化生态系统的特征、变化趋势、生态恢复目标、关键技术和模式。我们希望通过本丛书的出版全面反映我国在退化生态系统恢复与重建及生态综合治理技术和模式方面的最新成果与进展。

典型生态脆弱区的生态综合治理和典型脆弱区退化生态系统恢复重建研究得到"十五"和"十一五"国家科技支撑计划重点项目的支持。科学技术部中国 21 世纪议程管理中心负责项目的组织和管理，对本项目的顺利执行和一系列创新成果的取得发挥了重要作用。在项目组织和执行过程中，中国科学院资源环境科学与技术局、青海、新疆、宁夏、甘肃、四川、广西、贵州、云南、上海、重庆、山东、内蒙古、黑龙江、西藏等省、自治区和直辖市科技厅做了大量卓有成效的协调工作。在本丛书出版之际，一并表示衷心的感谢。

科学出版社李敏、张菊编辑在本丛书的组织、编辑等方面做了大量工作，对本丛书的顺利出版发挥了关键作用，借此表示衷心的感谢。

由于本丛书涉及范围广、专业技术领域多，难免存在问题和错误，希望读者不吝指教，以共同促进我国的生态恢复与科技创新。

丛书编委会

2011 年 5 月

前　言

　　湿地被称为"地球之肾"，湿地作为地球生物圈功能最为重要的生态系统类型之一，是人类生存与发展重要的物质基础和生态支撑，同时亦是受人类影响和破坏最为严重的生态系统。最新研究成果表明，近20年我国湿地总面积减少了11.46%，由1990年的36.6万 km^2 减少到2008年的32.4万 km^2。其中人工湿地面积增加迅速，从1990年的23 115 km^2 增加到2008年的38 656 km^2，增幅为67.23%，而同期天然湿地减少了16.76%。长期的湿地开发和过度利用，使天然湿地资源面临丧失、破坏和功能退化等威胁。

　　黄河三角洲位于渤海南部黄河入海口沿岸地区，主要分布于山东省的东营市、滨州市境内，该区域自然资源较为丰富，生态系统独具特色。黄河三角洲作为我国面积变化最快的大河三角洲，发育了我国暖温带湿地生态系统类型最为多样、面积最为广阔和最为年轻的湿地生态系统。随着黄河三角洲经济社会的快速发展和土地利用方式的急剧转变，加之该区域自然灾害频繁，黄河三角洲原生自然湿地退化严重，恢复该区域退化湿地生态系统、重建环渤海西岸重要的生态屏障至关重要。

　　本书以黄河三角洲退化湿地为研究对象，系统研究了近30年来该区域湿地生态系统演变、湿地退化过程及退化机制；开发了利用不同水源（淡水、咸水及废水）恢复退化湿地关键技术及集成技术；建立了退化湿地生态系统恢复与生态产业循环经济模式；设计了黄河三角洲退化湿地区域恢复格局；提出了黄河三角洲湿地生态系统管理策略。本书集理论、方法、技术及模式于一体，长期为黄河三角洲退化湿地生态系统综合整治提供理论和技术支撑。

　　本书共分11章，参与本书各章节撰写的主要人员如下。第1章，陆兆华；第2章，陆兆华、杨玉珍、马克明；第3章，陆兆华、马克明、袁秀；第4章，陆兆华、杨玉珍、刘高焕；第5章，陆兆华、刘月良、崔保山；第6章，陆兆华、王震宇；第7章，陆兆华、谢文军、夏孟婧、刘志梅、刘擎、苗颖、赵艳云、赵西梅、田家怡、陈印平；第8章，陆兆华、夏江宝、李鹏辉、董丽洁、贾琼、李玲、杨红军；第9章，陆兆华、于妍、孙景宽、夏孟婧、裴定宇、贾岱、李甲亮、柳海宁、张立波；第10章，陆兆华、刘庆、李伟；第11章，陆兆华、刘京涛、马克明、张萌、杨玉珍。参考文献由夏孟婧、檀菲菲、荣戗戗、郭彩虹、陈曦及张萌等编辑。全书由陆兆华完成统稿和定稿。

　　本书得到"十一五"国家科技支撑计划项目"黄河三角洲生态系统综合整治技术与

模式"（2006BAC01A13）、"重要海湾海岸带典型受损生境修复关键技术研究与示范"（2010BAC68B01），"十二五"国家科技支撑计划项目"黄河三角洲湿地生态系统恢复与重建关键技术研究与示范"（2011BAC02B01）及国家自然科学基金项目"黄河三角洲湿地生态安全评价研究"（30770412）等支持。

　　本书涉及湿地生态恢复的理论、方法、退化湿地生态恢复技术及生态管理，研究内容涉及面宽，加之成书过程仓促，不免有认识和研究不足之处，敬请读者批评指正。

陆兆华

2012 年 12 月

目　　录

第1章　黄河三角洲湿地生态系统

1.1　湿地研究概述

湿地与森林、海洋一起并列为全球三大生态系统，它是陆生生态系统与水生生态系统之间的过渡带，是水陆相互作用形成的独特生态系统，是地球上重要的生存环境和自然界最富生物多样性的生态景观之一。湿地在调节气候、涵养水源、蓄洪防旱、控制土壤侵蚀、促淤造陆、净化环境、维持生物多样性和生态平衡等方面均具有其他生态系统所不能替代的作用，被誉为"地球之肾"、"生命的摇篮"、"文明的发源地"和"物种的基因库"。

湿地的水文条件是湿地属性的决定性因子。湿地既不像陆生系统那样干燥，也不像水生系统那样有永久性深水层，而是经常处于土壤水分饱和或有浅水层覆盖的动态状态。由于其水文条件多变，难以确定积水湿地与水域的界限及无水湿地与陆地的界限，因而至今对其还没有一个统一的定义。最早关于湿地的定义之一是由美国鸟类和野生动物保护协会于1956年提出的，即湿地是指被浅水或暂时性积水所覆盖的低地，一般包括草本沼泽、灌丛沼泽、苔藓泥炭沼泽、湿草甸、泡沼、浅水沼泽及滨河泛滥地，也包括生长挺水植物的浅水湖泊或浅水水体，河、溪、水库和深水湖泊等稳定水体不包括在内；湿地较为综合的定义是美国鱼类和野生动物保护协会于1979年提出的，即湿地是处于陆地生态系统和水生生态系统之间的转换区，通常其地下水位达到或接近地表，或处于浅水淹覆状态，湿地必须至少具有以下三个特点中的一个：①至少是周期性地以水生植物生长为优势；②基质以排水不良的水成土为主；③土层为非土质化土，并且在每年生长季的部分时间水浸或水淹。目前国际比较公认的湿地定义是《湿地公约》中的定义："湿地是指不问其为天然或人工、长久或暂时性的沼泽地、泥炭地、水域地带，静止或流动的淡水、半咸水、咸水，包括低潮时水深不超过6 m的海水水域"。《湿地公约》对湿地的定义有助于湿地的保护和管理，它比较具体，具有明显的边界，具有法律的约束力，在湿地管理工作中易于操作（杨永兴，2002）。另外，凡签署加入国际湿地公约的缔约国都已经接受这一定义，在国际上具有通用性（王丽荣和赵焕庭，2000）。

湿地科学是研究湿地形成、发育、演化、生态过程、功能及其机制和保护与利用的科学。是地理科学、环境科学、水文科学、生态科学和资源科学等多学科交叉形成的边缘学科。其研究对象是湿地生态系统，主要任务是揭示湿地的特征、形成、发育和演化规律与机制以及湿地的功能，探索人类活动对湿地生态系统的影响与响应，提出科学保护与合理利用湿地的对策和措施（张晓龙，2005）。1982年在印度召开了第一届国际湿地会议，标志着全球湿地研究进入了一个新的发展阶段。自此，世界湿地研究掀起了高潮，从发达国家到发展中国家都对湿地研究越来越重视。当前国际湿地科学研究的前沿和热点集中反映在每4年一届的国际湿地会议上。由国际生态学会举办的国际湿地会议，到目前已成功地举办了7届。第5届国际湿地会议在澳大利亚西海岸的佩斯（Perth）举行，大会的主题是"湿地的未来"（wetlands for the future）。会议旨在讨论增强湿地效益，防止和解决湿地丧失、功能衰退、生物多样性减少等问题及保护与重建湿地的策略和措施。第6届国际湿地会议正值新千年，所以也称"国际千年湿地会议"。会议在加拿大的魁北克举行，主题是"湿地、泥炭地的可持续发展"。这次会议上，湿地保护与管理受到普遍重视。最突出的特点是在湿地保护的战略、方针、政策与技术方面提出了新的观点和见解，提供了湿地保护示范区建设的方法与技术，提出了世界上重要湿地保护的计划与方案。第7届国际湿地会议于2004年7月在荷兰乌得勒支举行，会议汇集了湿地科学各主要分支学科的最新研究进展，并回顾在世界范围内有关水资源综合管理的主要研究热点。会议内容包括综合水资源管理中湿地的作用、环境管理中的湿地科学、湿地的生物地球化学功能、湿地环境中植物的作用、湿地的保护和管理、湿地恢复和重建、湿地和全球气候变化、湿地对改进水质的作用、热带湿地的功能和合理利用9个部分（张永泽，2001）。

从最近的三届国际湿地会议议题可以看出，湿地的管理和保护一直是湿地研究的前沿及重要内容。湿地与人类生存息息相关，它不仅为人类提供多种资源，而且具有巨大的生态价值和环境效益。然而，20世纪60年代以来，随着全球人口的急剧增加，以及工农业的快速发展，人类对湿地的不合理开发利用加剧，天然湿地日益减少，功能和效益急剧下降。随之而来的一系列生态与环境问题，使各国政府认识到加强湿地管理和保护的重要性。其中，湿地生态系统退化过程及机制一直是湿地管理、保护与研究的热点问题之一。

1.2　黄河三角洲湿地资源及其分类

1.2.1　黄河三角洲湿地资源概况

黄河三角洲位于渤海湾南岸和莱州湾西岸，主要分布于山东省东营市和滨州市境内，即117°31′~119°18′E和36°55′~38°16′N，是由古代、近代和现代的三个三角洲组成的联合体。由于黄河独特水沙条件和渤海弱潮动力环境的共同作用，黄河三角洲形成了中国温带最广阔、最完整和最年轻的原生湿地生态系统。三角洲呈掌状辐射的河床高地与河间洼地、辽阔的滩涂与浅海和人为、地貌因素，孕育了多种多样的湿地生态系统。黄河三角洲湿地主要以滨海湿地、河流及河漫滩湿地为主，主要分布在东部和北部地区（图1-1）。

黄河三角洲作为中国唯一的三角洲湿地自然保护区，已列入世界及中国生物多样性保护和湿地保护名录。黄河三角洲遍布天然草场、天然实生柳林和天然柽柳灌木林，有393种野生植物，其中野大豆等国家二级保护植物有广泛分布，是目前中国三大三角洲中唯一具有保护价值的原始生态植被地区。该保护区各种野生动物1524种，其中水生动物641种，水生动物中属国家一级保护的有2种，属国家二级保护的有7种。鸟类有269种，其中属国家一级重点保护的有丹顶鹤、白头鹤、白鹳、大鸨、金雕、白尾海雕、中华秋沙鸭

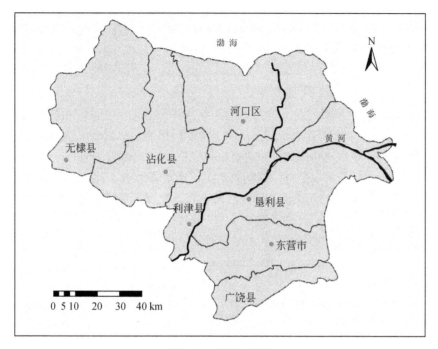

图 1-1　研究区范围

7 种；属国家二级保护的有大天鹅、灰鹤、白枕鹤等 34 种；有 40 种是列入《濒危野生动植物种国际贸易公约》中的鸟类，152 种是《中日保护候鸟及其栖息环境的协定》中的鸟类，51 种是《中澳保护候鸟及其栖息环境的协定》中的鸟类。黄河三角洲是我国丹顶鹤越冬的最北界，也是世界珍稀濒危鸟类黑嘴鸥的重要繁殖地。据湿地国际亚太组织专家 1997 年和 1998 年的实地调查认定，每年经过该区的鸟类仅鸥类就达 100 余万只，其中数量达到国际湿地标准的就有 17 种。黄河三角洲丰富的河口湿地资源，使其在全球生物多样性保护中的地位与日俱增（赵延茂和吕卷章，1996）。

1.2.2　黄河三角洲湿地生态系统特点

黄河三角洲的新生湿地生态系统由于成陆时间短、土壤含盐量高，且经常受到黄河断流和风暴潮的影响，因此具有如下特点。

1）不稳定性。由于黄河主河道游荡多变，尚未得到有效控制，同时还有遭遇大洪水的可能，因此河道湿地也时有变化，一些河道湿地也可能因生产堤的修建被农民改造为耕地；在"人造洪峰"的作用下，也能形成一些新的河道湿地。

2）原生性。黄河河道湿地大多处于湿地发展的初期阶段，土壤潜育化程度较低，土壤有机质积累不多的状况明显有别于典型的湿地水文生态系统。

3）生态环境的脆弱性。特殊的成因使黄河下游河道湿地的生态环境较为脆弱。黄河自 1972 年开始发生断流，进入 20 世纪 90 年代，断流河长及断流时间均迅速增加，甚至在汛期也经常发生断流。黄河断流对黄河下游河道湿地危害极大，使河道湿地不断萎缩甚至大片消亡。

4）水生植物贫乏。黄河下游河道湿地水生植物较为贫乏，这是由黄河水含沙量较高及河道湿地的不稳定性决定的。

1.2.2.1 地貌

地貌是黄河三角洲景观的载体，黄河三角洲独特的演化历史形成了颇具特色的地形地貌格局。黄河径流含沙量位于世界之首，由于含沙量极高，加之河口区坡降小，海域作用较弱，黄河的淤积速率和三角洲的延伸速率均居前茅。黄河尾闾河道的一个显著的特点，也是形成黄河三角洲的一个基本条件，即频繁改道。1855年至今，尾闾流路共发生了10次大的改道过程，其中，自1855年黄河改道大清河入海，至1934年黄河分流点自宁海下移至渔洼之前形成的三角洲，称为近代黄河三角洲；1934年后，黄河三角洲的摆动点由宁海下移至渔洼，形成以渔洼为顶点，北至挑河、南至宋春荣沟的现代黄河三角洲（图1-2）。

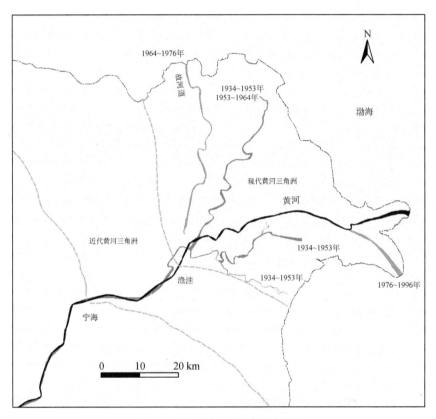

图1-2　现代黄河三角洲河道变迁

黄河是黄河三角洲地貌类型的主要塑造者。地貌发育直接受近代黄河三角洲的形成和演变的控制。黄河三角洲地势低平，自西南向东北微倾。三角洲各期数十条大小分流河道均为地上河，河床及两侧的堆积体（天然堤、决口扇）高出周围地面1～2m，自三角洲顶点向海指状辐散（图1-3，见彩图）。分流河道之间为河间洼地，河道相对密集叠合的地带形成较宽大的指状岗地。岗地向三角洲顶点宁海－于洼附近辐聚汇合成高程6～7m的掌状高地，向海辐射伸出，形成上部冲积平原地貌格架（崔承琦等，1994）。

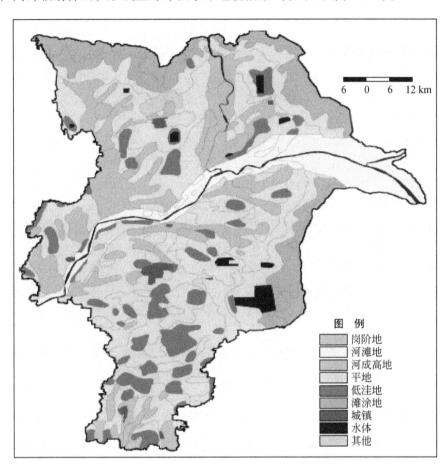

图 1-3　黄河三角洲地貌类型图（刘高焕和汉斯·德罗斯特，1997）

图　例

岗阶地
河滩地
河成高地
平地
低洼地
滩涂地
城镇
水体
其他

1.2.2.2　土壤

　　土壤的形成发育是在三角洲成陆过程中，不断受到黄河泛滥改道和尾闾摆动塑造的微地貌形态、海岸线变迁、海水侵袭、潜水浸润、大气降水、地面蒸发、植被演替以及人为垦殖等多种因素的影响，使它发育演替的方向不断变化，从而形成了各种不同类型的土壤，并且新生陆地目前还在不断加入到土壤演替的系列中，从而表现出各成土类型、不同成土阶段并存的分布格局。表现在纵向上，顺黄河而下依次分布着潮土和盐土，潮土类中的潮土亚类多分布在境内现行黄河入海流路的中上段和黄河故道的上段，向下则为盐化潮土而且盐化程度随离海距离减少而加重。盐土类中以滨海潮盐土为主，近海为滩地盐土；在横向上，以黄河或以黄河故道为基轴，向两侧延伸，盐化程度也随之加重，土壤类型也基本上依次分布着潮土、盐化潮土、潮盐土；在质地上由于黄河决口泛滥时的水选作用，近河多为砂质，渐远为壤质或黏质，河滩高地主要是砂质土，微斜平地多为壤质土，浅平洼地多分布着黏质土（刘庆生等，2003）。

1.2.2.3　植被

(1) 落叶阔叶林

刺槐林主要分布在黄河北侧中心路以西和黄河故道东侧。黄河口管理站刺槐林林龄在10年以下，黄河故道东侧刺槐林林龄为10～20年，郁闭度为0.4～0.9，形成自然保护区森林的主体。其分布生境多系由黄河泛滥改道形成的新淤土地，海拔为2～3 m，土壤肥沃，土壤含盐量在0.3%以下。

(2) 沼泽植被

1) 沼生芦苇群落。沼生芦苇群落广泛分布于各种河口湿洼地和滨海沼泽地，群落生境一般都有季节性积水现象，芦苇高为120～150 cm，盖度为85%～98%。芦苇的生态适应幅度相当广，在对水的关系上，既可以成群大面积生长在浅水沼泽中，又可以在季节性积水的各种环境下繁茂生长；在对土壤盐分的关系上，既可以在含盐量较低的土壤中生长，又可以在含盐量较高的土壤中生长。

2) 杞柳群落。杞柳属喜光喜湿植物，多生于低洼草地、河边水位高的砂质滩地上。杞柳微耐盐碱，在10～15 cm土层含盐量为0.38%～1.17%、pH7.5～8.5的盐渍化较低的土地以及滨海潮盐土地带，仍生有频度高、盖度高达40%～60%的杞柳群落。

(3) 盐生植被

盐生植被主要分布于年高潮线内侧，常与湿生植被呈复区分布。以盐生植物为主构成的群落主要有柽柳群落、碱蓬群落、獐毛群落、中华补血草群落等类型。

1) 柽柳群落。柽柳群落面积约10 000 m^2，是天然的海岸灌丛，一般分布在平均海水高潮线以上的近海滩涂上，地势平坦，土壤为淤泥质盐土，地下水埋深1.5～2.5 m，土壤含盐量0.25%～2.76%，是在盐地碱蓬群落的基础上发展起来的植被类型。柽柳具有耐旱、耐水湿（耐涝）、耐瘠薄、耐寒、耐盐碱、抗风沙等特性，是盐碱地造林的优良树种。

2) 碱蓬群落。碱蓬群落是淤泥质潮滩和重盐碱地段的先锋植物，向陆地方向可与柽柳群落呈复区分布，生境一般比较低洼，地下水埋深一般为0.5～3.0 m或常有季节性积水，土壤多为滨海盐土或盐土母质，土壤盐分较重。碱蓬和柽柳、黄须一并被称为盐碱地的"三件宝"。

1.2.2.4　水文

黄河三角洲入海河流有20多条，黄河是流经三角洲地区最长、影响最深刻的河流，还有小清河等客水河道，黄河入海年总径流量占各河入海总径流量的94.2%，年输沙量占各河总输沙量的99.8%，除黄河外，其他多是排涝河道，多年平均总径流量为3.25亿m^3。地表水多为季节性河流，黄河4～6月也常出现断流现象，1995年黄河利津以下从3月4日到7月27日断流122天，1997年断流达到226天。黄河三角洲浅层地下水主要靠大气降水补给，在形成过程中一方面受黄河侧渗和下渗的影响；另一方面受海洋潮汐顶托、淹没作用的制约，受含盐土体和海水影响，形成近代黄河三角洲高矿化度地下水的主要特征。地下水流向与三角洲地面坡向一致，水力坡度小于万分之一，从西南流向东北，地下水位与大气降水关系密切，夏季7～9月丰水期地下水水位最高（2～4 m），3～6月最低（4~6 m）。浅层水矿化度为 7.7~167.5 g/L，平均为 24.6 g/L。所以，地下水基本为松散岩类孔隙水，因地处滨海，系黄河冲积退海平原且地面高程不大，地下水埋深浅，矿化度高，地下咸水分布面积占地下水总面积的 70% 以上，地下淡水资源严重缺乏。

1.2.2.5　生态系统演替

生态系统演替是指在特定的地段，一个生态系统依次被另外一个生态系统所取代，它包括空间演替系列和时间演替系列两种类型。生态系统的演替实质上就是系统自身发育和外界环境因素综合作用的结果。

土壤盐分和土壤水分是影响现代黄河三角洲植被空间分异最主要最直接的因素（赵延茂等，1994）：黄河三角洲生态系统演替总是伴随着地下水埋深和土壤盐分的不同而变化，区域内的地势、地形、潮汐、改道、河道摆动、堆积与侵蚀乃至人为干扰往往都是通过改变土壤含盐量和土壤水分来影响植物的生长、发育和繁殖的。从空间上看，在地势低的地带，潜水埋藏浅，矿化度高，土壤含盐量也高，分布着为强度耐盐的植物群落，如盐地碱蓬群落（Form. *Suaeda salsa*）、柽柳群落（Form. *Tamarix chinensis*）；随着地势的升高，潜水埋藏深，矿化度变低，土壤含量减少，分布着中度耐盐的植物群落，如獐毛群落（Form. *Aeluropus littoralis* var. *sinesis*）和轻度耐盐的植物群落，如白茅群落（Form. *Imperata cylindrica*）、茵陈蒿群落（Form. *Artemisia capillaris*）、拂子茅群落（Form. *Calamagrostis epigejos*）和狗尾草群落（Form. *setaria viridis*）等杂草群落（赵善伦等，1993）。从时间上看，在无人为干扰的条件下，生态系统总是伴随着土壤的脱盐过程向暖温带落叶阔叶林生态系统方向演替。随着泥沙的淤积，浅海抬高变成滩涂。一年生盐生植物开始侵入，海洋生态系统演替为滩涂湿地和一年生盐生植物生态系统。一年生盐生植物的生长又为其他植物的侵入提供了条件，同时由于黄河来水和天然降水，形成了大面积湿地，因此，在一些积水洼地形成了咸水植物生态系统和沼生盐生植物生态系统。随着陆地不断向海推进，地面不断抬高，咸水植物生态系统和沼生盐生植物生态系统逐渐脱水旱化，为盐生植物的侵入和生长创造了条件。由于盐生植物的生长，地面不断抬高，土壤不断脱盐，一些较耐盐的非盐生植物逐渐取代盐生植物而成为群落优势种，直至演替为暖温带落叶阔叶林生态系统。

1.2.3　黄河三角洲湿地分类

湿地分类作为湿地研究的基础，分类系统合理与否直接影响湿地资源调查、湿地管理与保护和湿地评价等多方面的研究工作。但由于所采用的湿地概念、研究目的和方法以及湿地的地域性差异等原因，不同的国家，甚至同一国家不同的研究学者在湿地分类上也可能表现出明显的不同，从不同的角度出发可以对湿地进行不同的分类。因此同湿地概念一样，目前世界上还没有形成统一公认的湿地分类系统。

最早的湿地分类开始于 1900 年左右对欧洲和北美泥炭地的分类。从 20 世纪初到现在，不同国家和地区根据他们的研究实际提出了各自不同的湿地分类系统。50 年代初，美国鱼和野生动物管理局对湿地进行了一次调查和分类，结果发表于《39 号通告》上，该分类把湿地划分为四大类：内陆淡水湿地、内陆咸水湿地、海岸淡水湿地、海岸咸水湿地。在每一类中，按水深和淹水频率增加的顺序，再划分为 20 个湿地类型。这个湿地分类系统在 1979 年之前，在美国得到广泛应用。此后 Cowardin 等（1979）提出了成因分类体系，采用系统、亚系统、类、亚类、主体型、特殊体六级体系将美国湿地分为 5 个系统［滨海湿地（marine）、河口湿地（estuerine）、河流湿地（riverine）、湖泊湿地（lacustrine）、沼泽湿地（palustrine）］、10 个亚系统和 55 个类。Brinson（1993）提出了水文地貌分类法。目前美国是对湿地分类体系研究最深入也最为完整的国家。

加拿大国家湿地工作组 1987 年召开了湿地分类专题会议，提出了加拿大类、型、体三级分类系统，首先根据湿地生态系统的成因分为 5 类（藓类沼泽 bog；草本泥炭沼泽 fen；河、湖滨湿地或腐泥沼泽 marsh；森林泥炭沼泽或湿地 swamp；浅水湿地 shallow water），再根据湿地地表形态、模式、水源补给类型和土壤性状又分为 70 个湿地型，然后根据植被外貌再细分为更多的基本类型（体）。澳大利亚对湿地分类也进行了较多的研究，主要有北部的湿地植物和地理学分类系统、南部的湿地植被分类系统，另外还有 Mills 和 Norman 的假分级、Kirlpatrick 湿地分类系统等。

近年来，随着我国湿地研究的深入，我国学者亦开始研究湿地分类，湿地分类思想也呈现出多元化的趋势。传统上根据水源补给、地貌类型、水动力条件和优势生物种群的不同类型，将海岸带滩涂湿地划分为潮上带湿地、潮间带湿地、潮下带湿地 3 类和 12 个湿地自然与人工综合体。陆健健在《中国湿地》中按照《湿地公约》确定的湿地定义，将中国湿地分为 22 种类型，并在《中国滨海湿地分类》一文中，将海平面 6 m 至大潮高潮位之上与外流江河流域相连的微咸水和淡咸水湖泊、沼泽以及相应的河段间的区域分为潮上带淡水湿地、潮间带滩涂湿地、潮下带近海湿地、河口沙洲离岛湿地 4 个子系统及若干型，并对各个子系统和型进行了界定。易朝路等（1998）在开展江汉－洞庭湖平原湖泊调查中就曾进行了湿地分类和制图工作，分类原则主要有两条：一条是分类系统必须反映湿地的本质特征，另一条是分类系统要保证分类单元能从遥感图像上分辨出来。陈建伟等（1995）提出针对实施湿地调查工作的 6 种湿地类型，分别是沼泽湿地、河流草丛湿地、湖边浅水水生植物湿地、红树林湿地、盐碱滩涂湿地、浅海滩涂湿地。2000 年国家林业局颁布的《中国湿地保护行动计划》中，将湿地分为 5 种类型，即人工湿地、沼泽湿地、河流湿地、湖泊湿地、浅海滩涂湿地。刘红玉等（1995）在研究湿地景观生态制图分类原则的基础上，对三江平原湿地建立了一套完整的景观生态制图分类系统：第一级按人类活动影响程度划分为：自然湿地景观、半自然湿地景观、人工湿地景观；第二级按地貌划分为：河漫滩、阶地、湖滨、洼地、谷地；第三级对沼泽湿地植被 25 种类型进行模糊聚类归并，得出不同比例尺的地图制图景观类型。另外，黄桂林等（2000）对辽河三角洲湿地作了四级分类系统、刘红玉等（2000）对辽河三角洲作了三级分类系统以及陈建伟等（1995）的中国湿地分类系统等。总的来说，目前还没有形成既能与《湿地公约》接轨，又符合我国国情的湿地分类系统。

黄河三角洲湿地分类系统所遵循的分类原则如下所述。

1）湿地分类的结构是分级式的。由大到小，一些主要层次应符合《湿地公约》建议采用的湿地分类系统，并与现有全国湿地调查与监测中采用的湿地分类体系相结合。

2）要包括所有主要湿地类型，适合各湿地类型的实际情况。

3）要具有方法上的可操作性和实用性，各类型可以通过人工判读法和专家判断法。

4）由于是大尺度范围内的湿地分类，各类型可以进行粗放分类，但不宜偏离过大。

5）着重整合湿地所在区域的地形地貌、湿度带、水分带、土壤以及植被等属性数据。

在《湿地公约》中的湿地分类系统的基础下，借鉴国内外研究成果，结合黄河三角洲湿地景观的自身特点，提出了黄河三角洲湿地分类系统。该系统共分为三级。第一级根据成因的自然属性将湿地分为天然湿地和人工湿地两大类。第二级根据土地覆被的不同分为水库、坑塘水面、人工水渠、养殖水面、盐田、上农下渔、裸滩涂、河流、草甸湿地、沼泽湿地和灌草丛湿地 11 类。第三级根据典型湿地植被类型分为 12 类。黄河三角洲湿地分类系统见表 1-1。

表 1-1 黄河三角洲湿地分类系统

一级分类	二级分类	三级分类
人工湿地	水库	
	坑塘水面	
	人工水渠	
	养殖水面	
	盐田	
	上农下渔	
天然湿地	裸滩涂	
	河流	
	草甸湿地	芦苇草甸
		翅碱蓬草甸
	沼泽湿地	芦苇沼泽
	灌草丛湿地	柽柳灌草丛
非湿地	农田	
	林地	
	居民点	
	公路	
	未利用地	

制定黄河三角洲湿地分类体系时，要根据黄河三角洲的形成特点和变化规律，既能充分反映湿地本质特征，还要便于湿地资源的调查和管理。目前湿地遥感调查手段已经得到广泛应用，制定的湿地分类系统也要保证基本分类单元能从遥感图像上分辨出来，只要能够从遥感照片上分辨出的最小湿地单元，原则上就可以作为一个类型。

1.3 黄河三角洲湿地面临的生态环境问题

由于黄河三角洲湿地淡水补给水源严重缺乏和区域城市化发展及农业开发所带来的土

地围垦行为影响，目前黄河三角洲湿地萎缩和生态功能破坏问题极为严重，出现了淡水湿地面积快速萎缩、生态构架体系改变和功能退化问题。具体表现为湿地在三角洲土地面积中的比例持续和快速减小，以湿生沼泽植物带、挺水植物带和浮叶及沉水植物带为代表的淡水湿地生态结构与功能受到侵害，淡水水生维管束植被被盐生和人工耕作植被所替代，淡水湿地景观逐渐演变为耕地和盐沼湿地，产生了河口水盐水平衡及生态系统格局与发育演替破坏、河口湿地面积和生态功能萎缩、湿地生物量和生物多样性水平下降、鸟类栖息环境恶化等一系列问题，河口生态结构与演替出现了逆向发展的危险局面，湿地乃至河口生态安全受到严重威胁。

目前黄河三角洲湿地生态系统所面临最为严重的生态环境问题主要包括以下几个方面。

（1）湿地退化、面积萎缩

根据遥感卫星图片调查资料，黄河三角洲在20世纪80年代中期前，陆域湿地面积达到400余万公顷，长期以来土地格局的变化主要是盐碱地向耕地演变，其淡水湿地受城市化发展和黄河缺水的影响并不十分突出，淡水湿地面积长期稳定在200万 hm^2 左右，其中水生植被面积达到160万 hm^2，有20余万 hm^2 的淡水湿地由黄河直接补水，河口湿地生态功能长期处于危害影响的基线以下，其功能属于良好等级的范畴。而进入90年代以后，黄河三角洲陆域湿地萎缩现象加剧，淡水湿地向盐沼湿地逆向演替的速率加快，至21世纪初，三角洲陆域湿地总面积已减少为260万 hm^2，淡水湿地的水生植被面积大规模萎缩、生物量减少，淡水湿地面积减少100万 hm^2 左右，水生植被面积下降48万 hm^2。在河口区具备依靠黄河水直接补给条件的陆域淡水湿地面积7.9万 hm^2（水生植被面积3.3万 hm^2），单位生物量水平减少40%左右，对河口三角洲的稳定构成威胁。

另据最新的研究表明，由于受渤海湾海洋动力等因素的影响，黄河三角洲北部沿岸的蚀退面积从1996年开始已大于黄河入海口新增土地面积。据山东省地质矿产勘查开发局测算，1996年以来黄河三角洲正以每年平均7.6 km^2 的速率在蚀退，并且呈恶化趋势；至2004年，累计减少陆地面积68.2 km^2。三角洲地区的滨海湿地生态系统受到严重损害。虽然黄河三角洲自然保护区的建立和发展对盐碱化湿地的保护发挥了巨大作用，但并不能遏制整个三角洲盐碱化湿地退化的趋势。据统计，黄河三角洲在20世纪50年代初期，柽柳与芦苇面积曾达2000 km^2，而目前仅剩324.48 km^2，还有继续减少的趋势。

（2）湿地盐碱化趋势加重

黄河三角洲位于滨海湿润–半湿润海水浸渍盐渍区渤海氯化物盐渍土片，属于现代积盐过程。土壤盐渍过程先于成土过程，是在盐渍淤泥的基础上逐渐成陆发育而成。陆地形成以后又受到海水经常性的淹没和侧向侵渍，在强烈的蒸发积盐作用下形成高矿化度的滨海盐渍土。随着陆地形成过程的进一步发展和自然植被的繁衍，土壤形成过程加强，积盐过程减弱，逐渐演化为各种草甸盐土。因此，黄河三角洲原生土壤盐渍化现象非常普遍。黄河三角洲地区主要利用黄河水发展灌溉农业。地势低平造成排水不畅，再加上黄河水侧渗和海水浸润顶托，导致该地区次生土壤盐碱化现象也非常严重。

据统计，在1985~2004年，湿地退化为盐碱地的面积由1985年的4.93亿 m^2 增加为

2004 年的 6.31 亿 m^2，增加了 7.9%。盐碱化湿地已成为黄河三角洲湿地退化面积最大、最具代表性、同时亦是最难恢复的湿地类型，并且正在不断加剧恶化。

（3）湿地植被退化、生物多样性降低

芦苇、柽柳、杞柳、翅碱蓬等草本和灌丛植被在黄河三角洲滨海及淡水湿地广泛分布，是构成黄河三角洲湿地生态系统的重要组成成分，但自 20 世纪 60 年代以来的毁林开垦，使杞柳、柽柳等灌丛面积减少了 75%。黄河三角洲天然草甸湿地约有 18.5 万 hm^2，现因滩涂开发、水产养殖、人工水库和道路建设以及毁草种粮，天然草地面积减少了 15% 以上。

第2章 黄河三角洲湿地景观格局变化及其驱动因素

湿地景观格局及其动态变化是湿地生态学研究的热点，在"3S"基础上以数量分析方法研究湿地景观格局的空间特征与变化过程是最常用的研究方法。土地利用与土地覆盖变化对湿地景观的结构和功能产生深刻的影响。采用定量分析的方法研究景观格局在土地利用方面的时空演变，揭示景观格局的演变趋势及其内在机制，进而实现该地区景观生态系统的良性循环和可持续发展，可为湿地生态恢复工程提供理论指导和技术支持。

认识景观格局与复杂生态过程之间的内在机制、准确预测景观变化及其后果，以及实现景观格局和生态过程优化途径，景观模型是解决这些问题的重要途径。近年来，景观格局优化更多地考虑景观要素的空间分布、数量配置，概念模型、数学模型等传统生态过程模拟方法难以实现景观格局优化多目标要求。而GIS技术可以实现景观要素空间化和生态过程在空间上模拟。例如，Holzkamper等（2007）提出LUPOlib景观格局优化方法，通过语言程序实现生态过程模拟，改变景观斑块的拓扑关系优化景观的空间状况，实现生态过程和景观空间格局优化的统一。Saroinsong等（2007）综合土壤侵蚀风险、土地适宜性和经济现状三个方面的信息，采用土地资源信息系统对农业景观格局优化。Seppelt等（2000）也对农业土地景观格局与营养盐流失进行模拟，提出格局优化途径。Quine等（2009）应用最小网络耗费评价破碎化林地生态恢复效果和不同格局优化方案对景观连通性的影响；Moilanen（2007）将景观区域、功能优化和目标规划三者统一于选择保护策略，而优化景观格局和功能也是一种选择保护途径。以上研究为景观格局优化提供了新的思路和方法，能够从空间上反映景观的空间差异和变化规律，有利于对空间格局和复杂生态过程的理解，但对景观格局优化的效果和对生态过程的影响缺乏评价。

2.1 景观格局研究概述

格局（pattern）一词应用非常广泛，在各个领域均有体现，如地理学、地质学、生态学、市场经济学等，其主要表达了研究对象在空间和时间范围内的分布、配置关系和对比状况。格局既是静态概念，也表现出动态的特征，分析各个时段某景观的分布格局，就可以得出它的变化轨迹。

景观格局一般是景观元素斑块和其他结构成分的类型、数量以及空间分布与配置模式，包括景观的空间特征（如景观组分的大小、形状及结构等）和非空间特征（如景观元素的类型、面积、比例等）两部分。景观格局研究的目的是剖析异质性地表不同景观组分的组成情况和构建特点，总结景观异质性的内在规律，从表面上无序的景观中发现潜在有意义的有序性，从而深入了解景观空间结构的基本特点，揭示景观格局的空间关系。

"斑块—廊道—基质"模式是现在被大多数学者接受的景观格局模式，斑块是指景观中相对零碎的、均质的块状单元，如植物、湖泊、民居等；廊道是指景观中与相邻环境不同的线性或带状结构，包括河流廊道、道路廊道等；基质是指在空间上分布最广、连接度最高，在景观功能上起优势作用的景观要素。景观格局的定量研究就是对组成景观格局的斑块、廊道、基质进行定量的统计和分析，以获取景观的空间结构特征。

景观结构的斑块特征、空间相关程度以及详细格局特征可通过一系列数量方法进行研究。景观指数是指能够高度概括景观格局信息，反映其结构组成和空间配置某些方面特征的简单定量指标，已成为定量研究景观格局和动态变化的主要方法之一（张芸香和郭晋平，2001）。景观指数可用来描述和表征景观类型之间的分布状况、空间配置关系和优势度，也可用来描述和监测景观结构特征随时间的变化，识别景观中生态学特征的空间梯度（陈利顶等，2002）。大量文献已经讨论了景观格局分析指标和分析方法（肖笃宁，1992；邬建国，2000），它为揭示景观结构与功能之间的关系、刻画景观动态提供了研究思路，已成为定量描述和定量分析景观格局的常用方法。

国内对湿地景观格局变化研究始于 20 世纪 90 年代，主要采用景观格局空间分布特征指数（景观多样性指数、优势度指数、均匀度指数及斑块分维数）和景观性异质性指数（聚集度及破碎化指数、景观破碎化指数、廊道密度指数、斑块密度指数、景观斑块破碎化指数、景观斑块形状破碎化指数等）等十几种指标来研究湿地景观格局的变化（刘世梁和傅伯杰，2001）。陈康娟和王学雷（2002）选用景观格局空间分布特征指标以及空间构型指标（景观破碎化指数和聚集度）研究了人类活动影响下的四湖地区湿地的景观格局，指出人类干扰程度的增加导致湿地景观多样性下降，优势度和景观破碎化程度增强。王宪礼等（1997）计算并分析了景观多样性指数、优势度指数、均匀度指数、景观破碎化指数、斑块分维数、聚集度指数 6 种景观指数，对辽河三角洲湿地景观的格局与异质性进行了研究。

在对黄河河口湿地的研究中，布仁仓（1999）以地理信息系统（Arc/Info）为手段，利用遥感卫星图片（TM5）及其他相关图件，以地貌、土壤与植被作为景观分类指标，把黄河三角洲的景观分成八大类，30 个景观类型。在此基础上，以斑块的周长面积比值、相对面积及与其他景观类型之间的空间相关关系作为识别基质的指标，判定黄河三角洲景观的基质是柽柳–芦苇潮盐土斜平地景观；根据斑块的周长面积比值识别廊道，并进行定量化研究。采用斑块密度对黄河三角洲景观的破碎化进行分析，发现生态交错带内斑块密度大，老河道附近景观破碎化严重。王介勇等（2005）以 TM 遥感影像为基本信息源，将黄河三角洲的垦利县分为旱田、水田、林草地、建设用地、水域、盐荒地和未利用地 7 种景观类型，利用景观类型空间结构信息中的破碎度、分维数倒数、分离度构建景观类型脆弱度指数，并用反映景观类型对外界环境的响应特征的敏感度和生态适宜度指数对空间格局指数进行了补充和修正，对垦利县景观脆弱度的空间格局与动态特征进行分析。郭笃发（2006）以黄河三角洲海岸线以上 3 km 缓冲带为研究区，将研究区土地覆被分为水域、芦苇、林地、耕地、柽柳、柽柳芦苇、翅碱蓬獐毛、滩涂、建设用地 9 种类型。用土地利用程度综合指数来反映研究区土地利用格局，计算分维数、多样性指数、优势度和景观破碎度等景观格局特征值，通过景观格局特征值的变化来研究实验区土地覆被变化对景观格局的影响。

本研究以基于 SPOT5 影像调查解译的黄河三角洲湿地景观类型分类为基础，利用景观指数从植被景观层次上分析现代黄河三角洲景观格局特征及生境状况。湿地景观格局取决于湿地资源地理的分布和组分，与湿地生态系统抗干扰能力、恢复能力、稳定性、生物多样性有着密切的联系。同时，湿地景观格局又是在不断发展变化着，目前的格局是在过去的景观流的基础上形成的。因此，分析湿地景观格局随时间的动态过程可以揭示湿地景观变化的规律和机制，为最终实现湿地资源的可持续利用提供理论依据。长期以来，景观格局研究一直是景观生态学研究的核心内容之一，是景观生态学中一个重要的解释性参数，对理解一个区域的景观背景和过程具有重要的价值。特别是在人类活动频繁的三角洲平原地区，研究人类干扰的区域差异对景观格局的影响，可以定量地探讨人类活动对区域资源与环境的改造程度，进而为黄河三角洲的规划和管理提供决策支持的科学依据。

2.2 黄河三角洲湿地景观格局变化

2.2.1 数据来源与处理

2.2.1.1 数据来源

本研究所用遥感数据为 Landsat 遥感影像（MSS、TM、ETM$^+$），数据前期已经进行了几何校正和辐射校正。所获取 MSS 轨道号为 130~34/121~34（表2-1 和表2-2）。同时使用 1:50 000 黄河三角洲基础数据。

表 2-1　遥感卫星及其分辨率

卫星	周期（d）	辐射宽度（km²）	波段数	分辨率（m）	频率（μm）
Landsat 1~3	18	170×183	4	80	0.5~1.18
Landsat 4~5	16	185×185	7	30、120	0.45~2.35
Landsat 7	16	185×185	8	15、30、60	0.45~2.35

表 2-2　分类用的遥感影像信息

年份	成像时间 130~34/121~34
1979	MSS（1979.4、1979.5、1979.8、1979.10、1979.11）
1989	TM（1989.2）
1999	ETM +（1999.10）
2009	TM（2009.6）

2.2.1.2 影像处理

影像处理和影像分析主要应用 ArcGIS 9.2、Erdas 9.1、ENVI 4.5、Fragast3.3软件。将

影像投影转换到 UTM/WGS84 坐标系中，以 1∶50 000 地形图为参考，选择地面控制点，对所用影像统一进行了几何精纠正（几何配准）处理，按照研究区行政边界裁剪。为了提高所用遥感影像数据的可判读性，需要对数字图像进行变换（缨帽变换）、校正、重采样、数据融合及增强处理。配准后的影像检查点的误差小于一个相元（即 RMS < 1），用双线性内插法对图像进行 30 m 重采样。结合实地调查，建立遥感解译标志，在 Arc GIS 9.2 软件中进行目视解译，通过人工目视解译和计算机遥感图像自动解译分类，并进行野外精度验证。参照影像获取时间段的物候特征，利用多波段、多时相特点或纹理、阴影特征，对年黄河三角洲地区陆地卫星 TM 影像解译。参照《湿地公约》中的湿地分类，同时根据土地利用的生态效益和经济效益将 TM 影像划分为林草地、河渠、水库坑塘湖泊、潮滩、工矿、盐碱地、沼泽和其他 8 种地类，各期影像采用相同的景观分类系统、相同的地图投影和最小制图单元。结果见表 2-3。

表 2-3　黄河三角洲景观类型分类

景观类型	含义
林草地	指生长乔木、灌木等林木的林地，生长草本植物为主的土地
河渠	包括河流、水渠
水库坑塘湖泊	包括水库、坑塘、湖泊
潮滩	沿海高潮位与低潮位之间的潮侵带，河流湖泊低水位至常水位之间的滩地
工矿	包括虾蟹池、盐池、油田
盐碱地	植被盖度低地区
沼泽	有水有植物地区
其他	包括城镇用地、农村居民点、耕地、工矿交通用地等

2.2.1.3　分析指数

基于景观格局指数的空间格局分析是当前景观生态学研究的重要基础内容，不仅数据源准确度、尺度效应显著影响景观格局指数，土地利用类型划分也对景观格局指数具有显著影响（彭建等，2006）。景观格局通常是指景观的空间结构特征，具体是指由自然或人为形成的，一系列大小、形状各异，排列不同的景观镶嵌体在景观空间的排列，它既是景观异质性的具体表现，又是包括干扰在内的各种生态过程在不同尺度上作用的结果。空间斑块性是景观格局最普遍的形式，它表现在不同的尺度上。景观格局及其变化是自然的和人为的多种因素相互作用所产生的一定区域生态环境体系的综合反映，景观斑块的类型、形状、大小、数量和空间组合既是各种干扰因素相互作用的结果，又是影响该区域的生态过程和边缘效应。不同的景观类型在维护生物多样性、保护物种、完善整体结构和功能、促进景观结构自然演替等方面的作用是有差别的；同时，不同景观类型对外界干扰的抵抗能力也是不同的。因此，对某区域景观空间格局的研究，是揭示该区域生态状况及空间变异特征的有效手段。可以将研究区域不同生态结构划分为景观单元斑块，通过定量分析景观空间格局的特征指数，从宏观角度给出区域生态环境状况。Fragstat3 将景观格局指数分为斑块水平、类型水平和景观水平三种类型。针对面积/密度/边长、形状、聚集/分布、连续性和多样性等指标主要选取了以下指数：斑块数目（NP）、斑块密度（PD）、边界密度（ED）、蔓延度（聚集度）（CONT）、聚合度（景观离散性指数）（AI）、分离度（DIVISION）、斑块结合度（COHESION）、Shannon 多样性指数、Simpson 均匀度指数（SIEI）等，其计算公式与含义参见相关文献（邬建国，2002）。

2.2.2　湿地景观格局

2.2.2.1　黄河三角洲湿地景观格局变化

黄河三角洲各湿地景观 30 年变化数据见表 2-4。从表中可以看出，黄河三角洲林草地所占比例大幅度减少，沼泽先减少，在 2000 年后，保护区内进行了恢复措施，沼泽有所增加。滩地和盐碱地减少，主要是被开发为虾蟹池。

表 2-4　黄河三角洲各湿地景观 30 年变化

类型	年份	面积（hm²）	面积（%）	斑块数（个）	总边界（km）	边界密度（km/km²）	景观形状指数
林草地	1979	179 765.9	23.4	50	2 272 350	3.0	13.7
	1989	117 125.7	15.2	51	2 168 190	2.8	16.1
	1999	92 352.3	12.0	147	2 473 830	3.2	20.5
	2009	61 623.5	8.1	174	2 480 490	3.3	25.1
沼泽	1979	36 322.3	4.7	15	506 910	0.7	6.9
	1989	23 931.3	3.1	27	485 400	0.6	7.9
	1999	10 782.2	1.4	67	518 970	0.7	12.5
	2009	15 091.8	2.0	117	777 030	1.0	16.2
盐碱地	1979	84 185.9	11.0	45	1 553 040	2.0	13.8
	1989	55 329.5	7.2	33	1 169 370	1.5	12.8
	1999	98 815.9	12.8	71	2 361 720	3.1	19.2
	2009	55 815.4	7.3	48	1 933 560	2.5	21.6
滩地	1979	49 690.8	6.5	26	825 450	1.1	11.6
	1989	54 538.4	7.1	17	574 500	0.7	9.0
	1999	27 741.6	3.6	31	531 540	0.7	11.4
	2009	14 287.6	1.9	34	452 850	0.6	12.9

景观格局动态变化分析的主要内容是结合各种动态模型的计算结果，反映景观要素的增减趋势、景观多样性的增减比例、各景观类型所占比例差异的变化以及景观在空间上的转移、扩张与收缩程度等，揭示湿地景观格局的变化过程与演变规律。利用景观动态度模型、相对变化率模型和空间质心模型等可以分析各景观类型的动态变化特征与过程。景观动态度模型和相对变化率模型分别反映了湿地景观面积的变化程度和区域差异；空间质心模型则反映了湿地斑块类型的空间转移规律，可结合景观类型图的叠加分析，通过景观格

局变化图和景观要素转移矩阵进行分析（图 2-1，见彩图和图 2-2）。

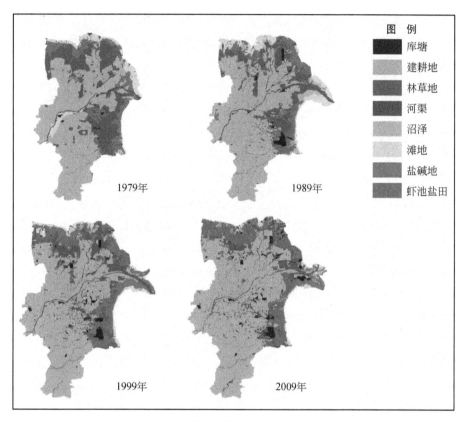

图 2-1　黄河三角洲景观动态变化

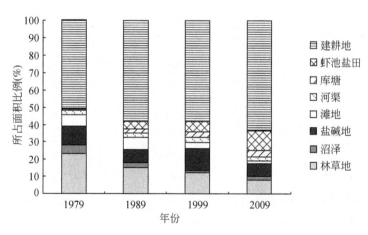

图 2-2　各类型景观面积占总面积的比例

图 2-1 为解译得到的东营地区不同时期景观类型分布图。图 2-2 为各类型景观面积所占总面积的比例。由图 2-2 可以看出，沼泽、滩地、林草地在近 30 年逐渐减小，库塘和虾池盐田等都在增加，建耕地也逐步增加。2009 年黄河三角洲地区自然地（林草地、沼泽、盐碱地、滩地）景观面积较小，仅占到研究区面积的 20% 左右，且以盐碱地为主导

湿地景观类型占到研究区面积的 10% 左右，林草地景观也约占到 10%。

2.2.2.2 湿地景观结构变化

表 2-5 反映了东营市 1979～2009 年景观异质性指数的变化。由表 2-5 可以看出，黄河三角洲景观格局逐渐破碎化，从 1979～2009 年，景观斑块数从 561 个增加到 2818 个。景观形状指数逐渐增大，景观均匀度逐渐减小。通过密度指数和平均接近指数，可反映斑块的破碎程度，同时也反映景观空间异质性程度；通过多样性指数对比，可在不同尺度上反映各湿地景观类型所占比例的差异，进而分析湿地景观的多样性及其增减程度；根据优势度指数和形状指数可判断占优势的景观类型及其湿地景观的空间构型。

表 2-5　1979～2009 年东营景观异质性指数变化

指数	1979 年	1989 年	1999 年	2009 年
斑块个数	561	1814	2563	2818
斑块密度	0.07	0.24	0.33	0.37
最大斑块指数	25.85	22.93	23.17	50.00
边界密度	6.60	8.75	11.83	12.39
景观形状指数	16.80	21.27	28.00	29.13
斑块结合度	99.83	99.82	99.82	99.88
分离度	0.86	0.88	0.88	0.73
聚合度	99.01	98.70	98.23	98.15
Shannon 多样性指数	1.37	1.41	1.39	1.28
Simpson 均匀度指数	0.74	0.71	0.71	0.65

（1）景观多样性指数

景观多样性是指景观元素或生态系统在结构、功能及随时间变化方面的多样性，它反映景观的复杂性。景观多样性包括景观类型多样性、组合格局多样性和斑块多样性。此处选用景观类型多样性，它是指景观中类型的丰富程度和复杂程度，类型多样性的测度多考虑不同景观类型在景观中所占面积的比例和类型的多少。

根据信息论原理，参考 Shannon-Wiener 指数，景观多样性指数为

$$H = - \sum_{i=1}^{m} P_i \times \log(P_i) \tag{2-1}$$

式中，H 为多样性指数；P_i 为景观类型 i 所占面积的比例；m 为景观类型的数目。H 值越大，表示景观多样性越大。

优势度用于测度景观结构中一种或几种景观类型支配景观的程度，它与多样性指数成反比，对于景观类型数目相同的不同景观，多样性指数越大，其优势度越小，其表达式为

$$D = H_{\max} + \sum_{i=1}^{m} P_i \times \log(P_i) \tag{2-2}$$

式中，D 为景观的优势度；$H_{\max}$ 为最大多样性指数，$H_{\max} = \log(m)$。

（2）景观的破碎度

景观的破碎度是指景观被分割的破碎程度，它与自然资源保护密切相关，许多生物物种的保护均要求有大面积的自然生境，随着景观的破碎化和斑块面积的不断缩小，适于生物生存的环境在减小，这将直接影响物种的繁殖、扩散、迁移和保护。

2.2.3　湿地景观变化的过程分析

为了反映景观类型用地面积的变化幅度与变化速率以及区域土地利用变化中的类型差异，变化幅度用某一时段研究末期与研究初期面积的差值表示，变化速率用景观类型的变化率指数（单一土地利用类型动态度）表示，它表征的是单一土地利用类型的时序变化和区域土地利用动态的总体状况及其区域分析的一个量，其计算公示如下：

$$K = \frac{U_b - U_a}{U_a} \times \frac{1}{T} \times 100\% \tag{2-3}$$

式中，K 为研究时段内区域某一种土地利用类型变化率；U_a、U_b 分别为研究时段开始与结束时该土地利用类型的面积；T 为研究时段。变化率指数可直观反映类型变化的幅度与速率，也易于通过类型间的比较反映变化的类型差异，从而探测其背后的驱动或约束因素。由于各种用地类型或不同区域相同用地类型的面积基础不同，变化率指数高的类型只是变化快的类型，并不一定是区域变化的主要类型。依据动态度模型，得到研究区不同时段各景观类型的变化幅度和速率，见表2-6。

表 2-6　黄河三角洲各景观类型动态变化

景观类型	1979～1989 年		1989～1999 年		1999～2009 年		平均	
	幅度（km²）	速率（%）	幅度（km²）	速率（%）	幅度（km²）	速率（%）	幅度（km²）	速率（%）
林草地	−626.40	−34.9	−247.73	−21.2	−307.29	−33.3	−393.81	−29.8
沼泽	−123.91	−34.1	−131.49	−54.9	43.10	40.0	−70.77	−16.4
盐碱地	−288.56	−34.3	434.86	78.6	−430.00	−43.5	−94.57	0.3
滩地	48.48	9.8	−267.97	−49.1	−134.54	−48.5	−118.01	−29.3
自然	−990.40	−28.3	−212.33	−8.5	−828.74	−36.1	−677.16	−24.3
河渠	13.78	6.9	−4.79	−2.3	−40.26	−19.4	−10.42	−4.9
库塘	112.06	213.7	80.63	49.0	27.66	11.3	73.45	91.3
虾池盐田	333.72	2754.2	134.87	39.0	370.31	77.0	279.63	956.7
建耕地	577.24	14.8	−26.27	−0.6	377.98	8.5	309.65	7.6

2.2.4　湿地景观变化的空间趋向性分析

土地利用变化是区域不同景观类型间竞争的表现，各转化类型则反映了土地利用变化的内在过程。转移矩阵可全面具体地刻画区域景观类型变化的结构特征与各用地类型变化的方向，便于了解研究初期各类型土地的流失去向以及研究末期各景观类型的来源与构成。

表 2-7、表 2-8 和表 2-9 分别表示研究区 1979～1989 年、1989～1999 年、1999～2009 年土地利用类型转移特征，表 2-10 表示黄河三角洲各景观类型累计转移概率。

表 2-7　1979～1989 年土地利用类型转移特征　　　　（单位：km²/10a）

景观类型	河渠	建耕地	库塘	林草地	滩地	虾池盐田	盐碱地	沼泽
河渠	52.13	55.12	1.11	21.21	9.74	0.00	26.82	16.08
建耕地	48.17	3642.49	26.13	403.82	118.71	0.32	90.09	157.21
库塘	1.63	21.52	14.27	115.04	2.94	0.02	7.74	1.36
林草地	23.08	132.56	7.06	702.93	37.55	0.13	157.53	80.99
滩地	22.62	0.61	0.00	40.01	52.83	0.00	249.21	1.64
虾池盐田	4.74	25.29	1.68	199.78	36.32	11.63	57.89	8.54
盐碱地	11.24	30.68	1.91	228.22	29.78	0.00	186.69	61.17
沼泽	8.90	1.69	0.26	86.42	26.18	0.00	46.16	36.28

表 2-8　1989～1999 年土地利用类型转移特征　　　　（单位：km²/10a）

景观类型	河渠	建耕地	库塘	林草地	滩地	虾池盐田	盐碱地	沼泽
河渠	116.31	49.03	2.19	9.90	15.15	1.04	2.97	3.25
建耕地	45.83	4062.14	13.21	269.53	1.07	20.78	41.83	6.57
库塘	4.24	86.78	99.53	40.75	1.07	0.79	11.47	0.42
林草地	25.25	195.44	32.10	502.52	10.21	20.51	74.54	62.71
滩地	3.87	0.71	0.00	4.03	187.98	0.03	26.23	3.60
虾池盐田	3.23	42.80	10.13	82.59	12.01	268.69	53.66	7.59
盐碱地	12.35	34.55	4.83	205.29	218.86	32.47	327.38	138.73
沼泽	1.05	15.70	2.52	56.39	1.58	1.13	13.07	16.41

表 2-9　1999～2009 年土地利用类型转移特征　　　　（单位：km²/10a）

景观类型	河渠	建耕地	库塘	林草地	滩地	虾池盐田	盐碱地	沼泽
河渠	108.21	23.65	1.13	10.75	8.53	0.63	9.96	1.82
建耕地	50.09	4216.37	58.79	307.79	0.12	56.50	135.20	13.65
库塘	3.13	23.62	157.35	12.36	0.86	12.38	49.71	13.46
林草地	12.03	102.83	13.45	368.23	0.69	36.96	63.00	19.05
滩地	1.32	0.10	0.00	0.06	76.72	5.49	45.79	0.10
虾池盐田	6.01	52.13	6.86	135.06	30.57	330.66	283.44	5.57
盐碱地	12.92	30.77	1.79	48.78	43.83	35.02	335.44	31.34

表 2-10　黄河三角洲各景观类型累计转移概率　　　　（单位:%）

景观类型	河渠	建耕地	库塘	林草地	滩地	虾池盐田	盐碱地	沼泽
河渠	3.66	1.70	0.06	0.56	0.44	0.02	0.53	0.28
建耕地	1.91	158.07	1.30	13.04	1.61	1.03	3.55	2.38
库塘	0.12	1.74	3.58	2.24	0.06	0.17	0.91	0.20
林草地	0.80	5.71	0.69	20.91	0.65	0.76	3.93	2.16
滩地	0.37	0.02	0.00	0.59	4.19	0.07	4.30	0.07
虾池盐田	0.19	1.59	0.25	5.56	1.05	8.06	5.23	0.29
盐碱地	0.48	1.27	0.11	6.41	3.85	0.89	11.25	3.06
沼泽	0.21	0.38	0.11	2.44	0.45	0.06	1.41	1.00

　　由于研究时段较多，在分析景观类型之间的转换变化时，为避免某些时段可能与其他时段有逆换的现象，这里引入累计转换量。就是用各个时期景观类型之间的转换之和来反映研究时段内景观类型转换的趋势，公式如下：

$$P_{ij} = \left[\sum_{i=1}^{n} S_{ij}/S_{总} \right] \times 100 \tag{2-4}$$

式中，P_{ij} 为 i 类景观类型向 j 类景观类型的累计转换率；i、j 为研究区内景观类型；S_{ij} 为某一时段 i 景观类型向 j 景观类型转换的面积；n 为时段；$S_{总}$ 为研究区土地总面积。

　　由表 2-7 ~ 表 2-10 数据分析可知，30 年间，林草地转为建耕地、盐碱地、虾池盐田等，而盐碱地转为虾池盐田是黄河三角洲景观转移的主要现象。

2.2.5　湿地景观变化的空间形式分析

2.2.5.1　热点地区分析与动态度

　　动态度特指目前常用的综合土地利用动态度。动态度指数（LC）综合考虑了研究时段内景观类型间的转移，着眼于变化的过程而非变化的结果，其意义在于反映区域土地利用变化的剧烈程度，便于在不同空间尺度上找出土地利用变化的热点区域。其计算公示为

$$LC = \frac{\sum_{i=1}^{n} \Delta LU_{i-j}}{\sum_{i=1}^{n} LU_{i}} \times \frac{1}{T} \times 100\% \tag{2-5}$$

式中，LU_i 为研究期初 i 类景观类型面积；ΔLU_i 为研究时段内 i 类景观类型转换为非 i 类（j 类，$j=1-n$）景观类型的面积；T 为研究时段。动态度指数的意义在于可以刻画区域土地利用变化程度，是分析与描述热点区域土地利用变化的一条捷径。表 2-11 显示的是黄河三角洲各景观类型的动态度。由表 2-11 可以看出，沼泽、盐碱地、林草地、滩地、河渠等是土地动态变化较高的景观类型。

表 2-11　黄河三角洲各景观类型动态度

时段	河渠	建耕地	库塘	林草地	滩地	虾池盐田	盐碱地	沼泽
1979 ~ 1989 年	69.78	6.84	72.79	60.89	83.18	3.91	77.29	90.01
1989 ~ 1999 年	45.17	9.47	39.50	57.09	58.03	22.22	40.60	93.14
1999 ~ 2009 年	45.86	5.48	35.79	60.13	54.06	31.22	65.39	79.36

2.2.5.2 景观格局变化的重心转移

区域景观空间变化的一个总体特征是类型重心迁移，这一特征可以用重心坐标变化来反映。重心坐标的计算方法如下：

$$X_t = \frac{\sum\limits_{i=1}^{n} C_{ti} \times X_i}{\sum\limits_{i=1}^{n} C_{ti}} \qquad Y_t = \frac{\sum\limits_{i=1}^{n} C_{ti} \times Y_i}{\sum\limits_{i=1}^{n} C_{ti}} \tag{2-6}$$

式中，X_t、Y_t 分别为第 t 年某景观类型分布重心的经纬度坐标；C_{ti} 为第 i 个小区该类型的面积；X_i、Y_i 分别为第 i 个小区几何中心的经纬度坐标。通过考察景观类型重心的迁移，可以在一定程度上了解区域土地利用空间格局的变化，将重心转移的方向、转移距离与区域自然条件相联系，定性层面上可反映土地利用类型质量的总体变化趋势。黄河三角洲各景观类型 30 年来空间重心转移趋势如图 2-3 所示。

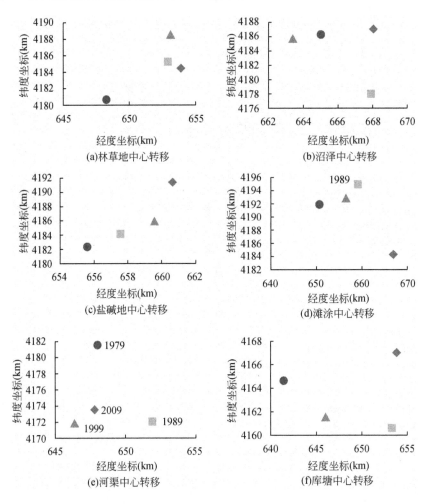

(a)林草地中心转移　　　　(b)沼泽中心转移

(c)盐碱地中心转移　　　　(d)滩涂中心转移

(e)河渠中心转移　　　　(f)库塘中心转移

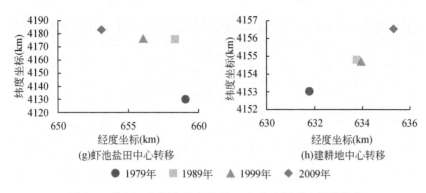

图 2-3　黄河三角洲各景观类型 30 年来空间重心转移趋势

由图 2-3 可以看出，盐碱地、建耕地有向东北方向转移的显著趋势。盐碱地在每 10 年内向东北方向转移的距离相差不大。

黄河三角洲湿地管理的最终目标是湿地的可持续性，必须从黄河三角洲地区社会经济发展、生态保护等方面，尊重河口演变的客观规律，维持湿地健康。黄河三角洲的可持续发展需要科学、技术和管理的支持。

2.3　黄河三角洲湿地退化驱动因子

由于自然和人为因素，黄河三角洲湿地生态系统面临着如下问题。①水资源短缺，湿地面积明显减少。黄河的状况和动态，如泥沙淤积、改道、洪水泛滥等是影响湿地生态系统演化的主要因子。②湿地生态系统结构发生了显著变化，植物群落建群种少，结构简单，植被覆盖率低。木本植物很少，以草甸景观为主体。③土壤盐渍化程度加重，土地生态趋于脆弱，抑制植物生长，导致植被逆向演替。④水质改变；部分重要湿地污染较为严重。⑤大量开荒、油田开发使耕地、建设等用地迅速增加，导致对景观的较大破坏。⑥湿地资源的非持续利用。黄河三角洲湿地退化的驱动力可从自然因素和人为因素两个方面进行分析。

2.3.1　自然因素

黄河径流量和输沙量变化是影响黄河三角洲景观格局变化的主要自然因素。图 2-4 和

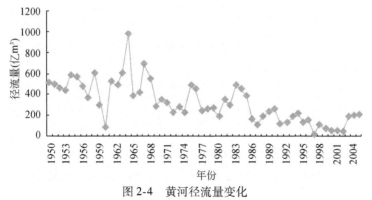

图 2-4　黄河径流量变化

图2-5显示的是1950～2004年黄河径流量和输沙量的变化。由图可以看出，黄河径流量和泥沙运输量总体是减小的趋势，从2001年后径流量有所提高。

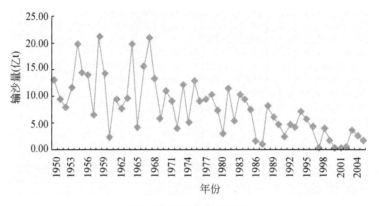

图2-5　黄河输沙量变化

研究表明，黄河径流量和输沙量减少导致河口造陆功能减退，湿地面积减少（图2-6）。同时海潮冲刷也使湿地面积减小，在刁口地区，当黄河水沙不再流经该地区后，陆地和湿地面积在减小，同时该地区由于受海潮的影响，土壤盐渍化，生态环境和生物种群发生变化（图2-7）。

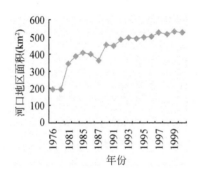

图2-6　河口地区30年面积变化

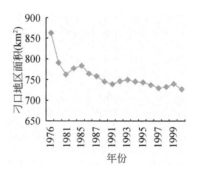

图2-7　刁口地区30年面积变化

2.3.2　人为因素

土地资源是人类社会赖以生存与发展的重要物质基础，土地利用的结构、模式、效益等都与资源、环境及社会经济发展的关系密切，包括自然条件、人为活动、社会经济发展水平，以及潜在的经济学规律等各方面。土地利用格局动态变化的实质是人类活动为满足社会经济发展的需要，不断调配各种土地利用过程，反映了人类利用土地进行生产、生活活动的发展趋势。对区域土地利用与社会经济发展关系的研究，有助于了解土地利用动态变化的原因及机制，并通过调整人类社会经济活动，促使区域土地利用趋于合理化，从而实现区域土地可持续利用与高效利用的目的。而区域生态经济发展状况又可影响区域土地资源的配置状况。区域经济发展要以土地资源的合理利用为重要支撑，土地利用类型与结构差异的影响,制约着区域经济的发展格局。

2.3.2.1 土地利用

黄河三角洲(东营市)近 30 年(1979~2009 年)景观变化与社会经济指标间的相关性分析(表 2-12)表明,人口数量与林草地面积和自然地面积呈显著负相关,与库塘、虾池盐田面积呈显著正相关,虽然各产业生产总值与林草地面积相关性不显著,但随着各生产总值的增大,林草地和自然地的面积都在减小。第一产业生产总值随虾池盐田面积增加而显著增大;第二产业、第三产业没有显著相关的因素(图 2-8)。

表 2-12 黄河三角洲各年(1979 年、1989 年、1999 年、2009 年)景观与社会经济之间的关系

社会经济指标	林草地	沼泽	盐碱地	滩地	自然地	河渠	库塘	虾池盐田	建耕地
人口	− 0.99 *	− 0.91	− 0.23	− 0.89	− 0.98 *	− 0.56	0.99 *	0.98 *	0.94
第一产业	− 0.93	− 0.77	− 0.33	− 0.93	− 0.96 *	− 0.77	0.90	0.98 *	0.90
第二产业	− 0.81	− 0.57	− 0.44	− 0.89	− 0.88	− 0.91	0.76	0.92	0.82
第三产业	− 0.78	− 0.54	− 0.43	− 0.89	− 0.85	− 0.93	0.73	0.90	0.78
农村用电量	− 0.91	− 0.75	− 0.33	− 0.93	− 0.95	− 0.79	0.88	0.97 *	0.88
农业机械总动力	− 0.92	− 0.77	− 0.30	− 0.94	− 0.95	− 0.77	0.90	0.98 *	0.89

* 相关性显著

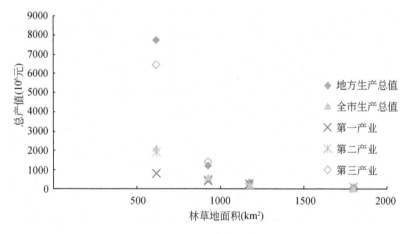

图 2-8 林草地面积变化与经济变化关系

由以上可以看出,随着人口的增多,黄河三角洲很多湿地都被开垦利用,其中能生长森林和草地的较为肥沃的土地利用尤其多,主要被开垦为耕地,并建设库塘,湿地中的一部分还被开垦为虾池盐田等。

为了分析土地利用变化对经济的影响,初步分析了东营市各县以及无棣、沾化的经济数据与其土地利用的典型相关关系。结果见表 2-13、表 2-14 和表 2-15。

表 2-13　各土地利用类型间的相关性

土地利用类型	耕地	水域	建设地	虾田	草地	其他
耕地	1.00	−0.10	−0.69	0.72	−0.15	0.16
水域	−0.10	1.00	0.25	0.24	0.69	0.69
建设地	−0.69	0.25	1.00	−0.50	0.11	0.02
虾田	0.72	0.24	−0.50	1.00	−0.09	0.02
草地	−0.15	0.69	0.11	−0.09	1.00	0.91
其他	0.16	0.69	0.02	0.02	0.91	1.00

表 2-14　各社会经济指标间的相关性

社会经济指标	人口	第一产业	第二产业	第三产业	地方财政收入	固定资产投资	农民人均纯收入	社会消费品零售额	工业增加值
人口	1.00	0.35	0.36	0.83	0.78	0.59	0.10	0.80	0.28
第一产业	0.35	1.00	0.48	−0.05	−0.01	−0.08	−0.38	−0.28	0.39
第二产业	0.36	0.48	1.00	0.51	0.62	0.69	0.54	0.03	0.98
第三产业	0.83	−0.05	0.51	1.00	0.95	0.89	0.60	0.86	0.49
地方财政收入	0.78	−0.01	0.62	0.95	1.00	0.91	0.58	0.77	0.58
固定资产投资	0.59	−0.08	0.69	0.89	0.91	1.00	0.74	0.60	0.67
农民人均纯收入	0.10	−0.38	0.54	0.60	0.58	0.74	1.00	0.31	0.65
社会消费品零售额	0.80	−0.28	0.03	0.86	0.77	0.60	0.31	1.00	0.00
工业增加值	0.28	0.39	0.98	0.49	0.58	0.67	0.65	0.00	1.00

表 2-15　各土地利用与社会经济指标间的相关性

社会经济指标	土地利用类型					
	耕地	水域	建设地	虾田	草地	其他
人口	−0.36	−0.31	0.50	−0.13	−0.71	−0.78
第一产业	0.61	−0.69	−0.41	0.24	−0.76	−0.54
第二产业	−0.07	−0.38	0.18	−0.42	−0.17	−0.16
第三产业	−0.72	−0.10	0.81	−0.53	−0.27	−0.44
地方财政收入	−0.63	−0.02	0.69	−0.41	−0.18	−0.38
固定资产投资	−0.63	−0.12	0.74	−0.53	0.00	−0.20
农民人均纯收入	−0.77	−0.07	0.54	−0.89	0.33	0.11
社会消费品零售额	−0.74	0.15	0.78	−0.30	−0.27	−0.45
工业增加值	−0.16	−0.39	0.18	−0.56	−0.09	−0.11

　　将东营市土地利用归为 8 类，即林草地、耕地（包括旱地、水田）、水设施地（包括河流、河滩地、水库、坑塘）、裸地（裸地、滩涂、潮间带）、建设用地（城镇用地、其他建设用地、油田）、农村居民点、湿地（沼泽）和盐碱地。并用这 8 类土地利用面积的

总和与各乡镇及办事处（43 个）的财政收入进行相关性分析，结果表明，财政收入与农村居民点面积（表示人口的多少）呈显著正相关（$r=0.435$，$P<0.05$），与其他土地利用类型无显著相关。用 8 类土地利用面积占该乡镇总面积的百分比与各乡镇农民人均纯收入进行相关性分析，结果表明，农民人均纯收入与耕地（$r=-0.555$，$P<0.05$）、建设用地（$r=0.559$，$P<0.05$）、农村居民点（$r=-0.361$，$P<0.05$）、湿地（$r=0.332$，$P<0.05$）面积百分比显著相关，与其他利用类型关系不显著。由此可以看出，人口数量大虽然能增加当地的财政收入，但不能增加人们的纯收入，耕地面积所占比例越大，人均纯收入越低，城镇化的集约经营管理能提高收入。湿地面积所产生的效益也能提高农民的纯收入。

用典型相关分析（canonical correlation analysis，CCA）方法对土地利用与社会经济指标间的关系进行分析，分析的数据先用 Shapiro-Wilk Multivariate Normality Test 对数据进行多元正态检验（表 2-16 和表 2-17）。

表 2-16　关系轴的确定

轴	相关系数	F	df1	df2	P
1	0.78	4.13	15	97	8.51×10^{-6}
2	0.75	2.08	8	72	4.88×10^{-2}
3	0.13	0.21	3	37	8.88×10^{-1}

表 2-17　标准典范相关系数

	项目	轴 1	轴 2
社会经济	人口	0.73	−0.81
	财政收入	0.18	−0.14
	农民人均纯收入	0.28	1.16
土地利用类型	耕地	−0.50	−1.31
	水域	−0.45	0.79
	其他	−0.10	0.05
	林草地	0.60	0.59
	建设用地	0.99	−0.20

由表 2-16 可以看出，前两个轴都显著相关，相关系数分别为 0.78 和 0.75。

由表 2-17 可以看出，第一轴中社会经济数据中主要表示的是人口，土地利用数据中主要表示的是建设用地面积，人口和建设用地面积间存在显著正相关。第二轴社会经济数据中表示的是农民人均纯收入，人口也占一定比例，农民人均纯收入与土地利用类型中耕地面积呈显著负相关，与水域面积呈正相关。

2.3.2.2　社会经济

人口：随着人口不断增加，人们对生产和生活用地的需求增加，建设用地面积增加，而建设用地面积的增加则以部分耕地和湿地的面积减少为代价。在三角洲地区随人口增加而湿地面积显著较少，同时人口总量的增加给耕地资源带来较大压力，大量湿地和耕地转变成虾蟹池等，应对耕地集约节约利用。因此，人口是黄河三角洲湿地变化的驱动之一。

经济发展：随着经济水平的不断提高，建筑用地的需求量也在不断增加。根据配第一克拉克定理1，随着经济的发展，产业结构也将发生相应的变化，第一产业的比例不断下降，第二产业、第三产业比例不断上升；当国民收入达到一定水平，第二产业比例由上升变为下降，第三产业比例则呈现继续上升趋势。在三角洲地区经济发展与耕地、建设用地、裸地数量相关性较大。

固定资产投资：经济发展由要素投入增长和要素使用效率提高来完成。在经济发展要素投入中，除劳动力外，就是固定资产投资。固定资产投资很大一部分用于城市和工业基础设施建设以及场地购买，这直接导致了建设用地的扩大。固定资产投资的增长是拉动经济快速增长的原因之一。固定资产投资资金的注入，一方面可以提高存量用地投资密度，另一方面对增量用地提出需求。理论分析认为，当固定资产资金的规模达到一定程度时，其对建设用地增量的需求必然显现，且表现为增量资金与增量建设用地之间的相关关系。社会固定投资的拉动力度逐年增强，在土地利用方面表现为建设用地的增加。固定资产投资的增长导致社会产业结构中工业部门、城市建设部门等所占的比例不断上升，工业企业数量、城镇规模不断扩大，这必然带来建设用地面积的增加；另外，建设用地面积的增加，必然是建设项目得到落实，项目建设用地需求的保证对投资的增长发挥了推动作用，因此会带来更大的投资。

财政收入：财政收入表现了国民经济持续快速健康发展，该因素与建设用地面积较为相关。

社会消费品零售总额：社会消费品零售总额反映国内消费支出情况，对判断国民经济现状和前景具有重要的指导作用。社会消费品零售总额提升，表明消费支出增加，经济情况较好；社会消费品零售总额下降，表明经济景气趋缓或不佳。

工业增加值：新型工业化的推动促使工业结构优化，区域布局更加合理，经济效益更加突出，从而促进工业增加值的增长，在三角洲地区工业增加值与土地利用间相关性不大。

经过分析表明，黄河三角洲湿地受淡水资源（黄河来水情况）及海潮等影响严重，同时，随着人口增加，人为活动对三角洲湿地景观变化也有严重影响。

第3章 黄河三角洲湿地植被环境梯度分析

植被与其生存的环境相互协调并构成一个统一的系统，二者之间的关系是地理学和植被生态学研究的重要内容（江洪和黄建辉，1994）。植被分布受众多环境因子的影响，在水平或垂直的植被地带或生物群区尺度上，区域气候的基本状况是决定植物种、生活型或植被类型分布的主导因素（Woodward，1987）。在同一气候区内，地形是影响植被分布的最重要因子之一。地形是气候和地质基础（包括基岩和地质构造）相互作用的产物及作用接口（沈泽昊和张新时，2000）。地形包括海拔、坡向、坡度以及局部的小地形等，它本身对植被不产生直接作用，而是通过气候、土壤等因素的作用发生间接的影响，即通过形态（如起伏等）的变化控制了光、热、水和土壤养分等资源因子的空间再分配（宋永昌，2001）。因此，植被分布与地形密切相关。土壤是自然生态系统生产力的主导因素，植物个体和植物种间对有限土壤资源的竞争，是影响植被、物种组成和群落动态的关键因素。因此，在植被分布与环境因子关系的研究中要综合考虑地形、地貌和土壤理化性质等诸多环境因子。

植被数量分析是研究植被生态学的重要手段，其中分类和排序是最为常用的数量分析方法，运用排序与分类的环境解释方法不仅可以把植被的分布格局与环境资料进行客观定量地比较，而且可给出群落类型分布及其与环境梯度的关系，并赋予其数量指标。它为客观、准确地揭示植被、植物与环境之间的生态关系提供了合理、有效的途径，成为国际上植被生态学最重要的研究内容之一，并且已广泛应用于国内的植被生态学研究中（张新时，1993）。

湿地植被是湿地生态系统的核心，湿地植物作为湿地生态系统食物链中的生产者，影响着湿地生态系统的生存和发展（周小春，2001）。湿地植被的结构、功能和生态特征能综合反映湿地生态环境的基本特点和功能特性（王宪礼和李秀珍，1997）。湿地植被既是湿地化过程中形成的湿地生态系统的一部分，又能作用于环境，对环境产生一定影响（周小春，2001）。

黄河三角洲位于黄河入海口，是典型的滨海河口湿地（叶庆华等，2004a）。自然植被多为耐盐的草本植物和灌木，植被的空间分布没有明显的经向或纬向分异规律（李元芳，1991；赵善伦，1995）。本研究在野外植被、土壤调查的基础上，对黄河三角洲植被类型、群落结构进行了分析，在此基础上对群落分布与地形、土壤等环境因子的关系进行了探讨，以期为黄河三角洲湿地生态系统的保护、生态系统功能研究提供参考。

3.1 植被数量分析方法

3.1.1 植被数量分类方法简介

植被数量分类是植被分类的分支学科，它是用数学的方法来完成分类过程。双向指示种分析（two-way indicator species analysis，TWINSPAN）在植被数量分类中运用较为广泛，能够同时完成样方和物种的分类。TWINSPAN 首先对数据进行对应分析（correspondence analysis，CA）或互平均法（reciprocal averaging，RA）排序，得到第一排序轴，再以第一排序轴为基础进行分类。TWINPSAN 可以同时进行样方和种类的分类，它的结果是把种类和样方类型排成一个矩阵，该矩阵可以反映种类和样方之间的关系，并能反映重要的环境梯度，具体的计算方法可以参考张金屯（1995）主编的《植被数量生态学方法》。

3.1.2　对应分析

对应分析，也称为互平均法，能够同时对实体与属性进行排序。CA/RA 的排序过程如下所述。

第一步任意给定一组种类排序初始值，为了方便，限定最大值为 100，最小值为 0。

$$y_i \quad (i = 1, 2, \cdots, P)$$

第二步求样方排序值 z_j，它等于种类排序值的加权平均。

$$z_j = \frac{\sum\limits_{i=1}^{P} x_{ij} y_i}{\sum\limits_{i=1}^{P} x_{ij}} \tag{3-1}$$

得到一组样方排序值，并用式（3-2）调整，使 z_j 的最大值为 100，最小值为 0，这是为了阻止排序坐标值在迭代过程中逐步变小。

$$z_j^{(a)} = 100 \times \frac{z_j - \min z_j}{\max z_j - \min z_j} \tag{3-2}$$

第三步将样方排序值 $z_j^{(a)}$ 进行加权平均，求得种类排序新值

$$y_i = \sum\limits_{j=1}^{N} \frac{x_{ij} z_j^{(a)}}{\sum\limits_{j=1}^{N} x_{ij}} \tag{3-3}$$

同样使用式（3-2）对种类排序新值进行调整，使 y_i 的最大值为 100，最小值为 0。

第四步以新得到的种类排序值为基础，回到第二步，重复迭代，直到两次迭代的结果基本一致为止。由于迭代过程必然是收敛的，初始值的大小只影响收敛速率而不影响最终的结果。最终我们得到 N 个样方和 P 个种在 CA 第一排序轴上的坐标。

第五步求第二排序轴：由于第二排序轴必须与第一排序轴是正交的，因此在计算时必须考虑第一排序轴的坐标值，以确保二者垂直相交。同样先选取一组初始值，一般选取第一排序轴迭代过程中接近稳定的一组，以使第二排序轴迭代收敛速率加快。假定我们选取一组种类排序初始值，记作 y_i^*（$i = 1, 2, \cdots, P$）。首先要对这一初始值进行正交化，以使第一排序轴、第二排序轴垂直，方法如下所述。

1）计算第一排序轴的形心 $\bar{y}$

$$\bar{y} = \frac{\sum\limits_{i=1}^{p} r_i y_i}{\sum\limits_{i=1}^{p} r_i} \tag{3-4}$$

式中，$r_i = \sum\limits_{j=1}^{N} x_{ij}$ 为原始数据矩阵行和；y_i 为第一排序轴的排序值。

2）矫正系数 μ

$$\mu = \frac{\sum\limits_{i=1}^{p} r_i (y_i - \bar{y}) y_i^*}{\sum\limits_{i=1}^{p} r_i (y_i - \bar{y}) y_i} \tag{3-5}$$

3）矫正第二排序轴的初始值

$$y_i^{(0)} = y_i^* - \mu y_i \tag{3-6}$$

由 $y_i^{(0)}$（$i = 1，2，\cdots，P$）就可以进行以上的第二步和第三步计算，并重复迭代，求得第二排序轴的值。

第六步特征值的估计。

所求得的每一排序轴都是最终解的一个特征向量，其特征根 λ_i 可以用最后一次迭代结果的最大值和最小值之差除以 100 获得。

对应分析有一个重大缺陷，就是其第二排序轴很多时候是第一排序轴的二次变形，即弓形效应或马蹄形效应。

为了克服对应分析的缺点，除趋势对应分析（detrended correspondence analysis，DCA）应运而生。DCA 是以 CA/RA 为基础修改而成的一个特征向量排序。DCA 把第一排序轴分成一系列的区间，在每一区间内将平均数定为零而对第二排序轴的坐标值进行调整，从而克服了弓形效应，提高了排序精度。

3.1.3　典范对应分析

典范对应分析（canonical correspondence analysis，CCA）是基于 CA/RA 发展而来的一种排序方法，其将对应分析与多元回归分析结合，每一步计算均与环境因子进行回归，从而详细地研究植被与环境的关系，这种排序方法又称为多元直接梯度分析。CCA 要求两个数据矩阵，一个是植被数据矩阵，一个是环境数据矩阵。不同于以前的直接梯度分析，CCA 可以结合多个环境因子一起分析，从而更好地反映群落与环境的关系。在植物种类和环境因子不是特别多的情况下，CCA 可将样方排序、种类排序及环境因子排序表示在一个图上，可以直观地看出它们之间的关系。

CCA 的基本思路是在 CA/RA 的迭代过程中，每次得到的样方排序坐标值均与环境因子进行多元线性回归，即

$$Z_j = b_0 + \sum\limits_{k=1}^{q} b_k U_{kj} \tag{3-7}$$

式中，Z_j 为第 j 个样方的排序值；b_0 为截距；b_k（$k = 1，2，\cdots，q$，q 为环境因子数）为样方与第 k 个环境因子之间的回归系数；U_{kj} 为第 k 个环境因子在第 j 个样方中的观测值。这一方法首先计算出一组样方排序值和种类排序值（同对应分析），然后将样方排序值与环境因子用回归分析方法结合起来，这样得到的样方排序值既反映了样方种类组成及生态重要值对群落的作用，也反映了环境因子的影响。再用样方排序值加权平均求种类排序

值，使种类排序坐标值也间接地与环境因子联系。

下面是基于 CA/RA 的 CCA 排序的基本步骤（$P \times N$ 维原始数据矩阵，P 为种数，N 为样方数。x_{ij} 为种 i 在第 j 个样方中的观测值）：

1）任意选取一组样方初始值；

2）用加权平均求种类排序值；

3）再用加权平均法求新的样方排序值，我们将这一样方坐标记为 Z_j^*（$j = 1$，2，…，N）；

4）用多元回归方法计算样方与环境因子之间的回归系数 b_k，这一步是普通回归分析，用矩阵形式表示为

$$\boldsymbol{b} = (UCU^\mathrm{T})^{-1}UC(Z^*)^\mathrm{T} \tag{3-8}$$

式中，$\boldsymbol{b}$ 为一列向量，$\boldsymbol{b} = (b_0, b_1, \cdots, b_q)^T$；$C$ 为由种类×样方原始数据矩阵列和 C_j 组成的对角线矩阵；Z^* 为第三步得到的样方排序值：

$$Z^* = \{z_j^*\} = (z_1^*, z_2^*, \cdots, z_N^*) \tag{3-9}$$

$U = \{U_{kj}\}$，为 $(q+1) \times N$ 维矩阵和一行 1（用于计算 b_0）：

$$U = \begin{bmatrix} 1 & 1 & 1 & \cdots & 1 \\ U_{11} & U_{12} & U_{13} & \cdots & U_{1N} \\ U_{21} & U_{22} & U_{23} & \cdots & U_{2N} \\ \vdots & \vdots & \vdots & & \vdots \\ U_{q1} & U_{q2} & U_{q3} & \cdots & U_{qN} \end{bmatrix} \tag{3-10}$$

由最后一次迭代所求出的 b 称为典范系数（canonical coefficient），它反映了各个环境因子对排序轴所起作用的大小，是一个生态学指标。

5）计算样方排序新值 z_j（$j = 1$，2，…，N）

$$Z = Ub \tag{3-11}$$

6）对样方排序值进行标准化，分别计算：

$$V = \frac{\sum_{j=1}^{N} C_j z_j}{\sum_{j=1}^{N} C_j} \tag{3-12}$$

$$S = \sqrt{\frac{\sum_{j=1}^{N} C_j(z_j - V)^2}{\sum_{j=1}^{N} C_j}} \tag{3-13}$$

同样，最后一次迭代所求出的 S 等于特征值 λ。标准化：

$$z_j = (z_j - V)/S \tag{3-14}$$

7）回到第 2 步，重复以上过程，直至得到稳定值为止。

8）求第二排序轴，与第一排序轴一样，进行 1）~5）步，在选初始值时可以选择第一排序轴某一步的结果，以加快收敛速率。然后进行正交化，再进行标准化，正交化，与 CA/RA 相同。计算：

$$u = \frac{\sum\limits_{j=1}^{N} C_j z_j e_j}{\sum\limits_{j=1}^{N} C_j} \tag{3-15}$$

$$z_j^{(b)} = z_j - u e_j \tag{3-16}$$

式中，e_j 为样方在第一排序轴上的坐标值。

9）计算环境因子的排序坐标。由于 CCA 的排序图同时表示样方、种类和环境因子在排序图上的分布及其关系，这里需要计算环境因子的坐标值，即

$$f_{km} = \left[\lambda_m (1 - \lambda_m)^{\frac{1}{2}} a_{km} \right] \tag{3-17}$$

式中，f_{km} 为第 k 个环境因子在第 m 排序轴上的坐标值；λ_m 为第 m 排序轴的特征值；a_{km} 为第 k 个环境因子与第 m 个排序轴间的相关系数，可用普通相关方法求得。这一相关系数不同于典范系数，它是求出的样方坐标值与环境因子之间的相关系数。它的生态学意义与典范系数基本一致。

CCA 排序一般是将其种类、样方和环境因子绘在一张图上，这样可以直观地看出种类分布、样方和环境因子之间的关系，这种排序图被称为双序图（bioplot）。环境因子一般用箭头来表示，箭头所处的象限表示环境因子与排序轴之间的正负相关性，箭头连线的长短代表着某个环境因子与群落分布和种类分布之间的相关性的大小，连线越长，相关性越大。在数据较多的情况下，种类和样方排序可以分别绘图。

3.1.4　除趋势典范对应分析

除趋势典范对应分析（detrended canonical correspondence analysis，DCCA）是除趋势对应分析（DCA）与典范对应分析（CCA）的结合，采用与 DCA 相同的除趋势方法，参考 DCA 与 CCA 的计算方法，就可以了解 DCCA 的分析过程。具体过程参见《植被数量生态学方法》（张金屯，1995b）。

3.2　植被分布与环境因子之间的关系

3.2.1　植被及土壤数据调查

地貌单元以及土壤类型、土壤质地的分类参考刘高焕和汉斯·德罗斯特（1997）编写的《黄河三角洲可持续发展图集》。

环境变量定性指标予以数据赋值（沈泽昊和张新时，2000）。

地貌单元（land unit，LU）的赋值方法：岗阶地 1，河滩地 2，河成高地 3，平地 4，低洼地 5，滩涂地 6；

土壤类型（soil type，ST）的赋值方法：褐土 1，潮褐土 2，石灰性砂姜黑土 3，潮土 4，湿潮土 5，脱潮土 6，盐化潮土 7，滨海盐潮土 8，水稻土 9，水面 0；

土壤质地（soil texture，STT）的赋值方法：沙壤 2，轻壤 3，中壤 4，重壤 5，黏土 6，水面 0。

3.2.2 环境因子之间的相关性分析

环境因子之间的相关性是生态学研究中一个不可忽视的问题。物种的分布、扩散、繁殖以及温度、水分、土壤、植被等在空间上的分布均会反映出这种相关现象。然而环境因子的相关性使邻近的样本更加相似，无法满足样本的独立性和随机性要求，违背了统计学关于样本独立性和随机性的假设前提。因此在进行统计分析之前，首先要对变量数据的相关性进行分析，确定变量之间是否相关，程度如何。本研究在排序之前对环境因子之间的相关性进行了分析，结果见表 3-1。

表 3-1　环境因子之间的相关系数

环境因子	土壤有机质	土壤全氮	土壤全磷	可溶性钾	可溶性钠	土壤全盐	地表高程	坡度	地貌类型	土壤类型	土壤质地
土壤有机质	1										
土壤全氮	0.65**	1									
土壤全磷	0.26	0.24	1								
可溶性钾	0.14	0.12	0.34**	1							
可溶性钠	-0.31**	-0.31**	-0.06	-0.031	1						
土壤全盐	-0.34**	-0.33**	-0.05	-0.029	0.98**	1					
地表高程	0.21*	0.23*	0.42**	0.094	-0.51**	-0.56**	1				
坡度	0.02	0.04	0.03	-0.02	-0.13	-0.17	0.58**	1			
地貌类型	-0.21*	-0.19*	-0.17	-0.14	0.34**	0.36**	-0.404*	-0.132	1		
土壤类型	-0.272*	-0.219*	-0.084	0.045	-0.141	0.34**	-0.249*	-0.17	0.37**	1	
土壤质地	-0.215*	-0.208*	-0.098	0.117	0.101	0.286*	-0.253*	0.083	0.27*	0.6**	1

*$P<0.05$；**$P<0.01$

从表 3-1 可以看出，土壤有机质与土壤全氮含量之间、地表高程与坡度之间、土壤类型与土壤质地之间、土壤全盐与土壤可溶性钠之间的相关性都极显著（$P<0.01$），因此，去除土壤全氮（total nitrogen）、可溶性钠（soluble sodium）、坡度（slope）和土壤质地（soil texture）这 4 个环境因子，保留土壤有机质（soil organic matter）、土壤全磷（total phosphorus）、可溶性钾（soluble potassium）、土壤全盐（salt）、地表高程（elevation）、地貌单元（land unit）、土壤类型（soil type）7 个环境因子。

3.2.3 数据处理和分析

重要值计算采用公式：IV =（相对高度 + 相对盖度）/200。

采用除趋势典范对应分析（DCCA）的方法对植物群落分布及其与环境因子之间的关系进行分析。排序分析需要样方、物种和环境因子两个数据矩阵，两个矩阵有相同的行数 n，代表 n 个样方。物种多度矩阵有 m 列，代表 m 个物种。环境矩阵有 7 列，分别代表样方的土壤有机质、土壤全磷、可溶性钾、土壤全盐、地表高程、地貌单元、土壤类型环境因子。

3.2.4 植被分类结果

TWINSPAN 是二歧式分割划分群落类型，可以同时进行样方和种类分类。利用 TWIN-SPAN 等级分类法将样方划分为 19 组，代表 19 个群落类型（图 3-1），群落物种组成见表 3-2。按照《中国植被》（吴征镒，1980）的分类和命名原则，结合调查区域群落生境特征、指示种及其组合，它们分属于 19 个群丛，7 个群系（A ~ G）。

A 为刺槐群落（Form. *Robinia pseucdoacacia*）。刺槐群落分布于由黄河泛滥改道淤积形成的土地上，海拔约 5 m，地下水埋深约 3 m。土壤有机质、全氮和全磷的含量显著高于其他群落类型，土壤含盐量在 0.3% 以下。群落高度为 7.5 ~ 15 m，盖度为 45% ~ 60%，伴生种有狗尾草（*Setaria viridis*）、茜草（*Rubia cordifolia*）、麦冬（*Ophiopogon japonicus*）等。

B 为荻群落（Form. *Miscanthus saccharifleus*）。荻群落分布区海拔多在 2.5 m 左右，地下水埋深通常不足 1 m。分布区土壤全氮、全磷和有机质含量较高，全盐含量较低。群落平均高度为 2.4 m，盖度为 55% ~ 85%。群落中主要伴生种有艾蒿（*Artemisia princeps*）、白茅（*Imperata cylindrica*）、苣荬菜（*Sonchus brachyotus*）、拂子茅（*Calamagrostis epigeios*）、水蓼（*Polygonum hydropiper*）等。

C 为翅碱蓬群落（Form. *Suaeda heteroptera*）。翅碱蓬群落是陆地向滩涂延伸的先锋植物群落，主要分布在平均海潮线以上的近海滩地。土壤多为沙壤土，湿度大，含盐量高，养分条件差。群落高度、盖度差异较大，常见的伴生植物有芦苇（*Phragmites communis*）、獐毛（*Aeluropus sinensis*）和中亚滨藜（*Atriplex centralasiatica*）等。

D 为獐毛群落（Form. *Aeluropus sinensis*）。獐毛群落主要分布在海拔较低的滨海低平地，土壤质地以重壤土为主，含盐量很高。翅碱蓬、二色补血草（*Limonium bicolor*）、猪毛蒿（*Artemisia scoparia*）和芦苇等为群落中的主要伴生种，群落总盖度可达 90%。

E 为芦苇群落（Form. *Phragmites communis*）。芦苇群落是黄河三角洲最大的沼泽植被类型。芦苇是一种生活力非常强的多年生根茎禾草，生态适应幅度相当广，群落盖度差异较大。伴生植物主要有柽柳、翅碱蓬、獐毛等较为耐盐的植物。

F 为柽柳群落（Form. *Tamarix chinensis*）。柽柳群落是天然的海岸灌丛，分布在平均海水高潮线以上的近海滩涂上，土壤为淤泥质盐土，含盐量较高，全氮、全磷和有机质含量低。伴生植物有翅碱蓬、獐毛、芦苇、罗布麻（*Apocynum venetum*）、白茅、藜（*Chenopodium album*）、茵陈蒿（*Artemisia capillaris*）等。

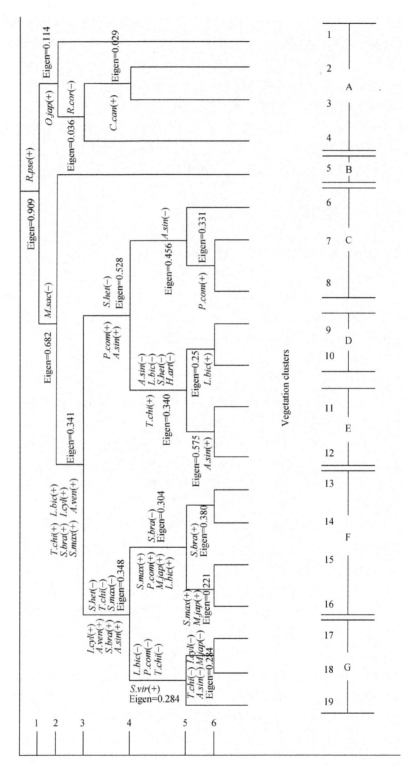

图 3-1　黄河三角洲植物群落样方的 TWINSPAN 分类结果示意

植物指示种的名称为拉丁名缩写，完整名称参见表 3-2；1～19 为 19 个群丛类型；A～G 表示 7 个群系类型；Eigen 表示特征值

表 3-2　黄河三角洲 19 个群丛类型的物种组成

物种中文名	1	2	3	4	5	6	7	8	9	10	11	12	13	14	15	16	17	18	19
阿尔泰狗娃花 (*Heteropappus altaicus*)		+		+						+							+		+
艾蒿 (*Artemisia princeps*)						+											+		
白茅 (*Imperata cylindrica*)						+		+				+			+		++	++	++
苣荬菜 (*Sonchus brachyotus*)						+			+					+		+	+		+
车前草 (*Plantago asiatica*)							+					+			+				
柽柳 (*Tamarix chinensis*)						+						+	+	+	+	+	+	+	
翅碱蓬 (*Suaeda heteroptera*)						++	++	+	++			++	+	+		+			+
刺儿菜 (*Cirsium segetum*)							+			+			+					+	+
大蓟 (*Cirsium setosum*)					+				+					+			+		
荻 (*Miscanthus sacchariflleus*)					++														
拂子茅 (*Calamagrostis epigeios*)						+			+				+			+		+	
狗尾草 (*Setaria viridis*)	+	+	+	+										+					
黄花蒿 (*Artemisia annua*)			+				+								+				
茴茴蒜 (*Ranunculus chinensis*)						+		+					+						
麦冬 (*Ophiopogon japonicus*)	+	+	+	+															
芦苇 (*Phragmites australis*)								+	+	+	+	++		+	++		+	+	+
罗布麻 (*Apocynum venetum*)								+			+				+		++	+	
萝藦 (*Metaplexis japonica*)	+	+	+	+					+						+	+	+	+	
蒙古鸦葱 (*Scorzonera mongolica*)						+					+				+	+	+		+
紫花苜蓿 (*Medicago sativa*)	+		+							+						+			
茜草 (*Rubia cordifolia*)	+	+			+														+
水蓼 (*Polygonum hydropiper*)						+		+			+						+		
小飞蓬 (*Conyza canadensis*)	+		+										+						
野大豆 (*Glycine soja*)						+	+		+		+		+		+		+		
茵陈蒿 (*Artemisia capillaris*)						+							+	+			+		
獐毛 (*Aeluropus sinensis*)						++		+	++	+			+				+		+
二色补血草 (*Limonium bicolor*)						+		++								+	++	++	
刺槐 (*Robinia pseucdoacacia*)	++	++	++	++															

注：＋表示伴生种；＋＋表示建群种

G 为白茅群落（Form. *Imperata cylindrica*）。白茅是轻度耐盐植物，该群落主要分布在黄河故道、近期黄河泛滥新淤地以及弃耕时间较短的地段，海拔 4 m 左右，含盐量 0.3% 以下，土壤为砂质土，排水良好。狗尾草、野大豆（*Glycine soja*）等为群落中的主要伴生种。

3.2.5 典型植被分布与环境因子之间的关系

DCCA 排序是把多维空间的信息，在尽可能减少信息损失的前提下，通过降低维数，把植物群落与环境的关系在低维空间得以表达（张金屯，1995）。4 个排序轴的特征值分别为0.6884、0.2482、0.1173、0.057，贡献率分别为61.9%、22.3%、10.6%、5.1%，前两个排序轴累积贡献率为84.2%，已可以反映群落与环境关系的基本面貌（徐克学等，2001）。

根据样方在 DCCA 二维排序空间中的分布格局（图 3-2），样方可划分为 7 个群落类型，该划分与 TWINSPAN 分类的结果存在一些重叠，但是基本一致，划分等级相当于群系水平。沿第一轴（Axis1）从左向右，依次分布着翅碱蓬、獐毛、芦苇、柽柳、白茅、荻和刺槐等群落；沿着第二轴（Axis2）从下到上，依次分布着翅碱蓬、獐毛、柽柳、芦苇、刺槐、白茅和荻等群落。群落类型在排序图上的分布反映了植物群落在环境梯度上的变化趋势，各群落类型沿第一轴和第二轴相互之间存在重叠，说明各个群落之间的界限并不明显，具有相互交错的特征。

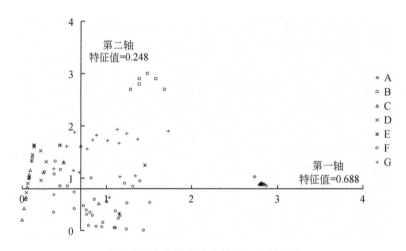

图 3-2 植物群落样方的 DCCA 排序图

图 3-3 显示环境因子在 DCCA 排序的第一轴、第二轴平面上的格局。图 3-3 中的箭头表示环境因子，箭头连线的长短表示植物群落的分布与该环境因子相关性的大小，箭头连线与排序轴的斜率表示环境因子与排序轴相关性的大小，箭头所处的象限表示环境因子与排序轴之间相关性的正负。从图 3-3 中可以看出，地表高程、土壤类型、地貌单元等环境因子与第一轴的夹角最小，这说明第一轴主要代表地表高程等环境因子的变化梯度。土壤可溶性钾以及全盐含量环境因子与第二轴的夹角较小，说明第二轴主要代表土壤全盐以及可溶性钾等因子的变化梯度，且因子的箭头连线较长，说明其与植物群落分布格局的相关性较大。

表 3-3 是群落排序中排序轴与环境变量的相关系数，相关系数表示的是各排序轴与真实环境梯度之间的相关性。从表 3-3 中可以看出，排序轴第一轴与土壤类型、有机质含量呈显著负相关（$P < 0.05$），与地貌单元、可溶性钾、全盐含量呈极显著负相关（$P < $

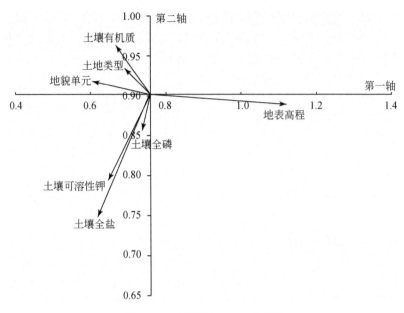

图 3-3　环境因子 DCCA 排序图

0.01），与地表高程呈极显著正相关（$P < 0.01$），与土壤有机质的含量呈显著正相关（$P < 0.05$），而且第一轴与地表高程的相关系数显著高于第一轴与其他环境因子的相关系数。排序轴第二轴与可溶性钾含量以及全盐含量呈极显著负相关（$P < 0.01$），与有机质含量呈极显著正相关（$P < 0.01$），与全磷含量呈显著负相关（$P < 0.05$）。但是第二轴与可溶性钾含量以及全盐含量之间的相关系数显著大于第二轴与其他环境因子之间的相关系数。

表 3-3　环境因子与 DCCA 排序轴第一轴、第二轴的相关系数

环境因子	第一轴	第二轴
有机质	− 0.206 *	0.235 **
全磷	− 0.04	− 0.21 *
可溶性钾	− 0.297 **	− 0.388 **
全盐	− 0.393 **	− 0.477 **
高程	0.644 **	− 0.014
地貌单元	− 0.435 **	0.145
土壤类型	− 0.212 *	0.04

* $P < 0.05$；** $P < 0.01$

　　综合上述分析，不难看出 DCCA 排序轴第一轴主要代表地表高程变化梯度，第二轴综合反映了土壤可溶性钾、全盐含量的变化趋势。

3.2.5.1　翅碱蓬群落分布格局与环境因子之间的关系

　　图 3-4 反映了翅碱蓬植被样方在环境梯度上的分布规律。在排序图的左上方，翅碱蓬群落多为单优的群落，群落的盖度和高度均较低，翅碱蓬的长势较差。从排序图的左上

方到右下方，群落的盖度逐渐变大，常会形成郁闭度很高的单优群落。在排序图的右下方，翅碱蓬群落中逐渐出现獐毛、柽柳、芦苇等伴生种，群落类型逐渐变化为翅碱蓬 – 獐毛、翅碱蓬 – 芦苇以及翅碱蓬 – 柽柳等类型。

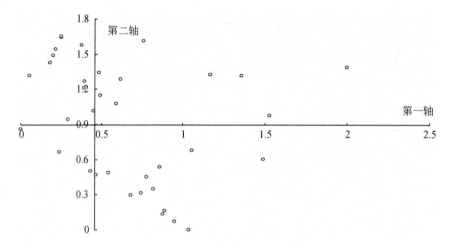

图 3-4　翅碱蓬群落样方 DCCA 排序图

图 3-5 显示了环境因子在 DCCA 第一轴、第二轴平面上的分布格局。从图 3-5 中可以看出，土壤全盐、地表高程、土壤全磷的箭头连线最长，土壤有机质含量和土壤可溶性钾含量这两个环境因子的箭头连线次之，地貌单元类型和土壤类型两个环境因子的箭头连线最短。上述环境因子的排序结果说明土壤全盐、地表高程和土壤全磷对翅碱蓬群落分布的影响最大，土壤有机质含量和土壤可溶性钾含量次之，而地貌单元类型和土壤类型对翅碱蓬群落的分布影响最小。

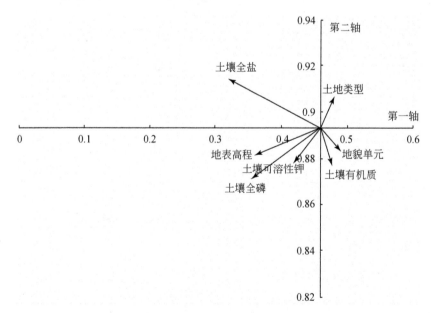

图 3-5　环境因子 DCCA 排序图（翅碱蓬群落）

箭头连线的长短表示植被的分布与该环境因子相关性的大小

3.2.5.2　柽柳群落分布格局与环境因子之间的关系

排序图（图 3-6）最左面的为柽柳 – 翅碱蓬 – 芦苇、柽柳 – 翅碱蓬 – 二色补血草等群落类型，群落的盖度通常较低。沿着第一轴向左，群落类型逐渐以柽柳 – 芦苇、柽柳 – 白茅为主，群落盖度逐渐变大，柽柳长势良好。同样，沿着排序轴第二轴从上到下，柽柳群落物种组成、群落结构、群落盖度及柽柳的长势都发生明显的变化。

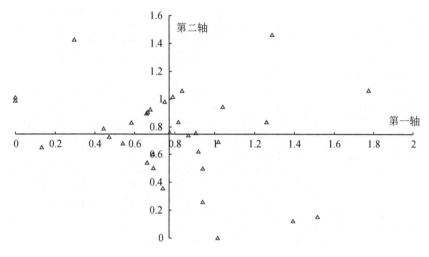

图 3-6　柽柳群落样方 DCCA 排序图

图 3-7 是影响柽柳群落分布格局的环境因子的排序图，从图中可以看出，土壤全盐、地表高程和土壤类型这三个环境因子的箭头连线最长，土壤全磷、土壤可溶性钾和地貌单

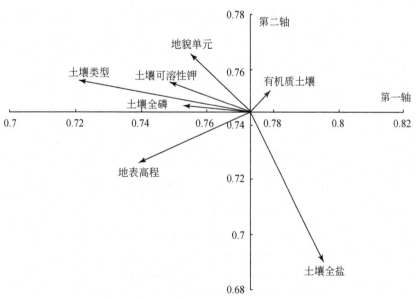

图 3-7　环境因子 DCCA 排序图（柽柳群落）

箭头连线的长短表示植被的分布与该环境因子相关性的大小

元的环境因子的箭头连线次之，土壤有机质的箭头连线最短。环境因子的排序结果说明，土壤全盐、地表高程和土壤类型对柽柳群落分布格局以及群落结构的变化影响最大，土壤全磷、可溶性钾以及地貌单元的影响次之，土壤有机质对柽柳群落分布格局影响最小。

3.2.5.3 芦苇群落分布格局与环境因子之间关系

在芦苇群落排序图（图3-8）中，单优的芦苇群落多分布在排序图的左上方，沿着第一轴的方向上，逐步出现芦苇–二色补血草群落、芦苇–翅碱蓬群落、芦苇–獐毛群落和芦苇–柽柳群落。

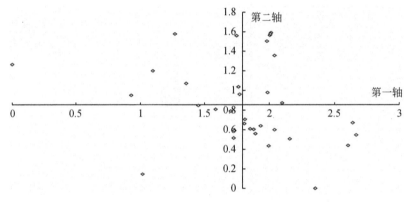

图3-8 芦苇群落样方DCCA排序图

图3-9为影响芦苇群落分布的环境因子的排序图，土壤全盐含量这个环境因子的箭头连线最长，地表高程、土壤有机质、土壤类型、全磷和地貌单元的箭头连线次之，土壤可溶性钾的箭头连线最短。环境因子的排序结果说明，土壤全盐的含量对芦苇群落分布影

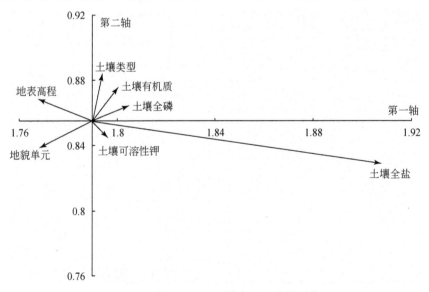

图3-9 环境因子DCCA排序图（芦苇群落）

箭头连线的长短表示植被的分布与该环境因子相关性的大小

响最大，地表高程、地貌单元类型、土壤类型、土壤有机质和土壤全磷等环境因子次之，土壤可溶性钾对芦苇群落分布的影响最小。

3.3　黄河三角洲植物生态位和生态幅

物种分布和多度（分布－多度）之间的正相关在不同分类群（从昆虫、动物到植物）和不同尺度都广泛存在（Gaston and Warren，1997；Gaston et al.，2000）。有很多生态学家在不同分类群中都对这一现象的机制进行了研究，并提出了很多可能支持这一格局的机制假说（Gaston and Lawton，1990；Gaston and Lawton，1997；Cowley et al.，2001；Freckleton et al.，2006；He et al.，2006）。然而，支持这一现象的机制还不是很明确（Heino，2005；Tales et al.，2004；马克明，2003），对不同地区中分布－多度关系进行研究有助于理解该格局存在的可能机制。

对分布－多度格局呈正相关的主要解释有 9 种（Gaston and Lawton，1997）：①采样过程（Brown，1984）；②动植物种类的系统发生（phylogenetic）的非独立性；③物种的分布范围；④聚集的空间分布；⑤生态幅；⑥资源可利用性；⑦密度制约生境选择；⑧异质种群变化；⑨存活率。前面 4 种解释都是人为原因引起的，即可以在采样过程中避免；其他几种解释涉及生物过程，这些过程可能是解释分布－多度格局的有意义的生态学机制。在这些可能的机制中，验证生境适宜性和异质种群假设的较多（Heino，2005；Siqueira and Bini，2009）。验证异质种群、存活率和密度制约生境选择需要有各种群多年的详细信息（Holt et al.，1997），在本文中不予涉及。生境适宜性模型（Heino，2005；Venier and Fahrig，1996）认为物种在区域内的分布和多度都反映了局部环境适合物种要求的程度。该假说认为物种的分布－多度关系应该是正相关，并认为物种频率分布格局应该是单峰曲线，即多数物种是稀有的，而少数物种是广泛分布的。生境适宜性模型涉及物种生态幅和物种的资源/生境可利用性（生态位）假设；当物种生态幅大，其占有的资源更广泛，那么该物种应该分布越广并且更丰富（Heino，2005；Brown，1984）；生态位（资源/生境可利用）假说（Venier and Fahrig，1996）认为，占有典型生境的物种比占有边缘生境（低生境可利用性）的物种分布更广并且在局部地区更丰富。

对黄河三角洲地区的植物物种分布与多度关系进行的分析表明，黄河三角洲地区植物分布主要受水、盐等环境因素的影响（贺强等，2008；李峰等，2009；胡乔木等，2009），即生境适宜性是该地区物种分布的主要因素。本文主要检验黄河三角洲地区植物物种分布－多度关系是否呈正相关，并且检验生境适宜性（生态位和生态幅）模型能否解释该地区分布－多度格局。根据生态幅模型，假设在三角洲地区多度多的和广泛分布的物种比多度少和分布不广的物种的生态幅更宽。根据生态位假设，局部分布多的物种和广泛分布的物种主要分布在典型生境，而局部不常见的物种和分布不广的物种更容易生长在边缘生境。常用的验证方法为分析物种生态幅和生态位与分布及多度的关系（相关性），如果相关性显著，且相关性越强，该机制越能解释分布与多度格局；如果相关性不显著，则认为该假说不能解释分布与多度格局。

3.3.1 研究地区及方法

3.3.1.1 研究地区概况

黄河三角洲位于渤海湾南岸和莱州湾西岸，地处我国山东省东营市黄河入海口，地理位置为117°31′~119°18′E、36°55′~38°16′N。属暖温带半湿润大陆季风性气候。年平均日照时数为2590~2830h，年平均气温11.17~12.18℃，年平均降水量530~630mm，70%分布在夏季，年均蒸发量1900~2400mm，降水年内分配不均且蒸发量大（宋创业等，2008）。天然植被以草本为主，常见植物有芦苇（*Phragmites australis*）、盐地碱蓬（*Suaeda salsa*）、柽柳（*Tamarix chinensis*）、荻（*Triarrhena sacchariflora*）及补血草（*Limoninum sinense*）；天然乔木为旱柳（*Salix matsudana*），仅在黄河河道两岸少量分布。

3.3.1.2 取样调查

在黄河三角洲不同时期的河口地区沿垂直于海岸带和垂直于黄河方向设置样带，做样地调查。在黄河三角洲地区，从海岸线到内陆方向土壤盐分有逐渐减小的趋势；同时，在黄河两岸，离河道越远，盐分含量越高，但水分有逐渐减小的趋势。所以在老黄河口地区，沿垂直于海岸带方向设置样地（盐分梯度）；在新黄河口地区，沿垂直于黄河方向和

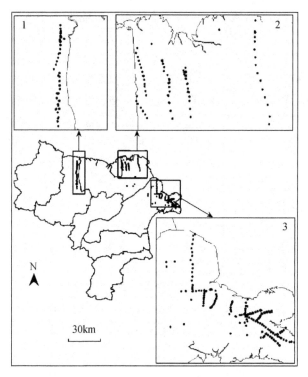

图3-10 黄河三角洲及调查点示意图

1.1904~1926年形成的河口；2.1964~1976年形成的河口；3.1976至今形成的河口

沿海岸到内陆方向设置样地（图3-10）。灌木群落样地为5m×5m，并在该样地内设3个1m×1m的草本样方；草本群落样地为1m×1m。样地间群落没有变化时，样地间距离为1000m，有变化时样地间距离为500m。共调查了436个样地。记录每个样方中植物的株数、盖度、高度等信息。具体地点如图3-10所示。

3.3.1.3　数据处理

为了确定物种的生态幅和生境的可利用性，用平均边缘指数（outlying mean index，OMI）（Dolédec et al.，2000）对研究区内每个物种的生态位和生态幅进行计算，并检验各物种的显著性（计算各物种的 P 值）。物种的生态位是通过计算该物种与假定"物种"之间的距离，该假定"物种"要求适合的生境是所调查区域的平均生境。因此，具有高生态位的物种主要占据边缘环境，而生态位低的物种占据的是该地区的典型环境。研究区内出现在不同环境下的物种，其生态幅大，而只出现在一些特定的环境中的物种，其生态幅小。为了防止物种本身属性对生态位和生态幅的影响，用物种的生态位和生态幅与物种本身特征的百分数表示物种的生态位和生态幅。

在 OMI 分析中用到的环境数据是非度量多维标定法（non-metric multidimensional scaling，NMDS）（Kruskal，1964）的排序轴，用 NMDS 排序方法对436个样地物种单位面积上的多度进行排序，排序轴代表综合的环境因子，将排序轴作为环境因子纳入 OMI 分析中。NMDS 适用于正态或非正态、连续或非连续的数据系列，该排序方法能较好地反映植物群落潜在的环境梯度，排序轴具有明显的生态意义（Minchin，1984）。非度量多维标定法方法中用到的距离矩阵是 Bray-Curtis 距离（Faith et al.，1987），该指数能同时表现物种组合和多度上的差异。检验 NMDS 分析结果的好坏可以用胁强系数来衡量，本文中群落NMDS 排序的胁强系数为0.08，可以认为是一个好的排序。

在 OMI 和 NMDS 分析中用到的物种属性值是物种单位面积（1m²）上的多度值（物种的株数），对多度值进行 Hellinger 转换（Legendre and Gallagher，2001），防止在排序过程中进行距离计算时出现两个没有共同物种时距离小于有共同物种的情况；去掉物种只出现两次及一次的稀有物种，防止其在排序过程中有不适当的影响（Legendre and Legendre，1998）。

物种分布即物种在该地区内分布的广泛性，用各物种在436个样地中共出现的次数，即所占据样方个数表示。物种的多度，即各物种在单位面积（样方）内的个体数。分析 P 值小于0.05并且生态幅和生态位对该物种变异解释度达50%以上的物种的生态位、生态幅、分布和多度的关系，物种分布和多度都进行了自然对数转换。以上所有分析都在 R 语言环境中完成。

3.3.2　结果

3.3.2.1　物种分布特征

在黄河三角洲地区，主要由少数物种，如碱蓬属植物（*Suaeda* spp.）[包括盐地碱蓬和碱蓬（*Suaeda glauca*）]、芦苇、柽柳等占优势，多数物种比较稀少（表3-4）。在该地区主要由碱蓬属植物或芦苇单一物种形成的群落组成，由碱蓬属植物、芦苇和柽柳等2个或3个物种混合形成的群落也常见（图3-11）。

表3-4　黄河三角洲物种生态位、生态幅、分布和多度

物种	拉丁名	生态位	生态幅	分布	多度
白茅	*Imperata cylindrica*	65	3.3	48	1 757
补血草	*Limoninum sinense*	44.5	16	30	362
柽柳	*Tamarix chinensis*	38.3	19.4	150	1 877
刺儿菜	*Cirsium segetum*	65.4	0.8	10	16
大蓟	*Cirsium setosum*	63.1	6.7	14	51
荻	*Triarrhena sacchariflora*	80	2.4	42	2 873
假苇拂子茅	*Calamagrostis pseudophragmites*	73.2	6.2	27	2 135
旱柳	*Salix matsudana*	67.4	4.6	8	37
碱蓬属植物	*Suaeda salsa*	57.1	17.4	254	31 241
苣荬菜	*Sonchus brachyotus*	43.6	13.3	40	504
醴肠	*Eclipta prostrata*	68.3	14.6	8	25
杞柳	*Salix integra*	66.8	2.1	17	67
芦苇	*Phragmites australis*	48.7	20.1	243	13 536
罗布麻	*Apocynum venetum*	54.2	14.1	52	488
水蓼	*Polygonum hydropiper*	87.8	6.2	7	38
头状穗莎草	*Cyperus glomeratus*	95.7	2.3	10	207
萎陵菜	*Potentilla chinensis* Ser	98.8	0.5	8	204
问荆	*Equisetum arvense* L.	90.2	0.3	5	150
香蒲	*Typha orientalis*	50.6	7.5	27	659
旋鳞莎草	*Cyperus michelianus*	99.7	0.1	8	144
野大豆	*Glycine soja*	59.1	6.9	27	185
獐毛	*Aeluropus littoralis*	58.2	11.3	34	1 233
碱菀	*Tripolium vulgare*	44.8	18.1	19	195
青蒿	*Artemisia carvifolia*	79.2	3.4	4	44

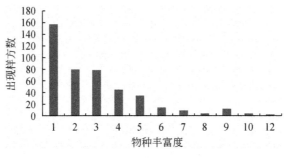

图3-11　黄河三角洲物种丰富度图

3.3.2.2 物种生态位和生态幅

黄河三角洲地区植物物种生态位和生态幅见表 3-4，低生态位的物种是非边缘种，高生态位的是边缘物种。柽柳、苣荬菜（*Sonchus brachyotus*）、碱菀（*Tripolium vulgare*），芦苇、罗布麻（*Apocynum venetum*）、碱蓬属植物等生态位低，生长在典型生境，即主要生长在三角洲地区常见的环境下，如盐分和水分较高地区。而旋鳞莎草（*Cyperus michelianus*）、水蓼（*Polygonum hydropiper*）、头状穗莎草（*Cyperus glomeratus*）、问荆（*Equisetum arvense*）、假苇拂子茅（*Calamagrostis pseudophragmites*）、杞柳（*Salix integra*）、荻等物种生态位高，主要生长在三角洲地区不多见的环境，如盐分低的河边，或盐分低且水分相对较低的河滩高地。生态幅窄的物种具有低的环境容忍度，生态幅宽的物种环境容忍度高。生态幅宽的物种主要有芦苇、柽柳、碱菀、碱蓬属植物、补血草等物种，它们基本能生长在 0.1～15ms/cm 的盐分以及土壤水分为 20%～70% 水分条件下；柽柳和碱蓬属植物适应的盐分范围可以更广，而芦苇的水分适应范围更广。大多数边缘物种生态幅窄，非边缘物种生态幅宽（图 3-12）。

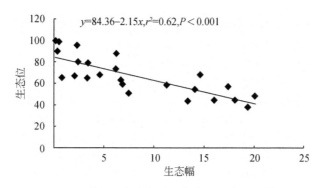

图 3-12 黄河三角洲物种生态位和生态幅的关系

3.3.2.3 物种分布、多度、生态位和生态幅间的关系

物种多度和分布呈正相关（图 3-13），随着物种在三角洲地区出现的次数越多，该物种在该地区的多度也越多。物种生态位与分布呈负相关（图 3-14），即资源可利用性越多的物种分布越广。生态幅与分布呈正相关（图 3-15），即生态幅越大的物种分布越广。生态位与多度呈负相关（图 3-16），但解释度不大（$R^2 = 0.08$）且不显著（$P = 0.09$）。生态幅与多度呈正相关（图 3-17），其解释度较小（$R^2 = 0.19$）。大多数物种随生态幅增大，物种多度增大；随生态位减小，物种多度也在增大。但鳢肠（*Eclipta prostrata*）、旱柳、青蒿（*Artemisia carvifolia*）、大蓟（*Cirsium setosum*）、水蓼（*Polygonum hydropiper*）和刺儿菜（*Cirsium segetum*）与类似大小生态幅和生态位的物种相比，多度小很多；而碱蓬属植物、芦苇、假苇拂子茅、白茅和荻等物种与其他类似大小生态幅和生态位的物种相比多度要多。

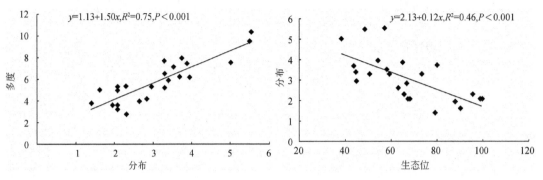

图 3-13　黄河三角洲物种多度与分布的关系　　　图 3-14　黄河三角洲物种分布与生态位的关系

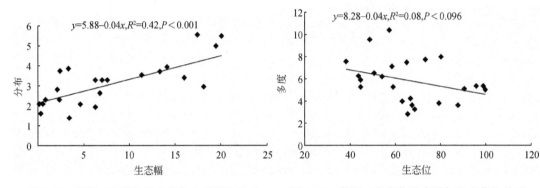

图 3-15　黄河三角洲物种分布与生态幅的关系　　　图 3-16　黄河三角洲物种多度与生态位的关系

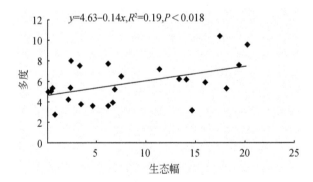

图 3-17　黄河三角洲区域物种多度与生态幅的关系

3.3.3　讨论与结论

在黄河三角洲地区植物分布与多度间的关系呈正相关。对这种分布－多度关系的解释，首先应该想到的是各种人为采样原因。①由系统发育的不独立性（Harvey，1996）导致的相关物种（如同属内物种）表现出的相似的分布格局和多度会加大在统计检验时的自由度。头状穗莎草和旋鳞莎草同属，在三角洲地区有比较相似的生态位和生态幅；但在三角洲地区同样有菊科物种（刺儿菜、大蓟等）和禾本科物种（荻、芦苇、假苇拂子茅、白茅等）多个，它们的生态位、生态幅、多度很不相同，相互关系没有表现出明显区别。相同科属物种的分布－多度格局与其他科属物种的格局没有明显区别，所以该因素应该影响不大。②采样过程中如果一些不常见的物种本来在样点内，但没有记录到时，也可能形成物种分布与多度的这种正相关。这个原因在本文的研究中不存在，本文中所用的采样方法和样方大小都是比较客观的，样地内的物种较少，也都记录完全。③物种的分布区对这种分布－多度关系的影响。例如，适合的生境只出现一部分在研究区的物种多度少于适合生境在研究区内都出现的物种。验证这个假说需要研究区内所有物种的分布区。该因素可能存在，但小于全球尺度的任何研究物种分布－多度关系都不可能避免，同时该因素也不可能是唯一引起分布－多度正相关的原因。④物种的空间分布特征。对该地区物种分布的主要因素的分析表明，环境是主导该地区物种丰富度和组成的主要因素。从以上分析可以看出，人为原因可能会引起一部分分布－多度正相关格局，但其他因素也可能起作用。

生态位（资源可利用性）假说（Venier and Fahrig，1996）认为，在一定区域内，可以利用大多数该区域内环境和资源的物种比只能利用边缘资源和生境的物种分布的更广、多度更多。本研究表明，生长在典型生境的物种比生长在边缘生境的物种分布更广。在黄河三角洲地区（研究区域内），典型的生境是受海水影响的高盐分和高水分生境及受黄河影响下的高水分环境，所以能在盐分较高和水分较高的生境中生长的物种（如芦苇、碱蓬属植物、柽柳、碱菀、苣荬菜等）比只能在淡水区域生长的物种（如白茅、头状穗莎草等）分布要广。生长在典型生境的物种比生长在边缘生境的物种多度更多，但是不太显著，资源可利用性对多度影响不大，解释度也小（0.08）。碱菀虽然在黄河三角洲地区可利用的生境多（生态位小），生态幅大，但其在局部的多度并不高，这可能与该物种与周围物种的竞争有关（Pulliam，2000），也可能与物种的本身属性有关，该物种在黄河三角洲属于广布种，但没有以该物种为主的群落分布。

生态幅与分布和多度都呈正相关，这表明有更宽生态幅的物种可能比生态幅窄的物种分布更广并且多度更高。尽管苣荬菜和碱菀也占据了典型生境，其生态幅也相对较高，但其在局部的多度不高。这可能是苣荬菜、碱菀能在这些地区生长，但不是其最适生境，而该地区可能是碱蓬属植物的最适生境，所以在种间关系作用下，碱蓬属植物在局部地区的多度高。这也可能是由于各种历史原因使苣荬菜、碱菀等物种在该地区分布不是很多，同时这些物种的繁殖方式又不能很快占据适合该物种生长的生境（Pulliam，2000）而形成这种多度－生态幅关系。本文结果支持物种的生态幅解释分布－多度格局的假说（Brown，1984），该假说认为生态幅宽的物种会比生态幅窄的物种分布广并且多度更多；本研究证明生态幅宽的物种分布更广，且大多数物种随生态幅增大，多度增多。本文的研究结果与Heino（2005）和Siqueira等（2009）的结果相符，该研究显示生态幅比生态位更能解释分布－多度格局，这与Cowley（2001）和Tales（2004）的研究结果不同。该研究认为，生态位比生态幅更能解释物种多度－分布正相关格局。生态幅对分布－多度格局解释还不够，应该还存在其他因素。本文验证了生态位和生态幅假说解释黄河三角洲地区物种分布与多度正相关的格局。分析中利用排序轴代表潜在环境，虽然该排序轴代表了综合的环境因素，能更全面（相对只测几个环境因子）代表在一定环境下的物种分布，但是不排除其他作用，如物种之间的相互作用会影响排序轴代表的意义，进而可能会影响结果。在不同尺度，得到的广布种和稀有种会不同，研究结果可能会不同。同时，本文的研究区是以少数物种占主导，多数物种稀有的地区，物种多样性低，可能只能代表环境对大多数物种胁迫作用下的物种分布–多度关系假说的验证，因此建议在物种多样性比较多的地区进行验证。

3.4　结论和讨论

3.4.1　黄河三角洲植被分类及不同植被类型之间的关系

植被分类是生态学的一个重要研究内容，并且随着数学、计算机技术在生态学研究中的应用，植被数量分类越来越受到重视。传统的植被分类以群落特征为依据，如以群落外貌结构特征、植物种类组成、植被动态特征、生境特征中的某一个或几个指标作为分类标准对植被进行分类，不同的作者有不同的看法，所以产生了不同的分类原则和系统，分类结果主要体现群落在结构、物种组成方面的特点，而且个人经验对分类结果的影响比较大（宋永昌，2001）。数量分类，如 TWINSPAN，主要以群落的数量特征为依据，分类结果比较客观，个人经验对分类结果影响小，从分类结果可以归纳总结出每类群落的环境特点，更能反映群落在适应环境方面的相似性。

本研究采用 TWINSPAN 分类，把黄河三角洲的植被分为 7 个群系，基本反映了该区域植被类型的状况。7 种植物群落类型不是孤立存在的，是处在不同演替阶段的植被类型，而三角洲的环境演变在植物群落演替过程中起主导作用。黄河三角洲自然环境的分异是黄河和海洋相互作用的结果，由于成陆先后不同，土壤、地下水等要素自海洋向陆地有规律地变化，植被也在这一过程中逐步演替。在黄河三角洲近海潮间带，海拔通常低于 1 m，土壤积盐强烈，强度耐盐植物也不能生长，形成裸露滩涂。而在土壤含盐量 3% 左右，地下水埋深小于 30 cm 的滩涂上，零星分布着 1 年生翅碱蓬群落，它是陆地向海岸方向发展的先锋植物群落。在地势低平，由滩涂向内地推进的生态交错带上，土壤含盐量为 1% ~ 3%，翅碱蓬逐渐增多，成带连片生长，构成单优势种的肉质盐生植物斑块。翅碱蓬的定居在很大程度上改善了这些地方的恶劣生境：一方面腐烂的翅碱蓬可以增加土壤的腐殖质，提高土壤养分；另一方面，翅碱蓬的存在增加了地表的覆盖率，从而降低了土壤表层水分的蒸发，使地下盐分向地表聚集的速率变慢，同时又保持了水土，相对抬高了地面，降低了地下水位。随着土壤的含盐量降低到一定程度，在有柽柳种源的地方逐渐发育成以多年生柽柳为基质的柽柳灌丛，伴生的草本植物常见的有翅碱蓬、獐毛、芦苇、罗布麻等。有獐毛伴生的翅碱蓬群落逐渐发育成獐毛盐生草甸，低洼处，伴生植物芦苇也逐渐成为建群种，发育成以芦苇沼泽为代表的湿生草甸。同时，柽柳、獐毛群落也通过泌盐作用及枯枝落叶的积累，降低土壤含盐量，提高土壤肥力，植被逐渐演替为蒿类、狗尾草、白茅为主的杂草类中生草甸。

随着地势的进一步升高，在地面海拔高于 2 m，土壤含盐量低于 1% 的盐化潮土上，分布着獐毛群落、罗布麻群落和耐盐芦苇等群落。当海拔在 3 m 以上时，地表含盐量减少，有机质增加，土壤为脱盐现象明显的盐化潮土带，含盐量均值在 0.3% 以下的地区，自然植被为多年生的白茅群落、荻群落和狗尾草群落等杂草群落（赵善伦，1995）。在黄河的河滩地上，地下水埋深在 2 m 以下，土壤含盐量低，仅为 0.112% 左右，土壤类型为潮土，土质肥沃，刺槐林大多分布于此，是黄河三角洲树林的主体，林缘生长着成片的白茅、荻群落，林下植物主要有狗尾草、蒿类等。而在河道两侧的低洼地上，长年或季节性有积水，土壤含盐量一般为 0.3%～0.6%，土壤多发育为沼泽性盐土，目前多生长高大的芦苇群落。

　　方洪亮（1997）依据遥感解译的分类结果画出了黄河三角洲植被类型的分布结构图（图 3-18）。由海向内陆依次是潮滩、翅碱蓬、柽柳、芦苇、杂草地（獐毛、白茅）和有林地。黄河三角洲植被的对称分布结构图反映了由海洋向陆地土壤盐分含量逐渐减小的过程。由黄河河滩地向两岸也依次对称分布着芦苇、林草地、柽柳和翅碱蓬，这反映了由于黄河淡水资源的生态效益，越靠近黄河河道，土壤盐分含量就越低。

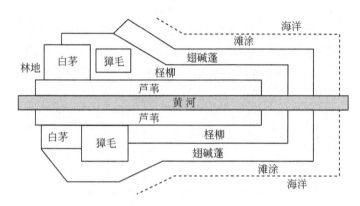

图 3-18　黄河三角洲植被类型分布结构图（方洪亮，1997）

　　因此，研究区内植被演替的过程可以简单描述成植物适应生存环境并改造其生境的过程，对土壤含盐量和土壤水分的忍耐能力直接决定了植物适应生境的能力：忍耐力强的物种就成为优势种，否则将被其他耐性更强的物种替代；同时，由于初始的机会种的存在改善了环境，从而促进了后来种的建立，使得生态系统在自然演替的过程中向顶极方向发展。

3.4.2　植物群落分布格局与环境因子的关系

　　DCCA 是目前最先进的植被与环境关系多元分析技术之一，它在除趋势对应分析（DCA）的基础上改进而成（张金屯，1992；张峰和张金屯，2000），即在每一轮样方-物种值的加权平均迭代运算后，用样方环境因子值与样方排序值作一次多元线性回归，用回归系数与环境因子原始值计算出样方分值再用于新一轮迭代计算，这样得出的排序轴代表环境因子的一种线性组合，称此方法为环境约束的对应分析（CCA）。然后加入除势算法去掉因第一、第二排序轴间的相关性产生的弓形效应，而成为 DCCA。它因为结合物种构成和环境因子的信息计算样方排序值，结果更理想，并可直观把环境因子、物种、样方同时表达在排序轴的坐标平面上，已成为20世纪90年代以来植被梯度分析与环境解释的趋势性方法（张金屯，1995a）。本研究采用DCCA排序方法也取得了较为理想的结果，综合本研究的分析可以看出，DCCA第一排序轴与第二排序轴的生态意义都是比较清楚的：与第一排序轴相关性最大的环境变量是地表高程；与第二排序轴相关性最大的环境变量是可溶性钾、全盐含量。这就是说，尽管植物群落中物种的分布格局是多种环境因素共同作用的结果，但在黄河三角洲地区，地表高程、土壤盐分状况在植物群落物种分布格局的形成中明显起着主导作用，而土壤有机质等养分条件居于次要位置。

黄河是黄河三角洲地区地貌类型的主要塑造者，地貌发育直接受近代黄河演变的控制，构成了以河成高地为骨架与微斜平地和河间洼地相间而成的扇状地形，岗、坡、洼相间，垅状起伏明显，形成众多的地貌类型（许学工，1997）。微地貌的变化、小地形的起伏，不仅决定着土壤质地的沙、壤、黏性，而且对地下水的状况、地面蒸发强弱、土壤含盐量及发育均有深刻的影响，从而使植被分布也变得复杂多样（叶庆华等，2004b）。地势低的地带，地下水埋藏浅，矿化度高，土壤含盐量也高，分布着强度耐盐的植物群落；随着地势的升高，地下水埋藏深，矿化度变低，土壤含盐量减少，分布着中度耐盐的植物群落和轻度耐盐的植物群落，直至出现落叶阔叶林。

植物群落物种结构的空间异质性是各种生态学过程的总和，包括群落内各种物种相互作用、群落间的物种迁移流动，以及外界干扰（如放牧、火灾、病虫鼠害）等等。群落的各种生态学过程又受到环境因素和空间因素的影响（环境因素指直接或间接影响群落和物种的环境条件，如气候、地质、地貌、土壤理化性状；空间因素指物种、群落间的相对位置、相对空间位置不但影响物种扩散和种间相互作用，对干扰强度和扩散方式也有重要作用）。这些因素作用于群落的机制不同，其间还会有耦合作用，使得植被与环境关系极为复杂。在本研究中，限于数据采集以及其他各种因素的影响，只分析了植被分布与地貌、土壤等环境因子的关系，对于其他各种因素的影响需要进一步展开研究。

植被分布与环境因子关系的研究还存在着尺度问题。尺度是现代生态学的核心问题之一，当观测、试验、分析或模拟的时空尺度发生变化时，系统特征也随之发生变化，这种尺度效应在自然系统和社会系统中普遍发生。目前在植被分布与环境关系的研究中多是单一尺度的研究，如区域尺度，很少有涉及多尺度的植被与环境关系的分析（沈泽昊，2002）。本研究只考虑了单一的区域尺度上植被分布和环境因子的关系，对不同的尺度引起植被与环境关系的改变值得我们进一步探索。

第4章 黄河三角洲湿地植被模拟

随着生产力的发展,人类改造自然界的力度不断加大,植物资源的利用和土地利用方式的改变,直接导致植被格局的变迁,生态系统受损,引发诸多生态环境问题。保护生态系统、恢复和重建受损的植被,已是全人类共同关心的热点问题。植被是生态系统基本的组成部分,自然植被本身往往被作为生态恢复重建的参照系统,因此在生态重建和生态恢复规划中,需要知道生态恢复区域的潜在自然植被是什么,植被要恢复到什么样的类型。这些问题不解决,很难制订一个合理的生态恢复方案(张丕远,2003)。潜在自然植被(potential natural vegetation,PNV)作为一种与所处立地达到平衡的演替终态,反映的是在无人类干扰的情况下立地所能发育形成的最稳定、成熟的顶级植被类型,是一个地区现状植被的发展趋势(宋永昌,2001)。潜在自然植被作为能够与所处生境达到平衡的一种演替终态,是生态恢复与重建所追求的一个重要目标,在资源利用规划中具有重要的参考价值:它能够显示出受损的生态系统离它们的潜在原生状态有多远;现状植被与潜在自然植被之间的关系如何。通过对特定的生境条件所对应的自然植被类型的指示,潜在自然植被提供了进行生态恢复的生态学知识基础。运用这些知识,可以提出最有效的资源利用方式,对不适合的生产活动所造成的受损生态系统提出最适合的恢复方案。

建立物种、群落与环境之间的关系模型是研究潜在自然植被分布的关键,然而物种以及群落分布格局形成的机制极其复杂,建立机理模型存在很大的难度。关于潜在自然植被的空间预测已发展了多种方法(Franklin,1995)。尽管各自利用的数学方法不同,但基本途径都是利用野外调查(及遥感手段)获取的样本信息建立物种/群落–环境关系的多变量统计模型,与 GIS 支持的空间环境数据库相结合,推断物种、群落或生物多样性的格局。20 世纪 80 年代初,通用线性模型(generalized linear model,GLM)开始被引进用于物种/群落的空间分布的预测,后来通用线性模型发展为广义加法模型(generalized additive model,GAM),这种模型无需预定的参数模型,对变量的数据类型和统计分布特征适应性更广。90 年代初,这种方法开始应用于不同数据类型生物信息的空间预测。而近 5 年来,广义加法模型已经发展成为最热门的生态空间格局预测方法之一,并推动了相关的生态学理论和研究方法的发展(Lehmann et al.,2002)。

黄河三角洲处于河流、海洋、陆地等多种动力系统共同的作用带上,是多种物质、能量体系交汇的界面,造就了其生态系统的不稳定性和脆弱性(叶庆华等,2004a)。同时黄河三角洲地区自然资源丰富,是山东省农业、石油和海洋开发的重点地区。在开发过程中,尤其是农业开发中,人类对黄河三角洲自然生态系统的干扰日益增强,导致黄河三角洲自然植被遭受严重损害,土地盐碱化逐步加剧,因此在黄河三角洲,日益恶化的生态环境条件成为阻碍当地工农业进一步发展的限制条件(张高生等,2000)。恢复当地的自然植被，改善自然环境条件，成为黄河三角洲生态环境整治中的主要内容。本研究以广义加法模型为基础，结合地理信息系统的数据存储、分析功能，对黄河三角洲潜在自然植被进行了模拟，以期为当地生态恢复提供理论基础和实践指导。

4.1 理论基础

4.1.1 线性模型

利用回归模型来研究物种或群落与环境之间的关系，是建立量化模型的重要途径。在生态学研究中，人们经常利用回归模型来线性拟合植被与环境之间的关系。一般的线性回归模型可以用如下的数学方程来表示：

$$Y = \alpha + X^T\beta + \varepsilon \tag{4-1}$$

式中，Y 为物种或群落的属性数据（响应变量），可以是频度、丰富度、出现/缺失（0/1）数据等；α 为回归方程常数项，或称截距；$X = (X_1, X_2, \cdots, X_p)$ 为 p 个预测变量组成的向量；$\beta = (\beta_1, \beta_2, \cdots, \beta_p)$ 为 p 个回归系数组成的回归系数向量；ε 为误差。由于线性模型在描述变量之间的简单关系时非常有用，且模型易于解释，所以线性模型在众多研究中得到广泛运用。然而在众多生态学问题中，响应变量与预测变量之间并不是简单的线性关系，线性模型在解决这些问题时有很大的局限性。当数据不能满足线性模型的假设条件时，通过数据转换等，使转换后的数据遵循或近似正态分布，然后进行线性拟合。虽然这在一定情况下可以解决问题，但是会带来其他方面的问题。

4.1.2 广义线性模型

广义线性模型为常见的正态线性模型的直接推广，它可适用于连续数据、离散和分类数据。它不需要因变量服从正态分布，因变量可以服从指数型分布族中的任何概率分布，如二项分布、泊松分布、伽马分布及负二项分布等。因变量通过自变量的线性结合来预测得到，因变量和自变量之间通过联系函数（link function）联结起来，不同的分布类型数据使用不同联系函数，联系函数可以是任何单调可微函数，如对数函数或逻辑函数。

对广义线性模型进行假设检验时，不需要因变量的正态性及方差的齐性。当方差不是常量及因变量不是服从正态分布而是服从其他分布时，就可以应用广义线性模型。

在广义线性模型中，由预测变量组合 $X_j(j = 1, \cdots, p)$ 构成线性预测值 LP，并通过联系函数 $g(u)$ 与响应变量的期望值 $u = E(Y)$ 联系起来，即

$$g(u) = g[E(Y)] = \text{LP} = \alpha + X^T\beta \tag{4-2}$$

式中，$g(u)$ 为某一特定联系函数，当响应变量服从二项分布时，$g(u) = \log[u/(1 - u)]$；$E(Y)$ 为响应变量的期望；α 为常数；$X = (X_1, X_2, \cdots, X_p)$ 为由 p 个预测变量组成的向量；$\beta = \{\beta_1, \beta_2, \cdots, \beta_p\}$ 为与各预测变量相对应的 p 个回归系数所组成的向量。对于普通变量，广义线性模型可以表示为

$$g(u) = \alpha + \sum_{j=1}^{p} \beta_j x_j \qquad (4\text{-}3)$$

物种分布一般服从二项式分布，因而其分布模型用广义线性模型可表示为

$$\log\left[P/(1-P)\right] = \alpha + \sum_{j=1}^{p} \beta_j x_j \qquad (4\text{-}4)$$

广义线性模型相对于线性模型具有如下的改进：①广义线性模型可以处理非正态分布的响应变量，同时预测变量可以是分类变量；②响应变量 Y 通过联系函数 $g\left[E(y)\right]$ 与线性预测因子 LP 建立联系，不仅确保线性关系，而且也可以保证预测值在响应变量的变幅内；③可以解决数据过度离散问题。

4.1.3　广义加法模型

广义加法模型（GAM）是广义线性模型非参数化的扩展。它利用平滑函数 f_j 替代参数 β_j，因此数据中的一些非线性关系，如双峰和不对称就可以很容易发现。其比广义线性模型更灵活，由数据决定模型，而不是由模型参数决定模型，也就是说，它的模拟结果不是来自于一个预先设定好的参数化的模型，而是应用非参数的方法来检测数据的结构，并找出数据中的规律，最终构建模型。

$$g(u) = \alpha + \sum_{j=1}^{p} f_j(x_j) \qquad (4\text{-}5)$$

式中，f_j 为一个不确定的平滑函数，有许多种平滑函数，如滑动线（running line）、滑动平均数（running mean）、滑动中位数（running median）、三次曲线光滑函数（cubic spline）、B-样条函数（B-spline）以及局部加强移动线性光滑函数（loess smooth）等。如果 $f_j(x_j) = \beta_j x_j$，则广义加法模型为广义线性模型。

广义加法模型的优点在于其解决响应变量与预测变量之间的高度非线性和非单调关系方面的突出能力。GAM 模型的建立主要是基于数据（data driven），而不是基于模型（model driven）本身，数据决定着响应变量与预测变量之间的关系，而不是假设在响应变量与预测因子之间存在某种参数关系。同时，GAM 模型可以同时针对不同的变量，采取不同的策略建模，如可以对部分预测因子进行线性拟合，而对其他因子通过光滑函数拟合，所以，GAM 模型有时也被称为半参数模型。正因为如此，GAM 模型具有高度的灵活性，能够有效地揭示数据中所隐含的生态学关系，有助于提高我们对生态系统的了解。

GAM 模型的特点，使其成为植被与环境关系研究中应用较为广泛的模型之一。目前，不少科研工作者将 GAM 模型与 GIS 相结合，进行植被空间分布的预测。Lehmann 等（2002）开发了基于 S 语言的模型 GRASP，实现了 GAM 分析与 GIS 的结合，将模型建立、验证与空间预测制图统一起来。

4.2　广义回归分析与空间预测工具简介

GRASP 分析工具，将模型的建立、验证与空间预测统一在同一模块中，对植被空间分布

进行研究。GRASP 是通过研究有限的样点调查数据，分析响应变量与预测变量之间的关系，预测响应变量空间分布的工具。实现物种/群落空间分布的预测，其方法需要满足以下几个条件：

1）该方法可以处理被预测的物种或群落的一系列属性，即方法具有通用性；

2）能够严格地对数据进行限制，这样预测才可以在客观和可控制的条件下进行；

3）能够生成统一的标准结果并且一次性处理多个数据。

GRASP 较好地满足了上述数据处理的要求，如对因子变量（factor variable）的处理，因此，GRASP 在物种/群落分布预测方面得到了广泛的应用。

4.2.1　GRASP 的主要特性

GRASP 是生态学研究中一种重要的空间格局分析工具，在生态学研究中的运用日益广泛。其在数量生态学和生态系统管理中的作用如下所述。

1）GRASP 可以在一系列的物种/群落变量（响应变量）和环境变量（预测变量）之间建立统计关系。响应变量的类型可以是正态分布，也可以是二项式分布、泊松分布，因此可以针对不同的数据类型来建模；对于预测变量，其可以处理连续变量和因子变量。

2）GRASP 提供了一种利用调查数据进行空间分布预测的数据处理方法，即根据物种或群落在环境梯度空间中的分布，对群落或物种的环境梯度进行分析，建立物种或群落与环境之间的关系，最后在限制的环境梯度中模拟物种或群落的空间分布。

与其他模型相比，GRASP 具有如下优点。

1）GRASP 通过拟合一定空间中的响应曲面作为预测方程，然后采用预测曲面的空间模型来预测响应变量的空间变化。这一点将 GRASP 与其他的数学曲面拟合方法或地统计学的插值区分开来。曲面拟合和地统计学方法对高程估计及气候曲面更有效，但是不能用于物种分布的预测（Lehmann et al.，2002）。

2）GRASP 通过统计模型而不是机理模型来决定响应变量与预测变量之间的关系。机理模型需要提供更多的预测变量，需要大量的生理生态实验为基础，实现难度较大。机理模型更适合于一定的生态过程建模，如植被净生产力模型等（Lehmann et al.，2002）。

4.2.2　GRASP 的主要功能

GRASP 不仅实现了 GAM 的功能，还具有数据处理的功能，主要包括数据的初始化、计算响应变量的限制值、计算选择的响应变量与预测变量的描述性统计变量、利用样点调查图检验预测变量的空间分布、利用分布直方图检验预测变量分布的环境限值、绘制响应变量分布图、绘制预测变量与响应变量关系图、绘制预测变量相关矩阵并去除相关性较高的预测变量、绘制预测变量分布图、自动生成模型初始规则、自动定制模型界限、选择预测变量与响应变量关系的初始模型、使用逐步回归选择最优统计模型、将 GAM 模型线性化、计算选择的预测变量的贡献率、使用剔除法生成方差分析表、ROC 检验以及在研究区域较大时，以查找表（lookup table）的形式将预测结果输出到 Arcview，借助 GIS 功能实现空间预测。

模型运行需要 4 个基本的数据矩阵，即响应变量矩阵（YYY）、预测变量矩阵（XXX）、预测区域中预测变量的最大值和最小值（XXX lut）用以生成查找表和以 grid 格式存储的同名预测变量数据。此外，还可以根据需要增加响应变量的趋势面分析与局部插值预测。

4.2.3　广义加法模型在 GRASP 中的表现形式

GRASP 是利用广义加法模型预测响应变量空间分布的程序，在 GRASP 中，广义加法模型的基本数学公式表达为

Fitted model < GAMs（formula，family = family（link = link），data = data. frame）
其中，data. frame 为各变量所在的数据模板；formula 为模型公式；family 为分布类型族；link 为联系函数（不同的分布类型，可以选择不同的联系函数）；fitted model 用来存储广义加法模型的拟合结果，成为广义加法模型的模型对象（其分类属性为 GAM），data. frame 是用来存储预测变量的数据库。

4.2.4　模型验证

模型验证与评估是构建植被 - 环境关系模型的一个重要方面，这不仅是因为模型精度评估十分重要，更为重要的是模型评估可以用来判断模型的可用性。GRASP 采用受试者工作特征曲线（receiver operating characteristic curve，ROC）对模型进行验证。

美国《生物统计百科全书》中关于 ROC 曲线的定义是："对于可能或将会存在混淆的两种条件或自然状态，需要试验者、专业诊断学工作者以及预测工作者作出精确判别，或者准确决策的一种定量方法"。它源于信号探测理论（signal detection theory），最早用于描述信号和噪声之间的关系，并用来比较不同雷达之间的性能差异，尤其是精确的诊断能力，后来其逐渐被广泛应用在医学诊断中（Hanley and Mcneil，1982；Leisenring et al.，1997）。Fielding 和 Bell（1997）首先提出将 ROC 曲线应用到生态学中的模型评估中来，他认为 ROC 曲线是一种不依赖于阈值的方法，即它不需要通过对模拟结果选取固定的阈值来确定模型精度，而是将不同阈值的正确模拟存在的百分率［敏感性（sensitivity）］和 1 减去正确模拟不存在的百分率［特异性（specificity）］通过作图法表示在图上，通过比较曲线和 45°线之间的面积（area under curve，AUC）来确定模型的模拟精度。因此它的评估结果比 Kappa 值更客观，基于此项考虑，已有许多模型预测研究应用 ROC 曲线来评估模型精度。

该方法的评估标准：检验指标 ROC 值为 0.5~1.0，0.5 表示回归方程的拟合优度最差，与随机判别效果相当；1.0 表示拟合优度最好，当 ROC 值大于或等于 0.75 时方程的拟合优度较高，反之，则相对较低。

4.3 植被与环境数据获取与处理

4.3.1 植被属性数据的获取

利用广义加法模型建立植被－环境判别模型需要植被、环境因子两个数据矩阵。本研究所用的植被属性数据来源于遥感数据，即利用高空间分辨率的遥感影像（SPOT5，2.5 m全色波段影像与10 m多光谱影像合成），结合野外植被调查数据，对遥感影像进行解译，获得研究区的植被图。最后在植被图上随机选择样点作为植被属性数据参与植被－环境模型的建立。

4.3.1.1 植被分类系统的建立

自然植被类型划分的原则：根据野外调查样方和植被的种类组成、外貌特征、生态地理特点，参照《中国植被》1980年的分类系统以及《黄河三角洲自然保护区科学考察集》（1995）的分类结果。

人工植被分类系统的划分原则：按照《中国植被》中1980年栽培植被分类系统的相关内容，采用型、亚型、组合型、组合4级分类单位。其他土地覆被分类系统的确定参照国土资源部《土地利用动态遥感监测规程》，划分出水体、裸地、居民点及工矿用地、交通用地等。

4.3.1.2 植被以及其他地物覆被信息解译

（1）解译标准

A. 植被要素

对于自然植被要素，尽量解译到群系一级，如有可能，解译到群丛一级。对于人工植被，解译到亚型即可，如有可能，解译到组合型。图斑面积小于4 mm^{2}的不采集。

B. 水系要素

河流和水渠：在图上长度小于1 cm的河渠不表示，宽度大于0.4 mm时用面状地物表示，不足0.4 mm时用单线表示，河中滩、河心岛，湖心岛在图上大于4 mm^{2}时要表示。

水库和湖泊及坑塘：图斑面积小于4 mm^{2}时不采集。

C. 交通要素

图上宽度在0.4 mm以上的公路用面状地物表示，宽度小于0.4 mm的用单线表示。公路的采集必须要保持其连通性，各级公路通过街区时用街区边线表示。

居民点及工矿用地：图斑面积小于4 mm^{2}时不采集。

（2）解译流程

应用ArcGIS软件平台，以SPOT5影像（SPOT5，2.5 m全色波段影像与10 m多光谱影像合成）作为基础进行目视解译，具体流程如图4-1所示。

1）在遥感影像上叠加已有的野外采样参考数据；

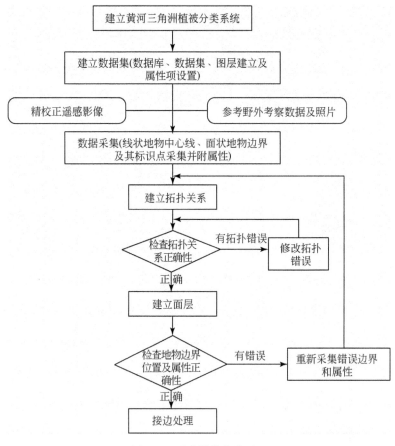

图 4-1 遥感影像分类过程

2）利用不同植被类型在遥感影像上的形态特征、纹理特征和色调差异（图 4-2，见彩图），并参照野外考察照片及记录，利用人机交互的方法识别植被类型，提取植被类型分界线；

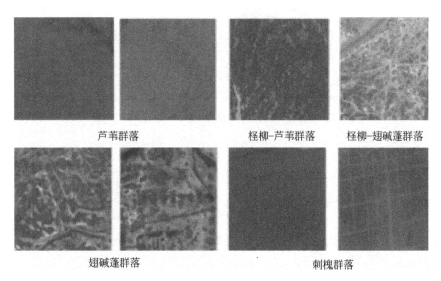

芦苇群落　　　　　　　　柽柳-芦苇群落　　　　柽柳-翅碱蓬群落

翅碱蓬群落　　　　　　　　　　刺槐群落

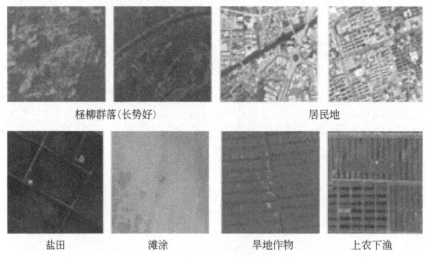

桎柳群落(长势好)　　　　　　　　　居民地

盐田　　　　　滩涂　　　　　旱地作物　　　　上农下渔

图 4-2　不同地物类型在影像上的反映

3）解译结果以 ArcGIS 的 personal geodatabase 格式存储，在 geodatabase 中建立一个 feature dataset，命名为 vegetation map。并在此 feature dataset 新建 line、point 两种 feature class，以 line 勾画面状物，点添加属性，最后通过点、线结合建立植被图层。

完成上述过程以后，最终获取黄河三角洲植被分布图（图 4-3，见彩图）。

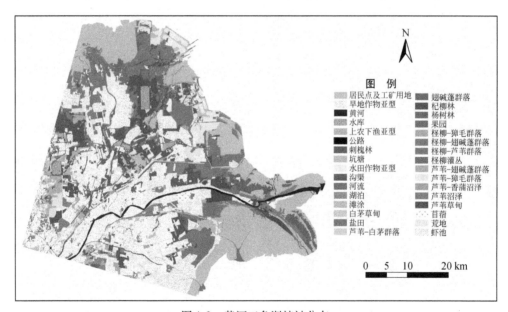

图 4-3　黄河三角洲植被分布

4.3.2　环境因子的获取

土壤有机质（soil organic matter，SOM）、全盐（SALT）、可溶性钾（soluble potassium，SK）和全磷（total phosphor，TP）数据主要来源于野外土壤采样和实验室化学分析（见第

2 章相关内容），最后采用样条函数（Spline）插值法对环境数据进行空间插值处理，栅格单元大小为 100 m×100 m，插值结果如图 4-4 ～图 4-7（见彩图）所示。

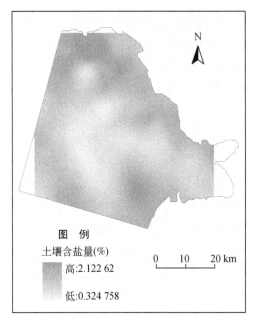

图 4-4　黄河三角洲土壤全盐含量

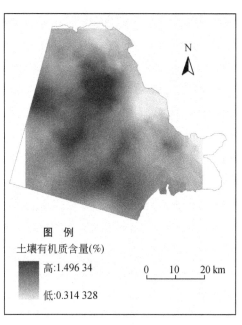

图 4-5　黄河三角洲土壤有机质含量

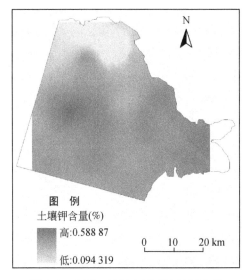

图 4-6　黄河三角洲土壤可溶性钾含量

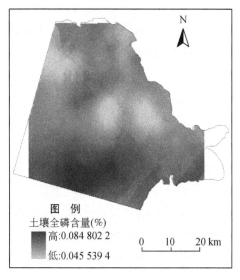

图 4-7　黄河三角洲土壤全磷含量

　　地表高程（elevation，ELE）数据来源于 1∶10 000 的 DEM 数据（图 4-8，见彩图），土壤类型（soil type，ST）（图 4-9，见彩图）以及地貌单元（land unit，LU）（图 4-10，见彩图）数据来源于刘高焕和汉斯·德罗斯特（1997）编写的《黄河三角洲可持续发展图集》。

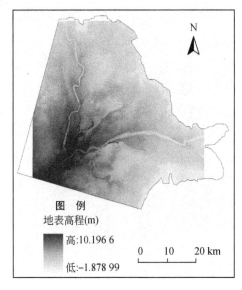

图 4-8　黄河三角洲地表高程

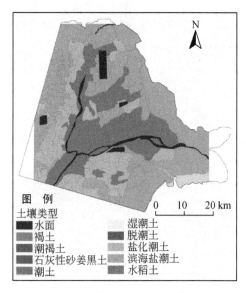

图 4-9　黄河三角洲土壤类型
（刘高焕和汉斯·德罗斯特，1997）

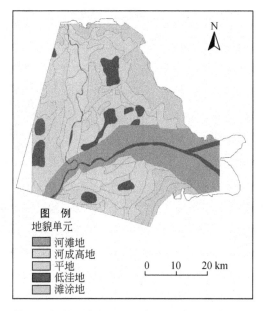

图 4-10　黄河三角洲地貌类型（刘高焕和汉斯·德罗斯特，1997）

4.3.3　环境因子空间分布规律

　　黄河三角洲为黄河冲积而成的典型的三角洲地貌，由于历史上黄河改道和决口现象频繁发生，形成了岗、坡、洼地相间排列的复杂微地貌。在纵向上，沿黄河故道方向的河成高地地貌单元，呈指状分布，横向上呈波浪起伏状。每次河流改道都形成自己的冲积扇

（或亚三角洲地貌），两个相邻的冲积扇之间的低地通常会被新的冲积扇沉积物填埋，部分没有被新的冲积物覆盖的区域，往往形成多个封闭或半封闭的洼地，一般比周围低 0.5 ～ 1.0 m。据 1987 年东营市普查资料，研究区内主要的地貌类型为河成高地、河滩地、平地、低洼地和滩涂地等 6 种，其空间分布如图 4-10 所示。

河成高地分布于黄河故道两侧，沿河走向，由黄河泥沙的沿线沉积以及河道的变迁而形成，其地势较高。地下水位较深，排水条件相对优越，河成高地的土壤受盐分的影响程度相对较小，土壤无盐渍化或脱盐效果较好，土壤为潮土或盐化潮土（图 4-9），河成高地现多已成为农区。

平地是黄河三角洲地区的主要地貌类型，约占区域内面积的 50% 以上，分布于河成高地之间，是岗、洼之间的过渡地带。地面微斜，坡降为 1/7000 ～ 1/3000。黄河三角洲地区平地土壤类型主要为盐化潮土和滨海盐土（图 4-9），部分为潮土。表层土壤质地以砂质黏壤土为主。地下水埋深因海拔以及微地形环境的差异而变化较大，平均为 0.41 ～ 2.53 m。因地下水埋深较浅，平地区域土壤易于发生盐渍化。

河滩地是指沿黄河河道的滩地，主要分布于黄河河道至大堤之间，由洪水漫滩淤积而成，海拔较高，一般较大堤外高出 2.5 ～ 3.0 m。河滩地由于形成时间较短，受河流的影响较大，越往内陆方向，河滩地宽度越窄，越往河口方向，河滩地越宽。河滩地的土壤类型一般为潮土（图 4-9），土壤含盐量低，排灌条件较好，是农作物高产区，但易受洪涝灾害。在接近河口的地区，因受海水的影响，土壤发育为滨海盐土。河滩地的土壤质地一般为砂壤土（图 4-9），局部地区也有其他土壤质地类型。

低洼地在区域内所占的面积比例较低，分布于平地之中、河成高地之间和黄河故道低洼处，因为地势低洼，易于积水，地下埋深较浅，土壤盐渍化较重。滩涂地是黄河三角洲的主要土地单元之一，滩涂地在区域内约占 1/3 的面积，与海岸线平行呈带状分布。土壤类型为滨海盐土，表层土壤质地为砂质壤土或砂质黏壤土，少数地方有粉砂黏土分布。滩涂高程在 1 m 以下，因受海水的影响，地下水位较高，土壤盐分含量高，一般只能生长盐生植物，或为没有植被的光滩。

从图 4-4 可以看出，在滨海区域，土壤全盐含量较高，在西部地区以及在沿黄河河道区域，土壤全盐含量相对较低。土壤可溶性钾的含量（图 4-6）的空间分布和土壤全盐有着较为相似的规律，即滨海地区含量高，西部地区含量较低。

对比图 4-4、图 4-6 和图 4-7 可以看出，土壤中有机质、全磷的含量与土壤中的盐分含量在空间上存在相反的变化趋势，土壤的含盐量越大，土壤中有机质、全磷的含量越低，但局部区域内存在差异。这主要是土壤中有机质的形成不仅与土壤盐分以及地下水环境有关，还与土壤形成年龄、土壤的熟化程度、土地开发利用的时间长短以及土地利用/覆盖等多种因素有关，是多种因素共同作用的结果。

在西南靠内陆的部分区域，地势较高，地下水位埋藏较深，土壤盐分含量低、盐渍化程度较小，土壤形成的时间较早、土地开发利用的时间较长、土壤熟化时间长，土壤中有机质含量高；河成高地地下水位也较深，土壤盐渍化程度较轻，土壤中有机质、全磷的含量也相对较高；在沿海平地以及滩涂区，由于地势低平，地下水位高、土壤中盐渍化严重，加之成陆和土壤发育时间短，土地资源很难开发利用，自然植被的盖度不高，生物产量较低，并且，因土壤中盐分浓度高，土壤中微生物的活性受到抑制，相对于非盐渍化或盐渍化程度轻的区域土壤中的微生物种类和数量也少，因而土壤有机质的形成和土壤中有机物质的分解受限制，有机质与全氮含量相对较低。总体上来说，黄河三角洲地区的土壤有机质与全氮含量的空间分布大致与地形、地下水位和土壤中全盐变化一致。

综上所述，可以看出，微地貌的变化，小地形的起伏，不仅决定着土壤质地的砂、壤、黏性，而且对潜水的状况、地面蒸发强弱、土壤含盐量及发育均有深刻的影响，所以微地貌在环境演化中起着控制作用。随着陆进海退，从滨海到内陆，地表高程逐渐升高，土壤脱盐化程度加强，土壤质量逐渐好转。

4.4 植被及环境因子数据分析

在建模之前，对所使用的数据进行探索分析，这一措施的目的是发现数据中可能存在的一些问题，如数据中的异常值以及预测变量之间的相关性等问题。

4.4.1 预测变量与响应变量的数值概况

模型运行中对群落分布区环境梯度进行分析，即对响应变量和预测变量的概况进行分析，计算二者的最大值、最小值、中值、平均值、第一分位数和第三分位数。从表4-1中可以看出，各个环境因子没有出现均处在正常值范围内，没有出现明显的偏差。

表4-1 预测变量与响应变量的数值概况

响应变量（环境因子）	最小值	第一分位数	中值	平均值	第三分位数	最大值
含盐量（%）	0.29	0.70	0.97	1.01	1.25	2.18
有机质含量（%）	0.31	0.78	0.93	0.94	1.09	1.49
全磷含量（%）	0.05	0.06	0.07	0.07	0.07	0.08
可溶性钾含量（%）	0.129	0.18	0.19	0.193	0.21	0.24
地表高程（m）	0.00	1.50	2.43	3.01	4.52	9.16

4.4.2 植被样点在环境梯度上的分布状况

图4-11的（a）、（b）、（c）分别描述了翅碱蓬群落、柽柳群落和芦苇群落的样点在各个环境梯度上的分布状况。首先把各个环境因子分为10个梯度，分别统计样点在各个梯度上的分布数量。柱状图中的整个条柱表示所有样点的空间分布，其中黑色部分表示群落样点在每个条柱上对应的环境和空间梯度上存在样点的数目，具体数目标注在条柱上方。实线代表存在样点与缺失样点的比例，虚线代表所有存在样点数的平均值。

通过图 4-11 可以得到各种植被类型的分布特点。如通过图 4-11（a）可以看出：翅碱蓬群落多分布于滩涂地和一些较为低洼的区域，分布区的土壤多为滨海盐潮土和盐化潮土，地表高程较低，土壤盐分高，土壤有机质和全磷的含量都较高。通过图 4-11（b）可以看出，柽柳群落分布区的土壤含盐量差异较大，0.49% ~2% 均有分布；有机质含量较低，其在 0.55% ~1% 这个区间上分布较多；地表高程较低，分布区高程多低于 2m；土壤全磷含量为 0.06% ~0.08%；可溶性钾的含量差异不大，分布区多为平地、低洼地，土壤类型多为潮土和盐化潮土。通过图 4-11（c）可以看出，芦苇群落的生态幅较宽，分布区环境因子的差异较大。

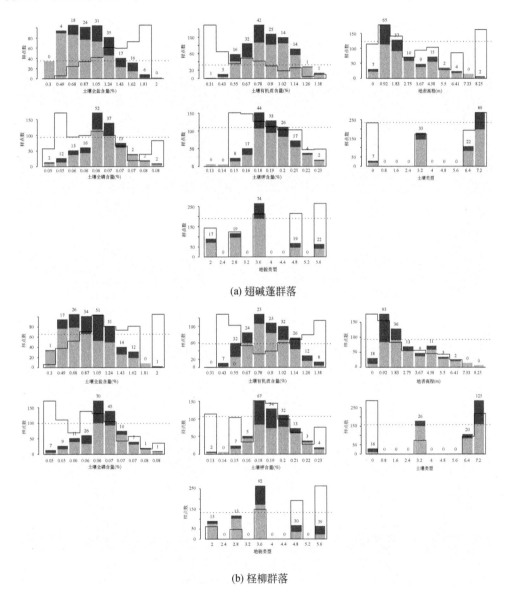

(a) 翅碱蓬群落

(b) 柽柳群落

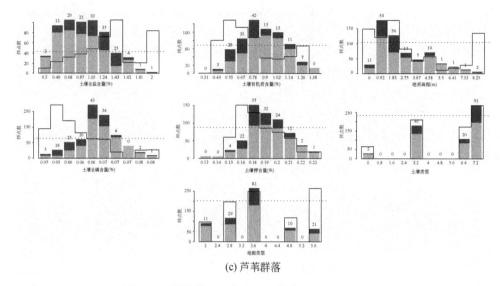

(c) 芦苇群落

图 4-11　植被样点在各个因子梯度上的分布柱状图

4.5　初始模型的构建及模型的选择

4.5.1　数据准备

模型运行需要 4 个基本的数据矩阵，响应变量矩阵（YYY）、预测变量矩阵（XXX）、预测区域中预测变量的最大值和最小值（XXX lut）以及以栅格形式存储的同名预测变量数据。

响应变量的选择是由建立自然植被空间分布预测模型的目的决定的，本研究主要预测植被在空间上的分布概率，因此采用植物群落的存在/缺失（0/1）指标作为响应变量。

预测变量包括地貌单元（Land unit，LU）、土壤类型（Soiltype，ST）等因子变量和地表高程（Elevation，ELE）、土壤全盐含量（salt）、有机质（soil organic matter，SOM）含量、全磷（total phosphor，TP）、可溶性钾（soluble potassium，SK）等连续变量。地貌单元以及土壤类型、土壤质地的分类参考刘高焕和汉斯·德罗斯特（1997）编写的《黄河三角洲可持续发展图集》。

4.5.2　预测变量的选择

预测变量的选择就是将对响应变量最有影响力的预测变量选入模型的过程（Guisan and Zimmermann，2000）。大多数的模型选择为基于传统的零假设显著性检验，如以模型的残差减少程度，或某个回归系数与零之间的差异是否显著来决定某个变量是否加入模型。

近年来，许多学者对基于零假设的显著性检验的可信度提出了质疑，最著名的便是 Burnham 和 Anderson 两位学者，他们发表了一系列的文章对显著性检验进行批评（Burnham and Anderson，2002）。他们认为显著性检验至少存在三点不足：不相关的零假设，任意的显著性水平，变量选择和模型构建缺乏生物学意义。

针对零假设检验的不足，Burnham 和 Anderson 提出基于 Kullback-Leibler（K-L）信息量的信息理论来进行模型的参数选择。信息论认为世界上不存在能够完全反映现实的模型，所有的模型都是对现实的接近。K-L 信息量描绘的是一个模型接近现实的信息损失，它的表达式是一个连续函数的积分：

$$I(f,g) = \int f(x)\log e\left[\frac{f(x)}{g(x|\theta)}\right]dx \tag{4-6}$$

式中，f 和 g 为 n 维的概率分布；$I(f, g)$ 为候选模型 g 接近现实模型 f 的信息损失。假设有 R 个候选模型，目标是选取 $I(f, g)$ 最小的近似模型。

Akaike 研究了 K-L 信息量和最大似然函数的关系，发现可以通过最大对数似然函数来估计 K-L 信息量，其估计值可以用于模型选择。最后他提出了著名的 Akaike's 信息准则（Akaike's information criterion，AIC）用于选择模型：

$$AIC = -2\log e\left[L(\hat{\theta}|data)\right] + 2K \tag{4-7}$$

式中，$\log e\left[L(\hat{\theta}|data)\right]$ 为在既定数据与模型上，关于未知参数的最大对数似然性值（log-likelihood）；K 为模型中参数个数。AIC 是一种封装了模型灵活性和模型过度拟合的折中评估函数。其中，$-2\log e\left[L(\hat{\theta}|data)\right]$ 为模型误差部分，$2K$ 为惩罚项。AIC 的大小体现了建立模型与真实模型接近程度，其中 AIC 的值越小，构建的模型效果越好。

由于显著性检验方法的不足，越来越多的模型研究中都采用信息理论来进行模型的参数选择，如采用 AIC 标准来进行模型参数的选择，结果表明，根据 AIC 标准获取的模型的拟合效果更好。基于上述的描述，在本研究中也采用 AIC 标准来进行模型参数的选取。

4.5.3　其他参数的设置

在建模过程中，首先选择全模型，也称为初始模型，该拟合模型包括采用了自由度为 4 的平滑函数 spline 拟合连续变量的全部预测因子，由于数据记录采用存在/缺失（0/1）数据，因此模型采用二项式（binomial）分布，连接函数为 logit，将数据转化为群落出现的概率值，其值介于 0~1。

4.5.4　植被 – 环境模型的建立

经过上述的参数选择标准的设置、平滑函数的选择、响应变量分布模式、连接函数的设定等过程以后，就可以得到植被/物种 – 环境的判别模型。下式中 s 表示自由度为 4 的平滑函数，SALT、SOM、ELE、TP、SK、ST、LU 分别表示土壤全盐的含量、土壤有机质的含量、地表高程、土壤全磷含量、可溶性钾、土壤类型和地貌类型环境因子。括号内为模型设置。

翅碱蓬群落 - 环境模型：

GAMs(formula = YYY\$sp ~ s(SALT,4) + s(ELE,4) + s(TP,4)

柽柳群落 - 环境模型：

GAMs(formula = YYY\$sp ~ s(SALT,4) + s(ELE,4) + s(TP,4) + s(SK,4) + s(ST, 4) + s(LU,4)

芦苇群落 - 环境模型：

GAMs(formula = YYY\$sp ~ s(SALT,4) + s(SOM,4) + s(ELE,4) + s(TP,4) + s(ST, 4) + s(LU,4)

(family = binomial, link = " logit", data = XXX, weights = WEIGHTS[,4], subset = gr. modmask[,4], na. action = na. omit)

通过上述公式可以看出，在翅碱蓬群落 - 环境关系模型中，只有土壤全盐含量、地表高程和土壤全磷含量进入模型；在柽柳群落 - 环境模型中，除土壤有机质含量外，其余环境因子全部进入模型；在芦苇群落 - 环境模型中，只有土壤可溶性钾含量被剔除出去。

4.5.5　模型拟合效果检验

GAM 预测模型拟合效果的评价指标为模型的偏差（D^2），其计算公式如下：

$$D^2 = 100（null\ deviance - residual\ deviance）/null\ deviance$$

式中，D^2 相当于线性回归模型中的回归系数 R^2；null deviance 为模型在只剩截距时的偏差；residual deviance（剩余偏差）为拟合状态下仍然不能解释的偏差。理想状况下的 D^2 值应当为 1，表明没有剩余偏差，模型完全解释。

本研究采用 D^2 来评价模型的拟合效果，翅碱蓬群落、柽柳群落和芦苇群落三个分布模型的 D^2 值分别为 0.717、0.825 和 0.789，结果说明植被 - 环境模型可以解释大部分的植被分布规律。

4.6　模型解释

4.6.1　预测变量对模型的贡献

预测变量对模型的贡献通过计算预测变量的变化引起模型残差的变化量来实现。图 4-12 中，DROP CONTRIBUTION 通过计算去除的单个预测变量引起模型的残差变化量来反映预测变量对模型的贡献率的大小。MODEL CONTRIBUTION 通过计算各个变量在模型中的贡献率来表达预测变量对模型的重要性，其值等于单个预测变量对模型的贡献率最大值与最小值之间差值。ALONE CONTRIBUTION 通过单个预测变量与响应变量的建模过程来计算。

　　通过图 4-12（a）可以看出，当土壤全盐含量、地表高程和土壤全磷含量从模型中剔除时，引起的模型的残差变化最大；从 MODEL CONTRIBUTION 和 ALONE CONTRIBUTION 中均可以看出土壤全盐含量、地表高程和土壤全磷含量对模型的影响较大。因此这三个变量进入翅碱蓬群落 – 环境模型，由此也可以证明，通过 AIC 标准选择的预测变量是合理的。

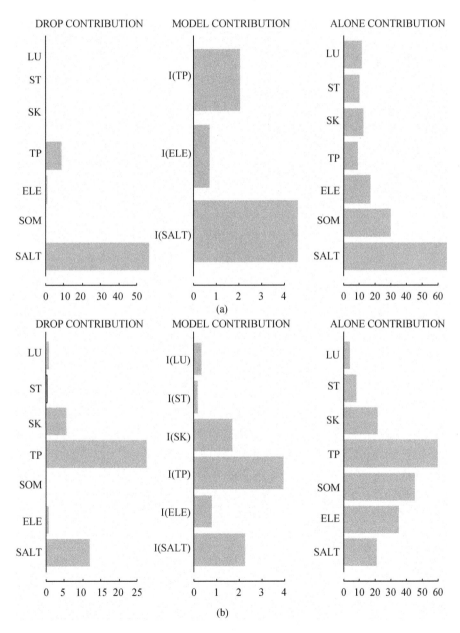

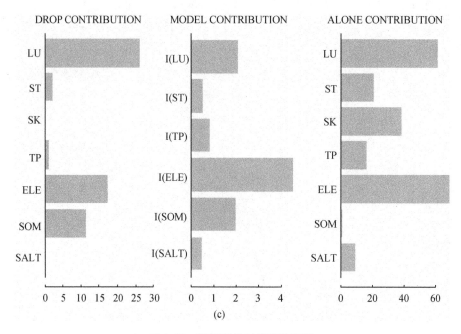

图 4-12　预测变量对模型的贡献

（a）、（b）、（c）分别表示翅碱蓬、柽柳和芦苇三个模型

4.6.2　预测变量的偏响应曲线

预测变量的偏响应曲线描述了响应变量拟合曲线与单个预测变量之间的关系，是广义加法模型一个重要的解释手段。图 4-13 是植被－环境的 GAM 模型的响应曲线，其中，实线代表响应变量方程的拟合曲线，虚线代表方程的置信度。

从图 4-13（a）可以看出，翅碱蓬群落的分布概率与土壤全盐含量呈正相关，即随着土壤全盐含量的增大，翅碱蓬群落分布的概率也逐渐提高；翅碱蓬群落的分布概率与地表高程呈负相关，随着地表高程的增大，翅碱蓬群落的分布概率逐渐降低。从图 4-13（b）可以看出，随着土壤含盐量的升高，土壤类型变为滨海盐潮土、盐化潮土，柽柳群落分布概率逐渐增大。图 4-13（c）可以说明芦苇的分布概率与土壤含盐量、地表高程和土壤全磷的含量呈负相关，与土壤有机质含量、土壤类型和地貌类型呈正相关。

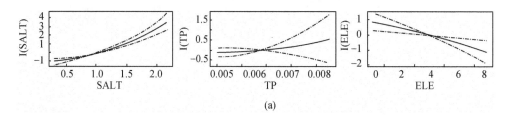

（a）

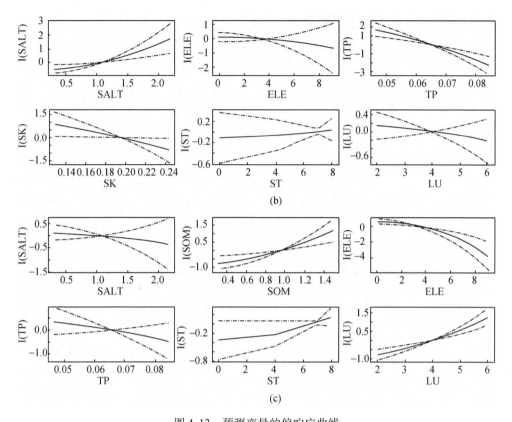

图 4-13 预测变量的偏响应曲线

x 轴表示预测变量，*y* 轴表示预测变量在预测方程中的解释能力；实线代表响应变量方程的拟合曲线；

（a）、（b）、（c）分别表示翅碱蓬、柽柳和芦苇三个模型

4.7 潜在植被空间预测

4.7.1 预测过程

　　潜在植被分布的预测是本章的主要研究目的，基于植被－环境关系模型，结合 GIS 工具，模拟黄河三角洲地区潜在植被的分布。植被空间分布的预测是建立在植被－环境关系模型建立的基础之上，利用生成的查找表（lookup table）和预测变量来预测植被的空间分布概率。查找表的建立是实现植被分布预测的关键，查找表中各个预测变量的值，标明了各预测变量的数据范围，这可以保证对每个栅格数据都进行运算，实现植被在整个研究区的预测制图。具体的过程要通过 Arc View 中的 GRASP 扩展模块，以生成的植被－环境 GAM 模型为基础，利用生成的查找表，通过对各预测变量的模型运算完成。具体的流程如图 4-14 所示。

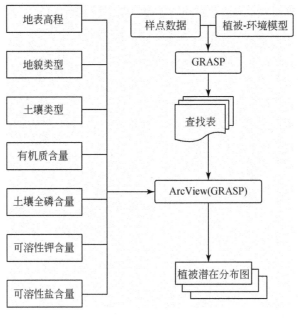

图 4-14　植物群落/物种潜在分布区预测流程

4.7.2　模拟结果分析

图 4-15（见彩图）为翅碱蓬群落（左侧）和柽柳群落（右侧）分布概率图，左侧翅碱蓬群落概率值为 0~0.8711，翅碱蓬是淤泥质潮滩和重盐碱地段的先锋植物，向陆地可与柽柳群落呈复区分布。生境一般比较低洼，地下水埋深一般较浅或常有季节性积水，土壤多为滨海盐土或盐土母质，土壤盐分含量较高。从图 4-15 可以看出，在滨海区域，翅碱蓬群落出现概率较高。

图 4-15 右侧为柽柳群落分布概率图，概率值为 0~0.7415。柽柳群落是天然的海岸灌丛，是在翅碱蓬群的基础上发展起来的植被类型，一般分布在平均海水高潮线以上的近海滩涂上，地势平坦，土壤为淤泥质盐土。含盐量较高，全氮、全磷和有机质含量低，因此，其在滨海区域出现的概率较高。

图 4-16（见彩图）是芦苇分布概率图，概率值为 0~0.7949。芦苇群落潜在分布区具有如下规律：靠近海岸线地区，地下水埋深较浅，由于海水入侵作用，使土壤含盐量极高，盐生芦苇多分布于此，因此在滨海区域芦苇群落分布概率较高。在淡水河流以及水库周边地区，黄河入海口处，由于其受淡水作用的影响，土壤含盐量较低，水分充分，沼生芦苇分布的概率较高。在内陆地区，地表高程较高，土壤的养分状况也好于滨海区域，由于地下水埋深较深，土壤含水量较低，土壤较为干燥，生境已不适合芦苇生存，芦苇分布概率值不仅低于淡水河流、水库和黄河入海口等处，还低于滨海区域。

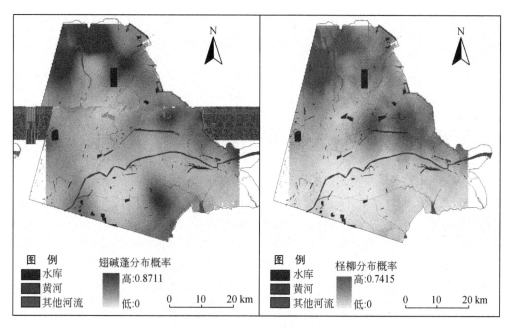

图 4-15　翅碱蓬、柽柳潜在分布概率图

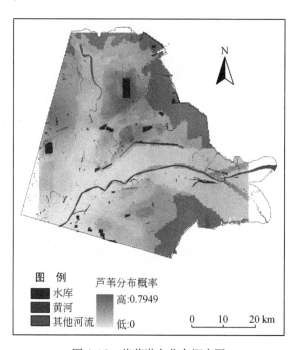

图 4-16　芦苇潜在分布概率图

4.7.3 模拟结果验证

模型的验证与评估是构建模型中的一个重要方面，这不仅是因为模型精度评估十分重要，更为重要的是模型评估可以用来判断模型可用性。从应用的角度来看，模型不能只局限于作为一种分析数据因果关系的工具，其应该在预测应用方面起最大作用。

有两种方法用来评估模型，第一种方法是利用一份数据来训练模型，然后应用交叉验证（cross-validation，CV）、Jack-Knife（JK）、Bootstrap 等方法来评估模型。第二种方法是利用两份独立的数据，一份用来训练模型，另一份用来评估模型。当只用一份数据来训练及评估模型时，CV 是最常用的模型评估方法。例如，将数据分成 10 份，取其中 9 份用来训练模型，剩余的 1 份用来评估模型，依次循环 10 次，10 次循环的平均值可以用来评估模型的精度。JK 是 CV 的一种特例，即假设数据集有 n 个数据，JK 每次从数据集中取出 1 个数据，剩余的 $n-1$ 个数据用来训练模型，取出的这 1 个数据用来评估模型，依次循环 n 次。Bootstrap 为一种重采样技术，采用替换的方法对原始数据进行数据替换，生成一组新的数据集，不断重复 n 次（n 越大越好），通过不断将新数据集带入模型，取其均值便可以实现模型评估。

当有两组独立数据时，其中一组可以用来训练模型，第二组可以用来评估模型。当两组数据来源于同一数据集时，则为 CV 或 Bootstrap 方法的简化。当两组数据来源于不同的取样方案时，这种方法可以取得最优化的评价结果。

ROC（receiver operating characteristic）曲线指受试者工作特征曲线，是反映敏感性和特异性连续变量的综合指标，是用构图法揭示敏感性和特异性的相互关系，它通过将连续变量设定出多个不同的临界值，从而计算出一系列敏感性和特异性，再以敏感度（sensitivity）为纵坐标、Ⅰ-特异度（Ⅰ-specificity）为横坐标绘制成曲线，曲线下面积越大，诊断准确性越高。在 ROC 曲线上，最靠近坐标图左上方的点为敏感性和特异性均较高的临界值。ROC 曲线下的面积值（AUC）为 0.5~1.0。在 AUC >0.5 的情况下，AUC 越接近于 1，说明诊断效果越好。本研究采用基于 ROC 统计交叉验证的方法对结果进行验证，图 4-17 的结果表明，三个模型的 ROC 曲线的 AUC 值都超过了 0.8，模型诊断结果达到良好水平。

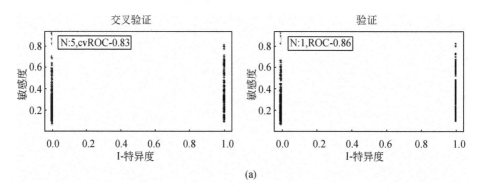

(a)

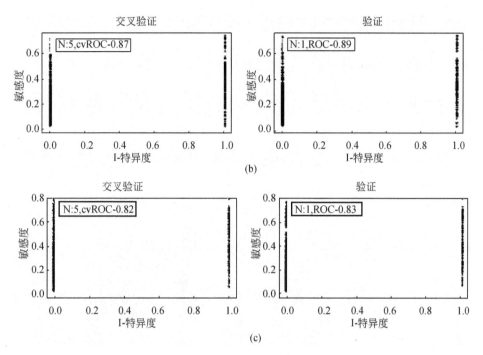

图 4-17　植被 – 环境模型的交叉验证
（a）、（b）、（c）分别表示翅碱蓬、柽柳和芦苇模型

4.8　结　论

本章以野外植被、土壤采样数据和各种专题图数据为基础，结合高空间分辨率遥感影像，获取了研究区的植被分布数据和环境因子数据。采用了广义加法模型，对黄河三角洲芦苇群落、柽柳群落和翅碱蓬群落三个主要群落类型建立了植被 – 环境分布模型，模拟了这三种主要群落在黄河三角洲的潜在分布区，ROC 统计验证表明，所建立模型符合统计要求，模拟结果良好。

GAM 模型无需预定统计模型的限定变量的分布模式，从而避免了前者经常碰到数据不符合假设前提的困难；同时，这种数据驱动的建模方式对数据本身的内在规律更为敏感，为发现未知的关系或作用去除了人为的障碍。广义加法模型是由观测数据而非统计分布模型驱动的非参数回归模型，比普通线性模型对误差分布的限制更加宽松，与分类回归树、神经网络等其他模型相比，它具有更强的数据统计分析能力。

然而广义加法模型也具有一些限制：作为一种空间预测模型，GAM 模型和其他统计学模型一样具有静态性质，不能直接应用于生物地理和生态格局的动态及对环境的响应预测；与其他非参数模型一样，GAM 相对缺乏机理模型的"普遍性"，因而只具有"内插"式的预测能力，不能对建模数据对应的环境值域以外的范围进行外推；在具有不同气候、植物区系或地质背景的区域之间的可移植性差；GAM 模型的质量在很大程度上依赖于建模样本数据的质和量。取样设计与调查结果和预测变量的空间数据都对预测结果的准确性及精确度产生一定的影响。

第5章　淡水水源区退化湿地恢复技术

针对因缺水而造成的黄河三角洲湿地退化现象，黄河三角洲自然保护区对淡水水源区退化湿地实施了恢复工程。该恢复工程的设计思路如图5-1（见彩图）所示。

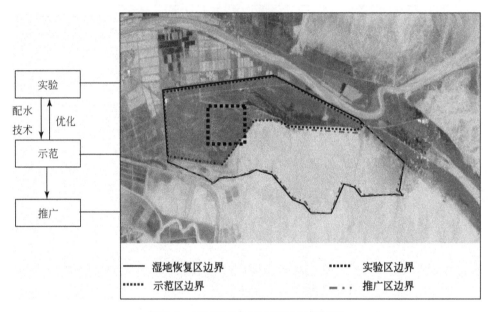

图 5-1　黄河三角洲淡水湿地恢复工程

首先在实验区进行淡水水源恢复实验，提炼配水技术；然后在示范区进行配水技术示范，同时在此过程中进行配水技术的优化，调整配水技术细节部分，使配水技术更科学、合理；最后，将配水技术推广到推广区。在野外监测实验及对历史数据统计分析的基础上，提炼出水量总量控制配水技术、水位调控配水技术、分时配水技术，并将技术进行集成，形成水量－水位控制分时配水技术。

5.1　研 究 方 法

5.1.1　样线布设方法

根据植被的疏密程度，采用面取样法与点取样法相结合的方法开展实验区野外勘查及监测工作。自2009年5月至2010年10月，在实验区（图5-2，见彩图）内于每月1～15日8：00～12：00进行野外监测实验。如图5-2所示，在实验区垂直堤坝每隔约500 m布设一条样线，共布设样线 10 条（①～⑩），每条样线上间隔约 100 m 布设一条采样点，共布设 69 个采样点，每个采样点采用随机采样法设置 3 个样方，共计 207 个样方，在每个样方处采集水文、生物和土壤样本，并进行现场野外监测，记录监测数据。

图 5-2　实验区样线布设

5.1.2　历史资料收集

收集研究区的历史水文数据、生物数据（包括鸟类和植被群落数据）、土壤要素数据等，主要由前期的野外调查和监测，以及保护区管理者的监测获得；收集 2001 年、2004 年、2007 年 5 月的中巴卫星遥感影像解译分类图；收集实验区的 DEM 数据。

5.1.3　野外监测方法

在实验区内，针对淡水湿地恢复目标，建立该研究区生态系统生态水文响应监测要素系统（表 5-1）。

表 5-1　湿地生态水文响应关系监测要素

一级监测要素	二级监测要素	三级主要监测要素
生物、生态要素	动物、植物	种类、数量、特征、分布、群落类型及结构、生物生理、生态特征及其他定量数据
水文要素	水量、水质	进水口流速、持续时间；湿地区水深、水面面积、盐度、pH
土壤要素	土壤	土壤含水量、土壤盐度

5.1.3.1　湿地水文及土壤要素监测

在实验区的每个样方内，使用 GPS 记录地理坐标、高程以及该处水深，并采集、记录

3 个平行样本及时测数据。若为明水面，则在每个样方内用标尺直接测量水深，用水样采集器采集水样，并用 DDB-2 电导率仪现场测定水样的盐度，用 pHB-5 便携式 pH 计测定水样的 pH，取底泥样，平行 3 个样品；若为裸地，则使用铁锹等工具深挖至渗水处，用标尺测量地下水深，用环刀取土壤样品，分 0 ~ 20 cm，20 ~ 40 cm，40 ~ 60 cm 三个土壤断面，每个土壤断层平行取 3 个样品，土壤样品采用称重法测量土壤含水率，即将土壤样品烘干后混合，采用 5∶1 水土比土壤浸出液，用便携式盐度测定仪测定浸出液盐度，并转换为土壤含盐量。本研究中，在实验区共采集水样 504（3×168）个，0 ~ 20 cm 土层土样 117（3×39）个，20 ~ 40 cm 土层土样 117（3×39）个，40 ~ 60 cm 土层土样 117（3×39）个；在效应评估区共采集水样 180（3×60）个，0 ~ 20 cm 土层土样 180（3×60）个，20 ~ 40 cm 土层土样 180（3×60）个，40 ~ 60 cm 土层土样 180（3×60）个。

5.1.3.2 湿地生物资源监测

湿地生物资源监测主要是指植被及珍惜鸟类调查。植被样方的面积为草本群落 1 m×1 m，灌木群落为 10 m×10 m，乔木群落为 15 m×15 m，记录样方地理位置、面积及样方内植被种类和各种植物的密度、盖度、平均高度等数据，在实验区共计 207 个植被监测数据，在效应评估区共计 180 个植被监测数据。在有珍稀动物（主要是珍稀水禽）出现的季节及地点，开展水禽生境选择调查及生境结构调查。

鸟类监测采用样线调查的方法，于每日 6：00 ~ 11：00，沿早期恢复湿地外缘 15 km 的样线，使用 Ouditur 双筒望远镜（8 倍）和 Leica 单筒望远镜（20 ~ 60 倍）进行观察（图 5-3）。每周进行一次，由于夏季恢复区受到黄河调水调沙的影响，本研究夏季仅取黄河调水调沙之前的数据（6 月数据）。调查时只记录调查区内地面及前方向后飞过的鸟类，

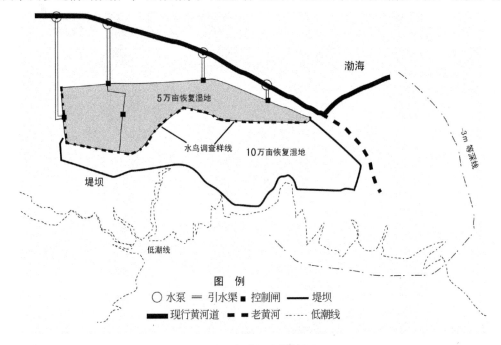

图 5-3　鸟类调查样线图

从行进后方飞入的不记录，以降低重复记录的可能。为减少天气的影响，鸟类调查都选择天气晴朗、无大风的日子进行。

5.1.4 实验室监测及数据处理方法

采集的土壤样方在实验室内进行处理。在室内实验部分，土壤样品置于坩埚中在105℃条件下烘干 24 h 后，通过孔径为 2 mm 的土壤筛过筛分选。以水土比 5∶1 的比例将过筛后的土壤样品溶解，测定土壤 pH 和土壤盐分。Na^+、Mg^{2+} 和 Cl^- 分别采用实验室标准方法进行处理。

使用 Excel 2010、SPSS11 软件进行数据的统计分析，置信区间设置为 95%；采用线形回归分析法分析植被高度、茎粗和盖度等同环境要素（水深、盐度）之间的关系，采用 F 检验分析相关程度的大小；使用 ArcGIS 9.3 进行水深 - 高程拟合等空间地理数据分析及处理。

物种多样性指数和均匀度的计算使用软件 BioDiversy Pro 进行。多样性采用 Shannon-Wiener 指数（H）、Shannon-Wiener 均匀度指数（E）。同时进行种群数量等级划分确定优势种：按照不同种群数量占总数的百分比（P）（即相对多度）划分数量等级，$P \geq 10\%$ 的定为优势种。

5.2 退化淡水湿地恢复配水技术

通过对黄河三角洲淡水湿地恢复实验区的野外监测实验以及实验室测定分析，在对历史数据及野外监测数据分析的基础上，研究出适用于淡水水源恢复退化湿地的水量总量控制配水技术、水位调控配水技术、分时配水技术，其中，水位调控配水技术与分时配水技术是水量总量控制配水技术在空间与时间尺度上的补充与优化。综合考虑时空尺度，形成水量 - 水位控制分时配水集成技术。

5.2.1 水量总量控制配水技术

5.2.1.1 技术内涵

总量控制配水技术，即根据预期来水量，确定该研究区的恢复目标，进而基于该目标下生态需水量的计算，通过控制进水闸调节进水总量以达到恢复目标。水量总量控制的目的是在大空间尺度上满足整个研究区的水量需求。黄河三角洲淡水湿地恢复区具有重要的环境功能、生态功能和生产功能，对维持该区域生态系统的稳定和健康以及调节小气候等具有重要的意义。适宜的生态需水量对维持湿地生态系统的结构完整及功能稳定具有重要的意义。可从以下几个方面理解水量总量控制配水技术。

（1）水量总量控制配水技术的前提是恢复目标的确定

不同恢复目标下的水量需求具有分异性，要依据生态恢复目标计算适宜的生态需水量。本研究中，运用生态学、水文学等理论，采用功能整合法计算适宜的生态需水量。计算过程中，恢复目标不同，其湿地生态功能、环境功能及生产功能等所占的权重将存在差异，因此其功能整合性计算公式中权重系数将随恢复目标的不同而不同。但是对同一区域，在同一恢复目标下，功能整合性计算公式具有唯一性。

（2）水量总量控制配水技术的基础是生态需水量的计算

生态配水的科学依据是生态需水量的计算。过多或过少的水量，都有可能偏离生态恢复目标甚至加剧湿地的退化。因此，要严格依据科学计算的生态需水量，当然还要考虑预期来水量的多少，要在完全或尽量满足生态需水量的基础上进行总量调控。

（3）水量总量控制配水技术的目的是大尺度水量需求的满足

水量总量控制配水技术的实施是为了在大的空间尺度上满足整体上的生态需水量，即在研究区功能整合的基础上，综合权衡生态功能、环境功能及生产功能，在大的尺度上满足研究区基本的淡水需求，保障该生态系统结构和功能的稳定。

（4）水量总量控制配水具有时间分异性

生态需水量不是一个固定的值，而是在一定时间、空间范围内随生态系统的发展而动态地变化的生态系统中客观存在的水量。湿地生态系统的节律性变化规律以及降水量和蒸发量的年内变化决定了生态需水量的时间分异。

5.2.1.2 生态需水量计算方法

生态需水是指在一定时空范围和特定的生态环境保护目标条件下，维持生态系统健康、系统内生物和无机环境所需要的满足一定水质要求和时间分布要求的水量。对于一定的生态区域，生态需水量存在最小值（下限）和最大值（上限），即存在一个生态需水量阈值（适宜水位阈值），在该阈值区间内，生态系统能维持其基本的生态服务功能。同时，在该阈值区间内，存在一个最适值（最适水位及最适生态需水量），即在满足该水位及生态需水量的条件下，生态系统能最大地发挥其生态服务功能。最小值、最大值及最适值对应的生态需水量分别为最小水位、最大水位和最适水位及相应生态需水量。

由于本项目研究区为无资料地区，针对黄河三角洲的特殊生态环境状况，提出用水位模拟的方法进行该区适宜水位和生态需水量的研究。计算步骤如下所述（图5-4）。

1）湿地生态系统功能目标确定。根据当地生态环境规划、自然保护区规划、水资源保护规划以及湿地保护行动规划，确定湿地保护目标及优先级。

2）选择关键功能要素并确定其权重。所选择的功能要素要具备代表性、敏感性，最能体现生态系统生态配水后功能及机构的变化特征。一般地，关键功能要素应该包括环境要素、生态要素和生产要素，功能要素的选择要有针对性。对于黄河三角洲淡水湿地，通常选择盐碱化面积指数 W、生境适宜度指数 E、娱乐功能指数 P、芦苇生产量指数 B、生物多样性指数 H 作为配水效应评估的关键要素。利用层次分析法（AHP）确定各评估要素的权重，以进行功能整合。

3）模拟配水方案。将实验区 DEM 地形标高与不同水位条件下的水位趋势面进行叠加运算，得到不同水位条件下研究区各点水深。根据研究得到的水深梯度与植被生态特征关系分析结果，对不同水位条件下的植被空间分布格局进行模拟。

4）计算功能整合性指数并确定适宜生态需水量阈值及最适生态需水量。计算每个配

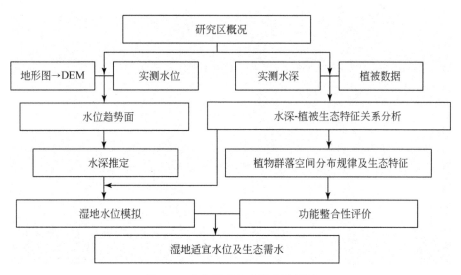

图 5-4　水位模拟方法技术路线图

水方案下各功能指数及功能整合性指数,根据生态系统状态等级划分依据确定适宜水位阈值、最适水位及对应的生态需水量。

黄河三角洲配水技术实验区内恢复目标是保护珍稀水鸟的栖息地、恢复水盐平衡、维持生物多样性等,因此,根据各项指标的相对重要性,利用层次分析原则将定性指标定量化,然后通过数学解析及定性分析确定各项指标的权重(表 5-2)。

表 5-2　功能整合性评价指标及其权重

功能要素	权重	主要功能	详细指标	权重
环境功能	0.23	水盐平衡	盐碱化面积指数(W)	1.00
生态功能	0.53	珍稀鸟类栖息地	生境适宜度指数(E)	0.66
		维持生物多样性	生物多样性指数(H)	0.34
生产功能	0.24	原材料	芦苇生产量指数(B)	0.50
		水上娱乐	娱乐功能指数(P)(水深大于 0.5 m)	0.50

黄河三角洲配水技术实验区的生态需水计算过程中,功能权重的确定依据及大小、各功能指数、生态需水量的计算公式如下。

湿地功能的综合指数 I(功能整合性指数)计算公式为

$$I = \sum_{i=1}^{n} I_i \mu_i \tag{5-1}$$

式中,I_i 为湿地各主要功能详细指标的标准化值;μ_i 为权重;i 为湿地功能指标,$i = 1$,2,$\cdots$,n;n 为湿地功能指标总数。

盐碱化面积指数 W 表征了淡水区与盐水区的比例关系,计算公式为

$$W = 1 - W_s / W_t \tag{5-2}$$

式中,W_s 为盐碱化面积,可以从水位 – 生境响应模拟图中计算得到;W_t 为湿地总面积。

生境适宜度指数 E，表示湿地生境对珍稀鸟类的适宜度的大小，系数越大说明湿地越适宜珍稀鸟类栖息。生境适宜度指数 E 的计算公式为

$$E = \begin{cases} (S/S_0)(P_0/P)^m \sum_{i=1}^{n} A_i\lambda_i & (P > P_0) \\ \sum_{i=1}^{n} A_i\lambda_i & (P \leqslant P_0) \end{cases} \tag{5-3}$$

式中，S 为某一水位下芦苇和明水面的总面积；S_0 为初始水位（本研究中为 4.40 m）下芦苇和明水面的总面积；P 为某一水位下芦苇和明水区的斑块数；P_0 为初始水位下芦苇和明水区的斑块数；A_i 为不同水位下不同生境类型 i 的面积比；i 为生境类型，$i = 1, 2, \cdots,$ n；n 为生境类型总数；m 为一常数；λ_i 为不同土地利用类型对鸟类栖息的适宜度系数。

m 可以通过两个水位条件下湿地面积、斑块数目以及物种（本研究中为东方白鹳）数目进行标定，计算公式为

$$n = \frac{\lg\left(\frac{k_0 S}{k S_0}\right)}{\lg\left(\frac{P_0}{P}\right)} + 1 \tag{5-4}$$

式中，S、S_0、P、P_0 含义同式（5-3）；k_0 和 k 分别为初始水位和某一水位对应生境所能容纳的物种（本研究中为东方白鹳）的数目。

通过实地调查，根据不同土地利用类型栖息物种数量和种类确定 λ_i 取值范围为 [0, 1]。在本研究中，4 种土地利用类型：浅水芦苇群落、深水芦苇群落、深水区和其他植被群落的 λ_i 分别为 0.185、0.754、0.046 和 0.015（表5-3）。

表5-3　不同土地利用类型的适宜度指数

生境	出现样本频次	个体数（只）	个体数所占比例（%）
浅水芦苇	6	24	18.5
深水芦苇	15	98	75.4
深水区（>0.5m）	2	6	4.6
其他植被类型覆被区	1	2	1.5

生物多样性指数 H 表示湿地维持生物多样性的潜在能力，指数越大说明维持湿地植物多样性的潜在能力越强，计算公式为

$$H = -\sum_{i=1}^{n} (A_i\beta_i / \sum A_i\beta_i) \ln(A_i\beta_i / \sum A_i\beta_i) \tag{5-5}$$

式中，A_i 为不同模拟水位条件下不同土地利用类型 i 的面积百分比例；β_i 为不同水深处 Whittaker β 生物多样性指数大小；i 为土地利用类型，$i = 1, 2, \cdots, n$；n 为土地利用类型数目。Whittaker β_i 计算公式为

$$\beta_i = S/ma_i - 1 \tag{5-6}$$

式中，S 为研究区内物种的总数；ma_i 为 i 种物种的数目。

芦苇生产量指数（B）可以表示为

$$B = \sum_{i=1}^{n} A_{ip} \tag{5-7}$$

式中，A_{ip} 为 i 种芦苇的面积百分比；$i = 1, 2, \cdots, n$；n 为长有芦苇的土地利用类型的数目。

娱乐功能是湿地的一个直接使用价值，由于只有深水区才能被开发成娱乐景观，因此规定只有水深深于 0.50 m 的湿地区域才具有此功能。娱乐功能指数（P）可以表述为

$$P = S_{d} / S_{w} \tag{5-8}$$

式中，S_{d} 为深水区面积；S_{w} 为湿地总面积。

生态需水量 EWRs 计算如下：

$$\mathrm{EWRs}_i = \sum_{i=1, j=1}^{i=m, j=n} AB_{ij} \overline{H}_{ij} \tag{5-9}$$

式中，A 为湿地总面积；B_{ij} 为不同水位下积水区面积百分比；$\overline{H}_{ij}$ 为不同水位下积水区中不同土地利用类型的平均水深，可从生境模拟结果中获取；i 为模拟水位编号，对应模拟水位阈值 4.40 m，4.50 m，$\cdots$，5.80 m，i 分别依次记为 1，2，$\cdots$，m；j 为积水区不同土地利用类型，$j = 1, 2, \cdots, n$；m 和 n 分别为模拟水位和积水区不同土地利用类型的总数。

通过黄河三角洲配水技术实验区水位模拟结果及功能整合性计算，依据湿地状态等级划分标准，利用不同水位下的模拟结果，对不同水位下的湿地生态系统功能进行整合性评价，以确定保证湿地生态系统质量或符合生态管理目标的适宜生态需水量。

在黄河三角洲淡水湿地配水技术实验区，清水沟引水闸是唯一的进水闸，根据清水沟断面历年水位变化（即 4.4 ~ 5.80 m），可以推测 1976 ~ 2001 年，实验区水位应为 4.4 ~ 5.80 m，将 4.4 ~ 5.8 m 设为模拟的水位阈值，其模拟结果如图 5-5（见彩图）所示。

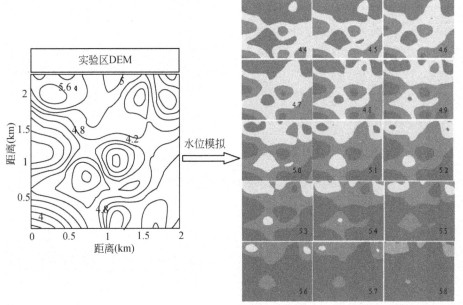

■ 深水区　□ 浅水芦苇　■ 深水芦苇　■ 其他植物群落类型
图中数值为水位(m)

图 5-5　配水技术实验区水位模拟

湿地的水盐平衡、珍稀水鸟栖息地、生物多样性、生产和娱乐等各项功能对应的功能指数可以通过式（5-2）、式（5-3）、式（5-5）、式（5-7）和式（5-8）计算，并进行指数标准化，进而由式（5-1）得到功能整合性指数，结果如表5-4所示。表5-4显示，$5.00 \sim 5.50$ m水位阈值内的湿地功能整合性指数在0.70以上，湿地生态系统质量好，能发挥较完善的功能；5.20 m处，湿地功能整合性指数最大，并且此时当水位上下波动0.20 m时，生态功能整合性没有显著的下降。为维持生态功能整合性指数高于0.70，需要提供一定的水量以维持生态水位在$5.00 \sim 5.50$ m。由式（5-9）计算得到，维持实验区湿地生态系统处于适宜状态的最小、理想和最大生态需水量分别为$1.16 \times 10^6 \mathrm{m}^3$（$I = 1.70$）、$1.92 \times 10^6 \mathrm{m}^3$（$I = 0.84$）、$2.97 \times 10^6 \mathrm{m}^3$（$I = 0.72$）（表5-5）。

表5-4　不同水位条件下各功能指标的标准化值与功能整合性指数〔由式（5-1）～式（5-8）计算各功能指数，并指数标准化〕

水位 （m）	盐碱化面积 指数（W）	生境适宜度 指数（E）	生物多样性 指数（H）	芦苇产量 指数（B）	娱乐功能 指数（P）	功能整合性 指数（I）
4.40	0.11	0.31	0.73	0.68	0.00	0.35
4.50	0.22	0.48	0.77	0.86	0.01	0.46
4.60	0.25	0.56	0.72	0.96	0.01	0.50
4.70	0.31	0.58	0.79	0.92	0.05	0.53
4.80	0.37	0.62	0.71	1.00	0.07	0.56
4.90	0.50	0.62	0.87	0.92	0.13	0.61
5.00	0.65	0.69	0.96	0.86	0.20	0.70
5.10	0.73	0.98	0.96	0.82	0.27	0.82
5.20	0.79	1.00	0.97	0.78	0.32	0.84
5.30	0.85	0.83	0.98	0.68	0.42	0.79
5.40	0.91	0.83	1.00	0.56	0.55	0.81
5.50	0.94	0.58	0.94	0.42	0.67	0.72
5.60	0.97	0.48	0.78	0.32	0.78	0.66
5.70	0.99	0.38	0.52	0.22	0.89	0.59
5.80	1.00	0.27	0.31	0.12	1.00	0.51

表5-5　不同模拟水位下的生态需水（EWRs）

n	水位（m）	深水区 $j=1$		浅水芦苇区 $j=2$		EWRs （$10^6 \mathrm{m}^3$）
		B_{ij}	$\overline{H}_{ij}$（m）	B_{ij}	$\overline{H}_{ij}$（m）	
1	4.4	0.002	0.65	0.11	0.27	0.14
2	4.5	0.01	0.59	0.21	0.20	0.21
3	4.6	0.01	0.69	0.24	0.27	0.32
4	4.7	0.04	0.61	0.27	0.29	0.46
5	4.8	0.06	0.66	0.31	0.33	0.64

n	水位（m）	深水区 $j=1$		浅水芦苇区 $j=2$		EWRs（10^6 m^3）
		B_{ij}	$\overline{H}_{ij}$（m）	B_{ij}	$\overline{H}_{ij}$（m）	
6	4.9	0.11	0.66	0.39	0.30	0.85
7	5.0	0.18	0.68	0.47	0.29	1.16
8	5.1	0.24	0.72	0.50	0.35	1.56
9	5.2	0.28	0.78	0.51	0.41	1.92
10	5.3	0.37	0.80	0.48	0.41	2.21
11	5.4	0.48	0.82	0.43	0.41	2.55
12	5.5	0.59	0.85	0.35	0.41	2.97
13	5.6	0.69	0.89	0.28	0.41	3.27
14	5.7	0.78	0.94	0.21	0.41	3.67
15	5.8	0.88	0.98	0.12	0.41	4.08

注：B_{ij}和$\overline{H}_{ij}$可以从图 5-5 中获取，$j=1$ 指深水区，$j=2$ 指浅水芦苇区

5.2.2 水位调控配水技术

5.2.2.1 技术内涵

水位调控控制配水技术，即在水量总量控制配水技术的基础上，在较小的空间尺度上通过微调各区域的水位，实现理想状态下的水深梯度分布以及景观格局分布，达到退化湿地恢复目标。

水禽对空间的利用直接反映为对栖息地的选择，而鸟类对生态环境的变化非常敏感，并且表现在不同的景观尺度上。湿地鸟类栖息生境的优劣是由多种生境要素决定的，各种要素相互联系、相互影响共同对湿地鸟类发生作用。其中最主要的因素包括食物条件要素（水深因素、水域面积和干扰情况）和繁殖条件要素（植被覆盖类型、面积、干扰因素）。优化景观格局，对保护珍稀水禽有重要的意义。研究区内水深因素、水域面积、景观格局等的优化是通过调整淹水面积、淹水水深及裸地面积和布局实现的。

水位调控配水技术可以从以下三个方面理解。

1）水位调控配水技术是水量总量控制配水技术在空间尺度上的补充与优化。由于黄河来水的时间特性及工程实施的客观限制条件，以及水的流动性等因素，在淡水湿地恢复过程中，需要先进行水量总量控制配水。水量总量控制配水是水位调控配水的基础，水位调控配水是水量总量控制配水的补充和优化。在研究区实现一定的水量总量需求的前提下，通过进行区域小空间的水位调控，以实现生态系统的最佳状态。

2）水位调控配水技术是实现格局优化的技术手段。鸟类对潜在栖息地的响应是很敏感的，并且表现在不同的景观尺度上。迁徙鸟类对中途停歇地的利用很大程度上取决于大尺度的景观格局以及景观斑块配置，如湖泊、芦苇沼泽和河口滩涂等。这是一个地区迁徙季节鸟类物种多样性的重要决定因素。鸟类在中途停歇地的分布却更大程度上是由小尺度上的微生境所决定，如资源丰富的食物斑块，干扰小、隐蔽好、安全高的休息场地等。因

此，在对研究区进行配水的过程中，还要充分考虑保护目标并进行适当的格局优化，鸟类对栖息地的景观格局有一定的选择性。实现鸟类栖息地的格局要求，既要实现一定水位条件下的水深梯度，又要满足相应水深梯度下的面积百分比。在研究区内满足一定的水量总量前提下，只有通过局部空间尺度的水位调控，对景观格局进行优化，才能实现理想状态下的空间景观分布。

3）水位调控配水具有时间分异性。与水量总量控制配水技术一样，水位调控配水也具有时间分异性。由于水位调控配水主要目的是在小空间尺度上调整水深梯度及面积百分比，也就是满足一定时期的景观格局需求，包括明水面、浅水区、裸地、植被覆盖区等的分布。而生物生长的时间分异性以及鸟类不同生理期对栖息地景观分布要求的时间分异性，决定了水位调控配水的时间分异性。

5.2.2.2 水位调控方法

将实验区 DEM 地形标高与不同水位条件下的水位趋势面进行叠加运算，得到不同水位条件下研究区各点水深（图 5-6）。为便于与水量总量控制配水技术协调统一，叠加水位仍选择 4.4~5.8 m。然后由叠加结果得到不同水深梯度的面积百分比（表 5-6）。在不同时期，依据叠加结果中的水深梯度分布图以及水深梯度面积百分比，及时调整实验区的水深分布，以实现相应的景观格局。

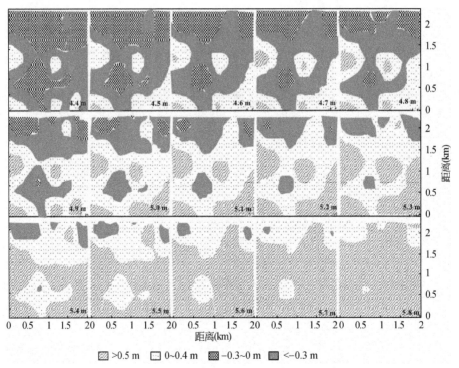

图 5-6 不同水位条件下水深梯度图

表 5-6　不同水位条件下水深梯度面积比

水位（m）	水深梯度面积比			
	>0.5 m	0~0.4 m	−0.3~0 m	<−0.3 m
4.4	0.002	0.11	0.41	0.48
4.5	0.01	0.21	0.48	0.31
4.6	0.01	0.24	0.54	0.21
4.7	0.04	0.27	0.49	0.20
4.8	0.06	0.31	0.53	0.10
4.9	0.11	0.39	0.41	0.10
5.0	0.18	0.47	0.30	0.05
5.1	0.24	0.50	0.25	0.02
5.2	0.28	0.51	0.20	0.01
5.3	0.37	0.48	0.15	0.00
5.4	0.48	0.43	0.09	0.00
5.5	0.59	0.35	0.06	0.00
5.6	0.69	0.28	0.03	0.00
5.7	0.78	0.21	0.01	0.00
5.8	0.88	0.12	0.00	0.00

　　具体实施过程中，要尽量遵守自然性原则，即尽量不破坏原有的地形地貌条件，通过实验区小空间尺度上的水量调整，达到小区域上的水深要求。由于水的流动性，有时无法实现水的引流，则可以通过适当的工程手段，以挖掘或填满的方式实现水深要求，最终达到理想的景观格局分布。

5.2.3　分时配水技术

5.2.3.1　技术内涵

　　分时配水技术，即根据湿地生态系统生态需水的时间分异性，在不同时期适当调整引水量总量大小及各区域适宜水位阈值标准进行分时配水，以合理利用水资源，达到更好的恢复效果。

　　分时配水技术是水量总量控制及水位调控配水技术在时间尺度上的优化。水文特征及动植物的生态特征在时间尺度上有所差异，继而对水量的需求以及水位的要求存在时间分异性。分时配水技术应考虑时间差异性以及分时操作的可行性和必要性，在时间尺度上对水量总量控制及水位调控配水技术进行补充优化，最终实现黄河三角洲退化淡水湿地多维度配水。

5.2.3.2　分时配水方法

　　考虑到时间尺度分异性，水量调节要分时进行，同时还要综合考虑鸟类对水量的要求和植被的水文特征以及来水量。根据黄河三角洲湿地水文特征和生态特征，把黄河三角洲湿地的水量需求分成平水期（11月至翌年3月）、生物繁殖期（4~6月）和汛期（7~10

月）3 个时段，针对研究区不同时期的生态水文目标，进行湿地生态配水。

1）平水期，生态需水量主要是维持一定的水深，满足鱼类、两栖类等生物安全越冬。

2）生物繁殖期，也是汛前期，所需水量较少，主要是维持一定面积的裸地，利于湿地鸟类的繁殖筑巢。

3）汛期，生态需水量较大，主要是满足生物生产所需水量。

基于以上水量需求目的及需求量的时间分异，确定该地区分时配水方案（表5-7）。

表 5-7　研究区分时配水方案

引水时期	平水期	生物繁殖期	汛期
引水量	最适生态需水量	最小生态需水量	最大生态需水量

5.2.4　配水技术集成

5.2.4.1　配水技术集成基础

配水技术集成的基础为水文–生物生态响应，包括植物及动物生态特征的响应。不同水深梯度下植物生境和群落类型都表现出较大差异，不同植物群落对水深有不同需求，因此，确定不同植物群落生长的适宜水深阈值是植被群落空间分布模拟的关键及基础。

调查记录草本植物的投影盖度、高度、密度，优势物种的投影盖度、密度、高度，共记录盖度大于 1% 草本植物 14 种（表5-8），得 14×24 维原始数据矩阵。以水深为环境梯度，依模糊数学排序方法计算出模糊子集，得到排序结果（图5-7），排序图可直观地反映水深的梯度变化和群落空间的变化趋势。第 1 排序轴是水深轴，X 坐标值是水深的相对值，从左向右水深数值逐渐增大，植被优势种依次更替为荻、白茅–翅碱蓬–芦苇–蒲草，植被类型的改变反映了水深与植被的直接关系。第 2 排序轴（Y 轴）主要与水分条件有关，排序图由下向上，反映群落组成与水深的关系，水分逐渐增多，对水分需求较高的芦苇群落、蒲草群落在上部，而需水量少的翅碱蓬、獐毛群落、白茅群落和狗尾草群落分布在下部。

表 5-8　黄河三角洲投影盖度大于 1% 的草本植物在 24 个样方中的盖度

样方号	P1	P2	P3	P4	P5	P6	P7	P8	P9	P10	P11	P12	P13	P14
1	0.00	0.00	0.00	0.00	0.00	0.00	0.20	0.00	0.00	0.00	0.00	0.00	0.00	0.00
2	0.10	0.00	0.00	0.00	0.00	0.00	0.40	0.00	0.00	0.00	0.00	0.00	0.00	0.00
3	0.10	0.00	0.00	0.00	0.00	0.00	0.20	0.00	0.00	0.00	0.00	0.00	0.00	0.00
4	0.10	0.00	0.00	0.00	0.00	0.00	0.15	0.00	0.00	0.00	0.00	0.00	0.00	0.00
5	0.40	0.00	0.00	0.00	0.00	0.00	0.03	0.00	0.00	0.00	0.00	0.00	0.00	0.00
6	0.45	0.00	0.00	0.00	0.00	0.00	0.00	0.00	0.00	0.00	0.00	0.00	0.00	0.00
7	0.50	0.00	0.00	0.00	0.00	0.00	0.00	0.00	0.00	0.00	0.00	0.00	0.00	0.00
8	0.55	0.00	0.00	0.00	0.00	0.00	0.00	0.00	0.00	0.00	0.00	0.00	0.00	0.00
9	0.65	0.00	0.00	0.00	0.00	0.00	0.00	0.00	0.00	0.00	0.00	0.00	0.00	0.00
10	0.70	0.00	0.00	0.00	0.00	0.00	0.00	0.00	0.00	0.00	0.00	0.00	0.00	0.00
11	0.85	0.00	0.00	0.00	0.00	0.00	0.00	0.00	0.00	0.00	0.00	0.00	0.00	0.00

续表

样方号	P1	P2	P3	P4	P5	P6	P7	P8	P9	P10	P11	P12	P13	P14
12	0.95	0.00	0.00	0.00	0.00	0.00	0.00	0.00	0.00	0.00	0.00	0.00	0.00	0.00
13	0.90	0.00	0.00	0.00	0.00	0.00	0.00	0.00	0.00	0.00	0.00	0.00	0.00	0.00
14	0.95	0.00	0.00	0.00	0.00	0.00	0.00	0.00	0.00	0.00	0.00	0.00	0.00	0.00
15	0.60	0.35	0.00	0.00	0.00	0.10	0.00	0.00	0.00	0.00	0.00	0.00	0.00	0.00
16	0.40	0.50	0.00	0.30	0.00	0.10	0.00	0.00	0.00	0.00	0.00	0.00	0.00	0.00
17	0.50	0.05	0.00	0.00	0.00	0.00	0.00	0.00	0.30	0.05	0.00	0.03	0.00	0.00
18	0.60	0.00	0.03	0.00	0.00	0.00	0.00	0.05	0.30	0.00	0.00	0.00	0.00	0.00
19	0.60	0.05	0.10	0.05	0.10	0.05	0.00	0.00	0.02	0.03	0.00	0.00	0.00	0.15
20	0.30	0.30	0.00	0.00	0.00	0.10	0.00	0.00	0.10	0.00	0.00	0.00	0.00	0.00
21	0.15	0.70	0.05	0.00	0.00	0.00	0.00	0.00	0.00	0.03	0.00	0.00	0.00	0.00
22	0.05	0.80	0.00	0.00	0.00	0.00	0.00	0.00	0.00	0.00	0.00	0.00	0.00	0.00
23	0.20	0.00	0.00	0.00	0.00	0.00	0.00	0.00	0.00	0.05	0.00	0.00	0.50	0.00
24	0.05	0.10	0.00	0.00	0.00	0.05	0.00	0.10	0.50	0.00	0.10	0.00	0.00	0.00

注：P1. 芦苇；P2. 翅碱蓬；P3. 狗尾草；P4. 獐毛；P5. 黄花蒿；P6. 补血草；P7. 蒲草；P8. 鹅绒藤；P9. 白茅；
P10. 苦菜；P11. 莎草；P12. 野菊花；P13. 荻；P14. 野大豆

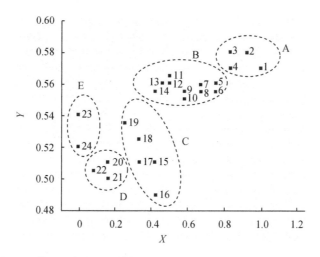

图 5-7　黄河三角洲湿地恢复区植被对水深梯度的模糊数学排序图

X 坐标值是水深的相对值，从左向右水深数值逐渐增大；Y 轴主要与水分条件有关；
排序图由下向上，反映群落组成与水深的关系

　　水深制约着湿地植被的空间分布。当水深大于 0.70 m 时，除少数藻类能生存外，其他类型植物较难生存，总盖度较小。随水深下降，蒲草、芦苇出现，盖度增大，在 0.55 m 水深梯度上蒲草较为茂盛，盖度达到一个峰值。水深降低，盖度又减小，直至 0.45 m 水深梯度，植被类型由蒲草转变为盖度较低的芦苇群落。水深为 -0.30 ~ 0.40 m 处，水分充足，旱生、水生植物并存，该段水深上植被盖度达最大。-0.50 ~ -0.30 m 水深处，由于水深较低，土壤通过蒸散发使盐分在地表富集，大部分地方可见一定厚度的盐结皮，该段水深处是研究区盐碱化程度最高处，有些地方生长一些耐盐碱或喜盐植物，有些地方由于盐碱化程度太高，成为裸地。当水深低于 -0.50 m 时，由于水深较低不能给地表以充足

的水分供应，地表干旱，盐碱化程度有所降低，水分成为植物生长的胁迫因子，不能满足湿地植被对水的需求，湿地植被被耐干旱植被代替。图 5-7 显示，样方在图 5-7 上的分布主要集中在 5 个区域，根据这 5 个区域可以将植物群落分为 5 类。A（40~70 cm 水深梯度）、B（0~40 cm 水深梯度）两类型分布在水深大于 0 m 的区域，物种较为单一，芦苇和蒲草分别为 A、B 类型的优势物种。C（-30~0 cm 水深梯度）、D（-50~-30 cm 水深梯度）、E（-60~-50 cm）三种类型主要分布在水面在地面以下的区域，耐盐碱和耐干旱的物种逐渐成为群落种的优势种，其中，芦苇、翅碱蓬、旱生植物白茅和荻分别为 C、D、E 三种类型的优势种。

5.2.4.2　配水技术集成

综合考虑时间尺度及空间尺度，本研究将水量总量控制配水技术、水位调控配水技术以及分时配水技术进行了集成，根据水量同湿地功能整合性的关系来确定生态需水量总量阈值，然后在水量总量控制的基础上分别于不同时间阶段在较小的空间尺度上进行水位调控，最终形成了水量－水位控制分时配水技术。

在黄河三角洲淡水湿地恢复配水技术实验区，水量－水位控制分时配水技术实施方案如表 5-9 所示。

表 5-9　实验区水量－水位控制分时配水技术实施方案

项目		引水时期		
		平水期	生物繁殖期	汛期
引水量（$10^6 m^3$）		1.92	1.16	2.97
水位（m）		5.2	5.0	5.5
水深梯度百分比	>0.5m	0.28	0.18	0.59
	0~0.4m	0.51	0.47	0.35
	-0.3~0m	0.20	0.30	0.06
	<-0.3m	0.01	0.05	0

5.2.4.3　配水技术示范

根据黄河三角洲淡水湿地现状调查，并收集该区域历史数据，结合生态学、水文学、自然地理学、生态系统学等理论知识，综合考虑时间尺度及空间尺度的分异性。示范区配水技术实施方案见表 5-10。

表 5-10　示范区水量－水位控制分时配水方案

项目	引水时期		
	平水期	生物繁殖期	汛期
引水量（$10^6 m^3$）	15.56	9.42	24.12
水位（m）	5.2	5.0	5.5

续表

项 目		引水时期		
		平水期	生物繁殖期	汛期
水深梯度百分比	>0.5m	0.31	0.20	0.54
	0~0.4m	0.54	0.49	0.32
	-0.3~0m	0.14	0.20	0.13
	<-0.3m	0.01	0.11	0.01

在示范区进行水量－水位控制分时配水时，需要注意以下几点。

1）水量的调节。水量总量调节的目的是在大空间尺度上满足整个研究区的水量需求，通过控制进水闸调节进水总量以达到恢复目标。我们将水量－水位控制分时配水技术实验区内生态需水的计算方法推广到技术集成示范区，通过模拟计算，得到示范区的适宜生态需水阈值及最适生态需水。

2）水位调节。将水量－水位控制分时配水技术实验区的适宜水位计算方法推广到技术集成示范区，通过示范区水位模拟及功能整合性评价，可以得出示范区适宜水位阈值为5.00~5.50 m，最适水位为5.20 m。然后将适宜水位条件下的模拟水位与示范区 DEM 数据叠加，得到适宜水位条件下的水深梯度分布，在小空间尺度上进行水位调控。在水量总量调节基础上，为充分考虑蒸散发及降水量，实际操作时需要通过水位的实时监测记录示范区水位。当水位上下波动 0.20 m 时，功能整合性指数并没有太大变化，因此将某一时期"适宜水位（m）±0.20 m"视为合理水位阈值。当偏离于此阈值时，应当及时进行补水或泄水，以维持生态系统健康发展。

3）配水技术优化。在配水技术示范区内，要定时进行配水响应监测，包括水文、土壤、生物等。若要素监测指标出现异常（即显著低于或高于月平均监测水平），则应及时查明原因。若为配水技术中出现的问题，则应及时调整水位以及水量总量，优化配水技术；若为某些人为干扰因素干扰了鸟类巢位的选择或使格局失衡，则应采取相应措施进行排除，优化格局。

4）经济社会协调发展。生态系统的水资源配置，只有与社会经济发展所需要的生产、生活用水相协调，才能得到有效的保障。生态系统在长期自然选择中形成了相当的自我调节能力，生态系统需水的阈值区间表明生态系统对水的需求有一定的弹性。因此，在生态系统需水阈值内，结合区域社会经济发展的实际情况，兼顾生态需水和社会经济需水，合理地确定生态环境用水量，实现"三生一共享"，有利于社会经济发展和生态系统保护的双赢。

5.3 退化淡水湿地恢复效应评价

5.3.1 湿地生态恢复效应

所谓湿地生态恢复效应，是指退化湿地在进行生态配水后其结构和功能所呈现出来的响应效果。依据湿地的生态系统服务功能分类，将湿地生态恢复效应分为生态效应、社会效应和经济效应。

5.3.1.1 生态效应

湿地生态系统在种群、生态系统及全球生态3个不同等级尺度上都具有重要的生态功能。通过湿地及湿地植被的水分循环和大气组成的改变调节局域气候；为生物提供栖息地；湖泊以及许多水库发挥着重要的储水功能，在防洪、抗旱方面发挥重要的作用；盐碱退化湿地具有重要的防止盐水入侵功能等。湿地生态功能受湿地内部物理、化学及生物组分之间的一般或特征化相互作用的限制约束。在湿地配水过程中，水文情势的变化改变了其物理、化学及生物间的生态过程，呈现出相应的生态效应。

5.3.1.2 社会效应

湿地为人类提供了集聚场所、娱乐场所、科研和教育场所，具有自然观光、旅游、娱乐等美学方面的功能和巨大的景观价值，同时还具有重要的文化价值。另外，湿地生态系统、多样的动植物群落、濒危物种的野生动植物和遗传基因等为教育和科学研究提供了对象、材料和实验基地。湿地保留着过去和现在的生物、地理等方面演化进程的信息，具有宝贵历史价值的文化遗址，在研究环境演化、古地理、历史文化等方面有着十分重要和独特的价值。由于湿地特殊的生态地理环境，其社会价值会随着湿地水文条件的改变而变动，即产生一定的社会效应。

5.3.1.3 经济效应

水是人类不可缺少的生态要素，湿地为人类发展工、农业及生活提供水资源，为发展轻、重工业提供重要的原材料。例如，盐碱退化湿地中有各种矿砂和盐类资源，可以为人类社会工业经济的发展提供包括食盐、芒硝、天然碱等多种工业原料及硼等多种稀有矿藏；芦苇沼泽湿地生长有大量的植物资源，可以为造纸业提供原材料等。湿地的经济效益不容忽视，但是同时受水文条件的影响，如原材料的产量受其生长状况及分布面积的限制，而这些限制因素均受湿地水文条件的控制。因此，生态恢复通过改变湿地水文情势间接地影响着其经济效益，表征为经济效应。

5.3.2 湿地生态恢复效应评估方法

在湿地生态恢复效应中，生态效应是社会效应和经济效应的前提与基础，只有保证了湿地生态系统的生态效应，维持了湿地生态系统结构和功能的完整性，才能使湿地生态系统完全或最大效率的发挥其他功能。一般地，湿地生态恢复效应评估主要是进行湿地的生态效应评估，在评估湿地生态恢复效应时要重点分析，或在某些资料数据条件无法实现时，可以只进行湿地生态效应评估。因此，要对湿地生态配水的生态效应进行详细的研究。

在湿地生态恢复的进程中，要建立相应的检验及评估机制，对湿地进行长期的持续的监测，以便对配水方案及配水技术进行及时的调控，实现理想的配水效应。由于湿地生态系统的复杂性和动态性，湿地生态恢复效应评估要分层次多层面进行。从微观角度，要通过湿地组成要素的响应对湿地的组成要素进行评估，以便从机理上探讨湿地生态系统的恢复效应；从宏观角度，要通过生境响应对湿地生态系统状态进行评估，以便从表征上评估湿地生态系统的动态变化。

5.3.2.1　基于湿地组成要素响应的效应评估

湿地类型多样，分布广泛，面积各异。不同的湿地类型有不同的生态环境特征，但是它们的共性是不言而喻的，即各种类型的湿地都具有 3 个最显著的特征，亦即湿地的 3 个组成要素：湿地水文要素、湿地生物要素和湿地土壤要素。湿地生态配水，关键就是围绕水文、生物、土壤这 3 个组成要素，通过恢复湿地的自然水文情势，调整湿地生态系统物理、化学和生物过程，进而保障生态系统的生态完整性和功能的可持续性。湿地生态系统健康可以通过湿地水文、湿地生物和湿地土壤 3 项指标进行识别，因此湿地生态恢复的生态效应评估主要基于 3 个组成要素开展。

（1）湿地水文要素响应

作为重要的淡水存蓄空间，湿地的水文学特征至关重要。湿地水文过程直接控制着湿地生态系统的形成与演化，是导致湿地类型分异的重要因子，它能促成其他两个湿地特征。湿地水文情势制约着湿地土壤的诸多生物化学特征，从而影响湿地生物区系的类型、湿地生态系统的结构和功能等；湿地水文情势还制约着湿地的地下水补给、径流调蓄和气候调节等水文功能；水又是湿地生态系统中最重要的物质迁移的媒介，与其他环境因子、生物因子综合作用于湿地的生物地球化学循环过程，具有影响湿地中元素的循环与转化、物质的滞留与去除、污染物净化、沉积物拦截等功能。因此，适宜的水文状况是湿地生态系统健康的重要保障。

湿地配水效应的直接表征就是湿地水位及不同地理位置水深的变化。另外，水质需求，包括 pH、总氮、总磷等也是供给水生有机物适宜栖息地的基础。因此，一般选取湿地水深、pH、总氮、总磷等水物理、水化学指标进行湿地生态配水水文效应的评估。

（2）湿地生物要素响应

湿地生物包括湿地植物和湿地动物，其中，湿地植物是湿地的生产者，而湿地动物是湿地的消费者。湿地植物与其自然地理环境有着密切的联系，在一定的自然地理环境下生长有相应的植被类型。湿地动物直接或间接的依赖于湿地植物，因而一定的湿地植被类型分布有其相应的动物分布。湿地动物，尤其是湿地鸟类的丰富度和多样性对湿地生态系统健康具有指示性的作用。

湿地生物对水文过程的影响非常敏感，无论是动物还是植物，对水量的需求均有一定的限度，过大或过小都会影响生物的生存和发展，因此可用来评估生态配水效应。评估指标主要包括动物、植物的多样性、丰富度等。

（3）湿地土壤要素响应

湿地土壤是构成湿地生态系统的重要环境因子之一，是湿地获取化学物质的最初场所及生物地球化学循环的中介，拥有丰富的土壤生物类群，是生物生长的基质及载体，同时为生物生长提供养分，具有维持生物多样性、分配和调节地表水分、分解固定和降解污染物、保存历史文化遗迹等功能。在湿地特殊的水文条件和生物条件下，湿地土壤有着特殊的物理、化学、生物特性。湿地土壤特征是影响湿地生物分布以及结构组成的重要影响因素。例如，对盐碱退化湿地来说，湿地土壤含水量及土壤盐度和有机质含量是制约湿地植被群落组成与分布的关键因子，进而影响湿地动物多样性与分布。因此，湿地土壤响应是湿地生态恢复效应评估的一项重要内容。

5.3.2.2 基于生境响应的效应评估

湿地动物和植物一样，必须保持体内的水分平衡。从个体微观尺度上，水分平衡总是同各种溶质的平衡调节密切联系在一起，动物与环境之间的水交换经常伴随着溶质的交换。许多因素会影响动物与环境之间的水分交换，同时，各种动物也通过一定的调节机制来达到与环境的协调。水生动物主要通过水渗透压的调节作用来维持体内水分的得失平衡。不同类型的水生动物，具有不同的适应能力和调节机制，如海洋动物、低盐环境和淡水环境中的动物，各自表现出不同的渗透压调节途径。水文条件变化在水分不足时，可以引起动物的滞育或休眠。例如，降雨季节在草原上形成一些暂时性水潭，其中生活着一些水生昆虫，其密度往往很高，但雨季一过，它们就会进入滞育期。实际上，水文过程对动物的生长也存在一个耐性限度，这对水生动物来说尤为明显。以鱼类来说，必须保证其生存的河流或湖泊内有适宜的水量，才能维持鱼类的产卵、繁殖、洄游等正常的生理或生态活动，超出适宜的水量范围，都会使鱼类的生存受到影响。

湿地由于其特殊的生态环境，集聚了丰富的有机物质，为各种涉禽、游禽提供丰富的食物源，以及栖息、繁衍、迁徙和越冬场所，即具有重要的栖息地功能。受到环境条件综合的影响，水文过程对湿地动物的影响更多体现在生境质量的变化上，并通过改变生物生境质量，改变生物组分的组成结构，包括生物种类与数量、动物的繁殖周期等。

对生境条件的要求是湿地动物在长期的进化过程中，通过自然选择而形成的一种生存对策。近年来，湿地动物与生境的研究较多，多集中在研究水文条件与湿地动物的种类、数量、分布等方面。并且，随着生态需水问题的提出，鸟类生境与水位相关关系研究成为定量化评价野生动物栖息地需水的重要内容。湿地生态配水通过改变水文条件，直接表征在动物生境的变化上，而且，生境对生态配水的响应是一个长期而持续的过程。因此，在湿地生态系统长期的发展过程中，湿地动物生境响应可以作为评价湿地生态恢复效应的一个重要指标。

在基于生境响应的恢复效应评估中，需要在 RS 和 GIS 技术支持下，用遥感数据进行生境类型及面积对配水措施的响应分析。采集配水前、中、后三期卫星遥感影像图并进行解译，Classifier 模块进行监督分类，结合实地考察划分湿地类型。然后通过对比不同土地利用类型的面积变化，进行生态恢复效应的评估。

5.3.3 淡水湿地生态恢复效应评估

黄河三角洲是我国最大的三角洲之一，孕育了大面积的淡水湿地。但是，自1980～

2002 年，黄河流域的水量呈现逐年减少的趋势，黄河三角洲淡水湿地也呈逐年减少的趋势。通过加强对黄河流域的科学管理，年径流量有所增加，并稳定在 200 亿 m³ 左右，充足的水量为黄河三角洲湿地的恢复提供了保障。黄河三角洲湿地恢复工程，主要通过引灌黄河水、沿海修筑围堤、增加湿地淡水存量等措施进行生态配水，来强化保护区生态系统自身调节能力和平衡作用，改善鸟类的生存环境。经过生态配水，黄河三角洲退化湿地的生态环境得到了一定的改善。

由于湿地恢复是一个长期的过程，黄河三角洲湿地恢复区通过实施恢复工程以来已经取得了一定的效果，但是还不能作为配水技术恢复效应的评估区，恢复区将在下一步研究中作为主要的湿地配水技术实验区。目前，湿地配水技术恢复效应评估对象主要集中在湿地恢复区，即配水技术集成示范区内，同时，基于生物要素中鸟类群落的流动性，需要将部分评估区域设置在与湿地恢复区毗邻的相关湿地恢复区内。

下面分别采用基于湿地组成要素响应以及基于生境响应的效应评估方法，对黄河三角洲淡水湿地配水技术集成示范区的恢复效应进行评估。

5.3.3.1　基于湿地组成要素响应的效应评估

（1）湿地水文要素响应

实施生态配水工程后，示范区内水文情势发生了显著的变化（图 5-8）。由于各个监测点的高程不同，同一年各个监测点的水深有所不同，但示范区内水深总体呈增长的趋势，至 2009 年，示范区内水深维持在 0 m 以上，淡水湿地得到了充分的淡水补给。

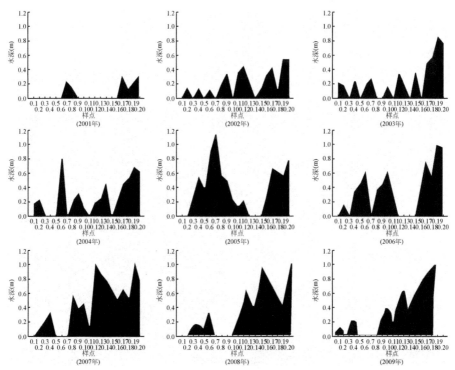

图 5-8　2001～2009 年示范区 20 个固定监测点水深

黄河水通过引水渠由进水闸进入示范区，自西至东方向流经淡水湿地，然后由出水闸流出，水中的污染物在漫流过程中得到降解。pH 有所增加，尤其是在实施生态配水工程后的三年内，pH 变化较明显，增加值超过 1；之后，pH 增加值有所减少。这表明盐的分解和累积速率趋于平衡。出水闸处 TN、TP 浓度明显低于进水闸处。实施生态配水工程后第一年，TN、TP 去除率达 60% 以上，随着年份的增加，去除率有所降低，并逐渐趋于平稳，基本维持在 40% 以上（图 5-9）。

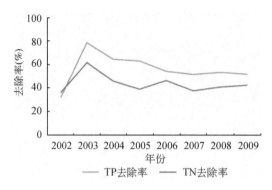

图 5-9　2002～2009 年研究区 TN、TP 去除率

（2）湿地生物要素响应

湿地植被作为湿地的重要组分之一，生态配水前后发生了显著的变化。从纵向上，即年际变化上分析，植被群落类型有了显著变化，植被多样性和盖度均有了明显的提高（图 5-10，见彩图），芦苇和蒲草成为优势物种，并出现了如野大豆、水蓼等很多新物种。通

图 5-10　研究区生态配水前后植被群落变化

过 CCA 分析表明，植被的分布主要是受水深（WD）和土壤盐度（Cl⁻、Na⁺ 等）的影响
（图 5-11）。由于恢复工程实施后水深有所增加、盐度有所降低，植被的种类和数量都有
了明显的增加。

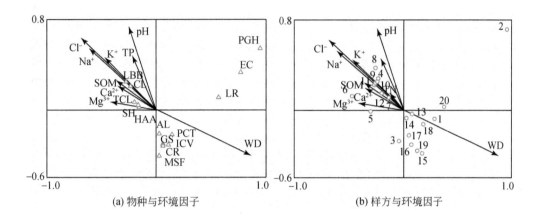

(a) 物种与环境因子   (b) 样方与环境因子

图 5-11 典范对应分析（CCA）图

鸟类作为栖息地质量的指示物种，鸟类的数量可以作为恢复效果的一个评估指标。在
实施生态配水工程后的短期时间内，同期鸟类数量有轻微的波动，2006～2009 年，鸟类数
量稳定在一个较高的水平（图 5-12）。

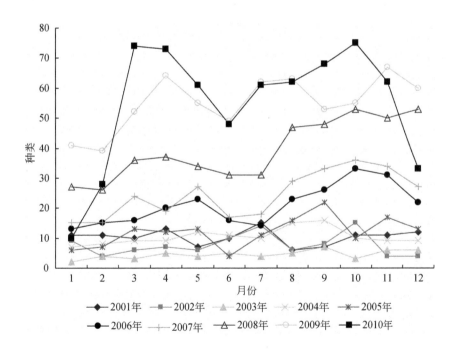

图 5-12 2001～2010 年研究区鸟类种类

（3）湿地土壤要素响应

生态配水后，土壤盐度发生了明显的变化。各层土壤盐度均处于较高水平；生态配水后，0～20 cm 和 20～40 cm 土层的土壤盐度基本上呈逐年降低趋势，且较显著，两个土层的土壤盐度减少率分别达到 70% 和 45%；但是，40～60 cm 土层的土壤盐度标准偏差仅为 1.8，盐度变化不明显（表 5-11）。表层土壤状况对植被的生长与分布有重要的影响，表层土壤盐度大于 10 g/kg，最高达到 21 g/kg；实施生态配水工程后，减少率较对照达到 70% 以上，随后 3 年表层土壤盐度已经降到 6 g/kg 以下，并呈持续降低趋势。

表 5-11　2006～2009 年不同土层平均土壤盐度与土壤有机质含量（g/kg）的统计分析

土层	土壤盐度		土壤有机质	
	平均值	SD	平均值	SD
0～20cm	7.45	4.4	14.62	2.52
20～40cm	25.36	6.2	7.77	1.34
40～60cm	30.97	1.8	6.21	0.33

生态配水后，土壤有机质含量也有明显变化。0～20 cm 土层与 20～40 cm 土层有机质含量分别达到 17 g/kg 与 9.85 g/kg，比对照分别增长了 38% 和 47%；40～60 cm 土层土壤有机质含量达到 5.8 g/kg，比对照增长了 0.7 g/kg。

综上所述，黄河三角洲生态配水工程对示范区内淡水湿地结构和功能的恢复具有一定的效果。在进行生态配水后的 7 年内，水质净化作用增强，土壤的理化性质得到了改善，进而促进了该地区生物群落的重建，动植物种类明显增多。

5.3.3.2　基于鸟类生境响应的效应评估

湿地鸟类是湿地生态系统的重要组成部分之一。鸟类对生境具有高敏感性，并且表现在不同的景观尺度上。湿地鸟类的各种行为、种群动态及群落结构都与生境生态环境状况密切相关。湿地鸟类生境包括三大要素，即食物、隐蔽物和水，这三大要素对水文情势也具有高敏感性。湿地水文情势通过影响植物种群分布，改变着湿地鸟类生境质量以及鸟类的分布。正是由于湿地鸟类对生境的选择具有异质性，而且生境因子，如食物、隐蔽物、水和干扰因子等对水文情势具有高敏感性，因此可以选择鸟类生境响应对湿地生态配水效应进行评估。

黄河三角洲是东北亚内陆和环西太平洋鸟类迁徙的重要"中转站"及越冬、繁殖地，保护区内湿地鸟类丰富。其中许多鸟为国家重点保护品种，如白鹳、丹顶鹤等。近年来由于黄河断流和人为干扰的加强，使黄河三角洲沼泽湿地中水源补给不足，引起湿地的退化和鸟类栖息环境的改变，1977 年和 1996 年，河缘湿地和沼泽湿地的面积分别减少了 80% 及 98%。实施生态配水后，鸟类生境有了一定的改善，鸟类的种类和数量有所增加。本研究分别从横向与纵向上对恢复效应进行了评估。一方面，在横向上，以空间尺度为轴，对比早期恢复与晚期恢复的生境；另一方面，在纵向上，以时间适度为轴，对比湿地恢复前后的生境。

(1) 横向评估

早期恢复和晚期恢复的鸟类丰富度、均匀度等具有明显的季节特征（表 5-12 和表 5-13）。

表 5-12　不同恢复湿地水鸟群落丰富度

实验区	春	夏	秋	冬
早期恢复湿地	58	31	48	28
晚期恢复湿地	48	19	47	35

表 5-13　不同恢复湿地水鸟群落多样性和均匀度

季节	Shannon 指数		均匀度	
	早期恢复湿地	晚期恢复湿地	早期恢复湿地	晚期恢复湿地
春	2.77	2.73	0.68	0.71
夏	2.59	2.34	0.75	0.69
秋	2.35	2.62	0.61	0.69
冬	2.22	2.14	0.67	0.66

不同季节，早期恢复湿地和晚期恢复湿地的水鸟密度及水鸟群落组成不同。在春夏秋冬 4 个季节，早期恢复湿地的水鸟密度均大于晚期恢复湿地的水鸟密度。春秋两季，两个恢复湿地的水鸟密度都大于夏冬两季的水鸟密度。

在早期湿地恢复区，春季优势种是骨顶鸡、白秋沙鸭、普通鸬鹚；夏季优势种是草鹭、凤头䴙䴘、普通燕鸥、苍鹭；秋季优势种是骨顶鸡、赤膀鸭、斑嘴鸭；冬季优势种是绿头鸭、红头潜鸭、大天鹅。在该区记录到的国家保护鸟类有东方白鹳、白头鹤、丹顶鹤、凤头䴙䴘、卷羽鹈鹕、白琵鹭、疣鼻天鹅、大天鹅、小天鹅、灰鹤、小杓鹬、红嘴巨鸥 12 种。在晚期湿地恢复区，春季优势种是绿翅鸭；夏季优势种是普通燕鸥、斑嘴鸭、绿头鸭；秋季优势种是斑嘴鸭、灰雁、绿翅鸭、普通鸬鹚；冬季优势种是灰雁、绿翅鸭、斑嘴鸭、豆雁。在该区记录到的国家保护鸟类有东方白鹳、丹顶鹤、凤头䴙䴘、卷羽鹈鹕、白琵鹭、大天鹅、鸳鸯、小杓鹬、红嘴巨鸥 9 种。

从种群个体数量比例看，不同恢复湿地水鸟群落组成有较大差异（图 5-13）。但总的来说，雁鸭类的比例较大，在秋冬迁徙季甚至超过了 80%。在实验区内的早期恢复湿地（5 万亩）①里，鹤形目水鸟所占比例要比它们在晚期恢复湿地（10 万亩）中大很多；而鸻形目在晚期恢复湿地所有水鸟中的比例要大于在早期恢复湿地中的比例（图 5-14）。

春夏两季鸬鹚类的种群数量明显大于秋冬两季。黄河三角洲湿地是鸟类迁徙的中转站和越冬地，迁徙鸟类在该区的分布应该是春秋季更多，本研究中总的水鸟密度在春秋季明显高于夏冬季，这一结果与此趋势一致。鸻形目鸟类夏季在北半球繁殖结束后，秋季向南半球的越冬地迁飞，在黄河三角洲作短暂的停留，大汶流保护区是鸻鹬类的重要分布区和觅食地。由本调查结果可知，春季迁徙期鸻鹬类数量比例较大，有研究表明鸻鹬类北迁高

---

① 1 亩 ≈ 666.7m²，后同。

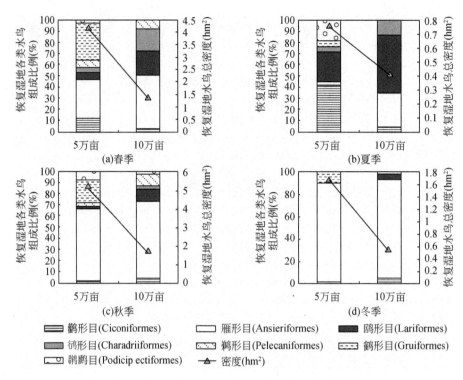

图 5-13 不同季节早期和晚期恢复湿地水鸟组成比例

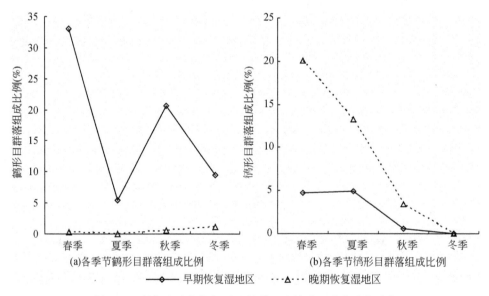

图 5-14 早期和晚期恢复湿地鹳形目及鸻形目群落季节动态

峰期在 5 月月底结束。而夏季鸊鷉类大多为短途间歇迁徙群落和零散个体，数量相对春季较少。

（2）纵向评估

A. 鸟类生境

根据 2001 年、2004 年、2007 年 5 月的中巴卫星遥感影像解译分类图（图 5-15，见彩图），湿地恢复前后各生境面积发生了变化。另外，湿地恢复前后各生境类型的面积比例也发生了变化（图 5-16）：由于引黄灌水，明水面面积不断增大，由恢复前的 0.53% 增加到 11.82%；而各植被类型也发生了变化，以柽柳、盐地碱蓬为优势种的植被向淡水植被芦苇正向演替；滩涂面积和裸地的面积也不断缩小。

(a) 2001 年 5 月早期湿地恢复区遥感影像分类图

(b) 2004 年 5 月早期恢复湿地恢复区遥感影像分类图

(c) 2007 年 5 月早期恢复湿地恢复区遥感影像分类图

■水面 ■翅碱蓬 ■芦苇 ■柽柳 □旱地 □滩涂

图 5-15 湿地恢复区遥感影像解译分类图

在本研究中，湿地配水前后最明显的变化是游禽比例增加以及岸鸟比例减少。这种变化与湿地配水后的生境变化密切相关。岸鸟偏爱浅水环境，尤其是滩涂，这样的生境为岸鸟提供了丰富的食物；而 2001 年、2004 年、2007 年、2009 年滩涂的面积逐渐减小（配水前滩涂比例约为 32%，而配水后滩涂几乎消失），使得配水前在此大量停歇的岸鸟（鸻鹬

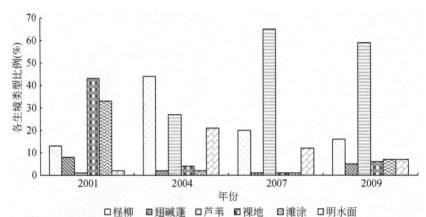

图5-16　2001~2009年5月示范区各生境类型的面积比例

类）数量减少。

明水面的扩大（配水前比例仅为0.5%，2009年扩大为12.9%），可能是水鸟丰富度增加，尤其是游禽增加的原因。湿地配水前，研究区景观类型以旱地滩涂为主（占整个景观类型面积的76.3%），隐蔽性较弱，大多数水鸟无法在此筑巢繁殖。而配水后，芦苇覆盖度显著增加，为部分水鸟筑巢提供了足够的材料以及良好的隐蔽条件。湿地配水后的两个景观类型——明水面和植被对湿地水鸟的组成影响比较大。由于无法获得保护区内水鸟的密度和研究区的详细地形数据，因而没有定量分析水深/水位-鸟类分布的关系和确定适宜的植被-水面面积比；但从研究区景观解译分类图中可以看到，当挺水植被和明水面相间存在时，水鸟丰富度会增加。

B. 鸟类种类和数目

通过对湿地恢复前后水鸟种类和数量的观察，2009年统计到的恢复区典型湿地鸟类共7目14科64种鸟类，而黄河三角洲自然保护区共有典型湿地鸟类7目20科124种。详细的水鸟名录见表5-14。从表5-14中可以看出，湿地恢复工程前后水鸟种类增加，由47种增加到64种（增加了36.17%），其中鸭科类的水鸟种类明显增加（由3种增加到17种）。

表5-14　湿地恢复前后鸟类种类和繁殖鸟类数量

种类	拉丁名	2001年	2009年
一、鹏鹏目	PODICIPEDIFORMES		
（一）鹏鹏科	Podicipedidae		
1. 小鹏鹏 little grebe	*Tachybaptus ruficollis*	NB	B
2. 黑颈鹏鹏 black-necked grebe	*Podiceps nigricollis*	—	NB
3. 凤头鹏鹏 great crested grebe	*Podiceps cristatus*	NB	NB
二、鹈形目	PELECANIFORMES		
（二）鹈鹕科	Pelecanidae		
4. 卷羽鹈鹕 dalmatian pelican	*Pelecanus crispus*	—	NB
（三）鸬鹚科	Phalacrocoracidae		
5. 普通鸬鹚 great cormorant	*Phalacrocorax carbo*	NB	NB

种类	拉丁名	2001 年	2009 年
三、鹳形目	CICONIFORMES		
（四）鹭科	Ardeidae		
6. 苍鹭 grey heron	*Ardea cinerea*	B	B
7. 草鹭 purple heron	*Ardea purpurea*	NB	NB
8. 绿鹭 little heron	*Butorides striatus*	NB	NB
9. 池鹭 chinese pond-heron	*Ardeola bacchus*	NB	NB
10. 大白鹭 great egret	*Egretta alba*	NB	B
11. 白鹭 little egret	*Egretta garzetta*	NB	B
12. 夜鹭 black-crowned night heron	*Nycticorax nycticorax*	NB	NB
13. 大麻鳽 great bittern	*Botaurus stellaris*	NB	NB
（五）鹳科	Ciconiidae		
14. 黑鹳 black stork	*Ciconia nigra*	NB	NB
15. 东方白鹳 oriental white stork	*Ciconia boyciana*	NB	B
（六）鹮科	Threskiorothidae		
16. 白琵鹭 eurasian spoonbill	*Platalea leucorodia*	NB	NB
四、雁形目	ANSERIFORMES		
（七）鸭科	Anatidae		
17. 鸿雁 swan goose	*Anser cygnoides*	NB	NB
18. 豆雁 bean goose	*Anser fabalis*	NB	NB
19. 大天鹅 whooper swan	*Cygnus cygnus*	—	NB
20. 小天鹅 tundra swan	*Cygnus columbianus*	—	NB
21. 疣鼻天鹅 mute swan	*Cygnus olor*	—	NB
22. 赤麻鸭 ruddy shelduck	*Tadorna ferruginea*	—	NB
23. 针尾鸭 northern pintail	*Anas acuta*	—	NB
24. 罗纹鸭 falcated duck	*Anas falcata*	—	NB
25. 绿头鸭 mallard	*Anas platyrhynchos*	—	B
26. 斑嘴鸭 spot-billed duck	*Anas poecilorhyncha*	NB	B
27. 赤膀鸭 gadwall	*Anas strepera*	—	NB
28. 赤颈鸭 eurasian wigeon	*Anas penelope*	—	NB
29. 琵嘴鸭 northern shoveler	*Anas clypeata*	—	NB
30. 红头潜鸭 common pochard	*Aythya ferina*	—	NB
31. 凤头潜鸭 tufted duck	*Aythya fuligula*	—	NB
32. 白秋沙鸭 smen	*Mergellus albellus*	—	NB
33. 普通秋沙鸭 common merganser	*Mergus merganser*	—	NB
五、鹤形目	GRUIFORMES		

续表

种类	拉丁名	2001 年	2009 年
（八）鹤科	Gruidae		
34. 灰鹤 common crane	*Grus grus*	NB	NB
35. 白头鹤 hooded crane	*Grus monacha*	NB	NB
36. 丹顶鹤 red-crowned crane	*Grus japonensis*	NB	NB
37. 白枕鹤 white-naped crane	*Grus vipio*	NB	NB
38. 白鹤 Siberian crane	*Grus leucogeranus*	NB	NB
39. 蓑羽鹤 demoiselle crane	*Anthropoides virgo*	NB	NB
（九）秧鸡科	Rallidae		
40. 白骨顶（骨顶鸡）common coot	*Fulica atra*	—	B
六、鸻形目	CHARADRIIFORMES		
（十）鸻科	Charadriidae		
41. 凤头麦鸡 northern lapwing	*Vanellus vanellus*	NB	NB
42. 灰头麦鸡 grey-headed lapwing	*Vanellus cinereus*	NB	NB
43. 环颈鸻 kentish plover	*Charadrius alexandrinus*	B	B
（十一）鹬科	Scolopaicidae		
44. 中杓鹬 whimbrel	*Numenius phaeopus*	NB	NB
45. 小杓鹬	*Numenius minutus*	NB	—
46. 白腰杓鹬 eurasian curlew	*Numenius arquata*	NB	NB
47. 黑尾塍鹬 black-tailed godwit	*Limosa limosa*	NB	NB
48. 鹤鹬 spotted redshank	*Tringa erythropus*	NB	NB
49. 红脚鹬 common redshank	*Tringa totanus*	NB	NB
50. 青脚鹬 common greenshank	*Tringa nebularia*	NB	NB
51. 林鹬 wood sandpiper	*Tringa glareola*	NB	NB
（十二）反嘴鹬科	Recurvirostrinae		
52. 黑翅长脚鹬 black-winged stilt	*Himantopus himantopus*	B	B
53. 反嘴鹬 pied avocet	*Recurvirostra avosetta*	B	B
（十三）燕鸻科	Glareolidae		
54. 普通燕鸻 oriental pratincole	*Glareola maldivarum*	NB	B
七、鸥行目	LARIFORMES		
（十四）鸥科	Laridae		
55. 黑尾鸥 black-tailed gull	*Larus crassirostris*	NB	NB
56. 海鸥 mew gull	*Larus canus*	NB	NB
57. 银鸥 herring gull	*Larus argentatus*	NB	NB
58. 红嘴鸥 common black-headed gull	*Larus ridibundus*	NB	NB
59. 黑嘴鸥 saunders's gull	*Larus saundersi*	B	B

续表

种类	拉丁名	2001 年	2009 年
60. 须浮鸥 whiskered tern	*Chlidonias hybridus*	NB	NB
61. 红嘴巨鸥 caspian tern	*Hydroprogne caspia*	NB	NB
62. 普通燕鸥 common tern	*Sterna hirundo*	B	B
63. 白额燕鸥 little tern	*Sterna albifrons*	B	B
64. 白翅浮鸥 white-winged tern	*Chlidonias leucoptera*	NB	NB
鸟类总数		47	64
繁殖鸟类总数		7	15
繁殖鸟类数量/鸟类总数（%）		14.89	23.44

注：NB 为不繁殖；B 为繁殖；一为不存在或偶见

全年雁鸭类在该区湿地鸟类群落中占有绝对优势：秋季雁鸭类占所有水鸟的60%以上，冬季雁鸭类则占到85%以上。示范区内早期恢复湿地和晚期恢复湿地各季节的优势种有所不同。早期恢复湿地能够为更多的珍稀鸟禽提供良好的生境，如疣鼻天鹅、小天鹅、灰鹤、白头鹤等只在早期恢复湿地中才能观察到。

湿地生态配水工程前后繁殖鸟类的数量也发生了明显的变化（图5-17）。实施恢复工程以来，鸟类的数量基本呈上升状态。尤其是实施恢复工程3年以来，研究区生态系统质量较高，状态较稳定，鸟类的数量呈直线稳步增加现象。

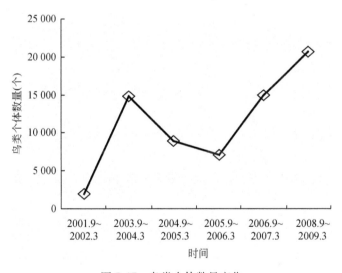

图 5-17　鸟类个体数量变化

湿地因其独特的水文及物理特点，为大多数水鸟提供了良好的栖息地。水鸟丰富度和水鸟多样性一直是衡量湿地配水工程是否成功的一个标准。在本研究中，水鸟个体总数从配水前的1977个增加到配水后的10万多个；水鸟种类也从配水前的47种增加到配水后的64种。同时我们发现，雁鸭类对湿地配水的响应较快：仅在湿地配水后一年，雁鸭类占全体水鸟的比例就由配水前的31%增加到86%。在湿地配水开始阶段，各水鸟群落组成没有发生明显的变化，基本保持稳定。水鸟筑巢的数量是生态系统恢复的指示标志，因为该指标为湿地配水工程提供了可持续的支撑。研究区繁殖鸟类的种类由配水前的 3 种增加到配水后的 17 种。有关湿地配水后水鸟丰富度增加、水鸟群落组成变化的原因有很多，但是大多数的分析都是从生境变化的角度进行的。

C. 鸟类群落组成

繁殖期（5～7月）的水鸟数目较少，我们对迁徙期（9月至翌年3月）的水鸟群落组成进行了统计。同时按生活习性将水鸟分为游禽（雁鸭类）、涉禽（鹤形目、鹳形目）和岸鸟（鸻形目），各类别鸟类组成如图5-18所示。新增在此繁殖的鸟类包括游禽类（骨顶鸡）、大型涉禽（大白鹭、白鹭、东方白鹳）、鸭科类（绿头鸭、斑嘴鸭）。

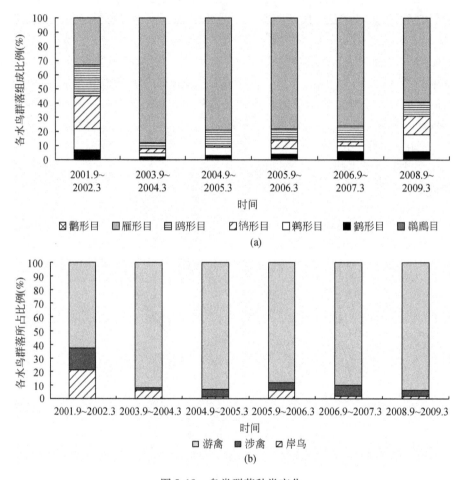

图 5-18　鸟类群落种类变化

从图 5-18（a）中可以看出，雁形目鸟类的数量发生了很明显的变化，恢复前占总数的 31%，到恢复 1 年后就增加到 86%，恢复 2～4 年后都维持在 75% 以上。与此同时，鸻形目数量则由恢复前的 21.3% 减少到恢复 4 年后的 1.7%。图 5-18（b）中，游禽的数量呈增加的趋势，恢复前占所有鸟类的 65.6%，而恢复 1 年后就增加到 93.1%，并维持在 85% 以上。

湿地生态恢复和管理的最主要目标是维持较高的鸟类物种数和鸟类数量，并通过适当人为干预（如生态配水）和自然演替为鸟类的栖息及取食提供多样化的生境类型，为某些濒危鸟类提供庇护场所。湿地配水技术集成示范区能为湿地鸟类提供适宜的生境，尤其是在春夏季维持了较高的鸻鹬类、雁鸭类和鸥类种群多度，冬季是雁鸭类重要的越冬地。示范区内水位是决定湿地鸟类分布的重要因素，水位管理在湿地鸟类保护中的作用不容忽视。不恰当的水位和水文周期是导致恢复与重建项目失败的主因。湿地配水后生境变化，尤其是植被－水格局的变化实际上是由水位决定，即与人工调控排灌水量密切相关：配水技术集成示范区的高程差为 1.1 m，地形起伏使排、灌水后形成不同的水深区域，为对水深要求不同的水鸟提供了适宜的栖息、繁殖、觅食的场所。湿地恢复工程设置的堤坝使恢复区受外界潮水波动影响较小，年内季节水位波动主要由自然蒸散发、降水量和每年 7 月引黄灌水决定。春季为保持芦苇发芽，区内维持较低水位；到夏初，一些水鸟占据不同空间开始繁殖；繁殖后期恰为黄河丰水期，区内开闸灌水，水位上升，植被－水面格局发生变化。

基于黄河三角洲配水技术集成示范区的生境响应评估，湿地生态配水工程取得了显著的成效。但是，由于黄河下游调水调沙并不是以保护湿地水鸟生境为目的的水文调节活动，因而为了难免出现水量过多，恢复区湿地水位过深的情况，在今后的配水过程中，还应加强配水量及配水周期的管理。黄河三角洲湿地自然保护区既是春秋季迁徙水鸟的停歇地和中转站，又是越冬鸟类的栖息地，因此在不同的季节应该因鸟类群落组成结构的不同而进行水位的调整。尤其是在繁殖期（5~7 月）鸟类对水文条件的变化最为敏感，在恢复后期的管理工作中应特别注意合理调控排灌水的时间。春秋季是迁徙鸟类经过该区的重要时段，鸟类群落主要为鸻形目，鸻形目鸟类的栖息地主要为滩涂湿地，因此在示范区应设置足够的浅水区，以便鸻形目鸟类的栖息和觅食。夏季是留鸟和夏候鸟的繁殖季节，恢复区夏季繁殖的水鸟种类较少，因此夏季可保持较高水位，以便扩大水鸟的繁殖区域。冬季以越冬雁鸭类为主要优势种，而且雁鸭类栖息的水位在 100 cm 以上，因此冬季示范区内应该保持一定深度的水位，以便雁鸭类栖息和觅食。

5.4　结　　论

黄河三角洲湿地恢复区分别在实验区以及示范区实施了水量－水位控制分时配水技术。在集成技术示范区，平水期、生物繁殖期以及汛期分别引水 15.56×10^6 m³、9.42×10^6 m³、24.12×10^6 m³，在此基础上分别于平水期、生物繁殖期以及汛期控制水位在 5.2 m、5.0 m、5.5 m，以保证在各个时期水深梯度在 >0.5 m、0~0.4 m、-0.3~0 m、<-0.3 m 上分布的面积比为 0.31、0.54、0.14、0.01，0.20、0.49、0.20、0.11，0.54、0.32、0.13、0.01。

通过基于湿地组成要素响应的效应评估方法和基于鸟类生境响应的效应评估方法，对黄河三角洲湿地配水技术集成示范区上述配水技术及方案的恢复效应进行评估。结果表明，黄河三角洲淡水湿地恢复区水量－水位控制分时配水技术取得了较好的恢复效果，生态系统的结构和功能有所恢复，生态恢复效应佳。

第6章　咸水水源区退化湿地恢复技术

6.1　主要盐生植物的室内水盐模拟调控技术

6.1.1　试验设计及指标测定

6.1.1.1　供试植物及培养方法

供试植物盐地碱蓬、补血草和田菁采用直接播种法，柽柳采用扦插枝条法（直径约1 cm，长 20 cm），种植在规格为长 2 m、宽 50 cm、高 75 cm 的根箱中，温室条件控制为 24℃/17℃（14 h/10 h）、光照强度 16 500 lx，相对湿度 40%，植物生长 2 个月后开始水盐调控，灌溉用盐水采用通用海水素配制，成分与海水相似，各处理盐水盐度分别为：0（对照）、7.5‰、15‰、30‰，调控时间间隔为每 15 天一次，共计处理 75 天采样测定相关指标。

6.1.1.2　植物样品参数测定

水盐处理 75 天后测定植物地上部、根系的生物量；利用根系分析软件（WinRHIZO Pro. 2005b）扫描植株根系，分析根长、根表面积、根体积和根尖数等根系形态参数（Bauhus and Messier, 1999）；超氧化物歧化酶（SOD）测定参照 Beauchamp 1971 年的方法并加以改进（Beauchamp and Fridovich, 1971）、过氧化物酶（POD）测定参照 Polle 等（1990）的方法、过氧化氢酶（CAT）测定参照 Beers 和 Sizer（1952）的方法、脂质过氧化产物［丙二醛（MDA）］含量测定参照 Buege 和 Aust（1978）的方法；叶绿素总量的测定参照 Arnon（1949）的方法、脯氨酸的测定参照 Bates 等（2004）的方法、可溶性糖含量的测定使用蒽酮比色法测定（张志良，2003）。

6.1.1.3　土壤样品参数测定

水盐处理 75 天后，速效氮的测定采用 2 mol/L 的 KCl 溶液浸提后蒸馏法；全氮用凯式定氮法测定；土壤有效磷采用 0.5 mol/L NaHCO$_3$ 溶液浸提钼锑抗比色法测定；全磷采用硫酸–高氯酸消解钼锑抗比色法测定；土壤盐度用残渣烘干法测定；土壤 pH 测定采用 0.01 mol/L CaCl$_2$ 溶液浸提，用复合 pH 计测定浸提液的 pH（鲍士旦，2000）；土壤微生物数量采用 DAPI 荧光计数法测定（Porter and Feig, 1980）；土壤微生物活性采用 FDA（荧光素双乙酸酯）法测定（Green et al., 2006）。

6.1.2　盐分胁迫对四种盐生植物生物量的影响

水盐处理75天后四种盐生植物植株生物量如图6-1所示，与对照相比，盐处理柽柳地上部鲜重和地下部鲜重、干重均显著增加，其中7.5‰盐处理柽柳地上部鲜重、干物重增加最为明显，较对照分别增加了65.48%、41.8%，地下部鲜重、干重较对照增加了48.95%、55.32%。7.5‰盐处理田箐鲜重、干重显著高于对照处理，地上部鲜重、干重较对照处理增加了60.68%、60.99%，根鲜重、干重增加了73.98%、71.84%。盐处理后补血草生物量均明显高于对照处理，地上部鲜重增加了85.60%~88.95%，干重增加了76.83%~88.99%；15‰盐处理后地上部鲜重增加最多，而地上部干重在15‰、30‰盐处理差别不大。从其根鲜重、干重变化发现，盐处理各组较对照处理增加了83%~94.11%。

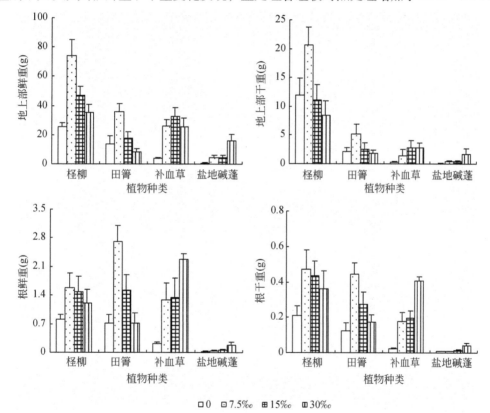

图6-1　盐处理下四种盐生植物地上部及根鲜重、干重的变化

盐处理后，盐地碱蓬地上部、根鲜重和干重也均高于对照处理，地上部鲜重、干重增加了85.03%~97.38%，30‰盐处理的地上部和根鲜重、干重增加最为明显。

6.1.3　盐分胁迫对四种盐生植物根系形态参数的影响

由图6-2可知，7.5‰水盐处理后柽柳根表面积和根体积较对照处理显著增加，这有利于柽柳根系对养分的吸收，是其生物量显著增加的主要原因。7.5‰盐处理后，田箐根系各形态参数也显著高于对照处理，其中根长、根表面积、根尖数增加最为显著，分别比对照处理增加了29.32%、47.51%和33.44%。15‰盐处理后的补血草根直径和根体积均显著高于对照处理，与其根鲜重和干重变化一致。30‰盐处理的盐地碱蓬根系各形态参数也显著高于对照处理。

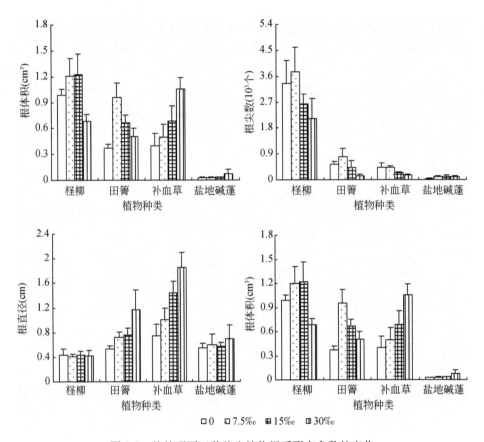

图6-2　盐处理下四种盐生植物根系形态参数的变化

6.1.4　盐分胁迫下四种盐生植物的根际效应

不同水盐调控下各盐生植物的根系形态有着显著的差异，这会使根际土壤的物理、化学及生物学性质发生变化，造成不同程度的根际效应。

6.1.4.1　根际氮和磷

根际总氮含量变化如图6-3所示，对照处理根际总氮含量均高于非根际，柽柳和田箐根际增加显著，而各盐处理之间变化不明显。根际速效氮含量的变化如图6-4所示，7.5‰盐处理柽柳和补血草根际、15‰盐处理田箐和盐地碱蓬根际速效氮含量均显著增加，这与其根系生物量的变化相似，表明盐处理后盐生植物根际速效氮含量增加有利于盐生植物根系对氮素的吸收，促进植物的生长。

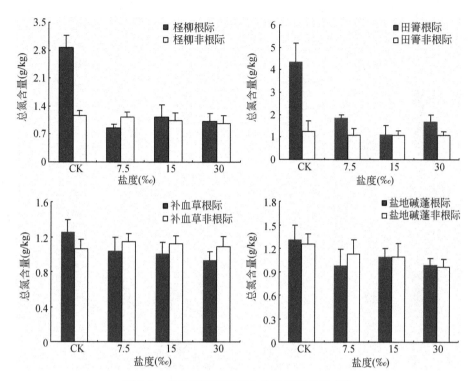

图 6-3　盐处理下四种盐生植物根际总氮变化

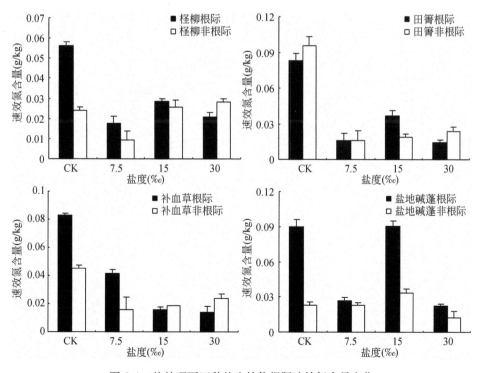

图 6-4　盐处理下四种盐生植物根际速效氮含量变化

四种盐生植物根际总磷含量变化不显著（图6-5），但根际有效磷含量均低于非根际（图6-6）。其中15‰盐处理的柽柳、30‰盐处理的田箐和补血草以及7.5‰盐处理的盐地碱蓬根际有效磷含量下降显著。

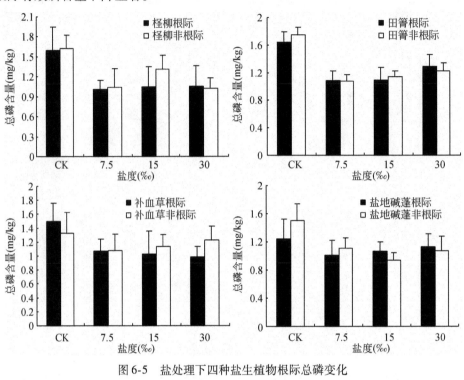

图 6-5　盐处理下四种盐生植物根际总磷变化

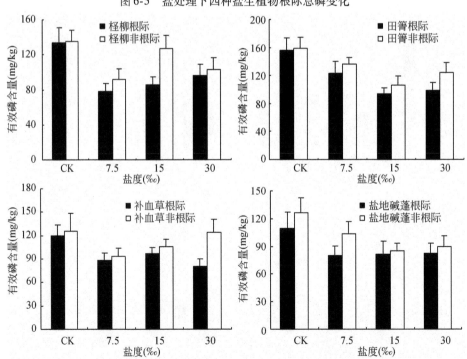

图 6-6　盐处理下四种盐生植物根际有效磷含量变化

6.1.4.2　根际 pH 变化

植物根际养分的变化受生物和非生物因素的共同影响。例如，土壤 pH、微生物等，植物根系分泌的有机酸，营养吸收过程中伴随释放的 H^+/HCO_3^-，以及呼吸过程释放的 CO_2 等，均会影响根际土壤的 pH，进而通过影响磷矿物的沉淀/溶解平衡和磷素的吸附/解吸附平衡影响根际有效磷的含量。水盐调控下四种盐生植物根际 pH 的变化如图 6-7 所示，柽柳在 7.5‰和 15‰盐处理、田箐在 7.5‰盐处理、盐地碱蓬在 30‰盐处理、补血草在各盐度处理后，根际 pH 均下降明显。根际 pH 的下降会使土壤螯合态磷向有效磷转化。本研究发现，植物生长状况良好的盐处理会使根际有效磷含量呈现下降趋势，这可能是由于植株对有效磷的吸收速率高于磷素向根际的迁移速率所致。

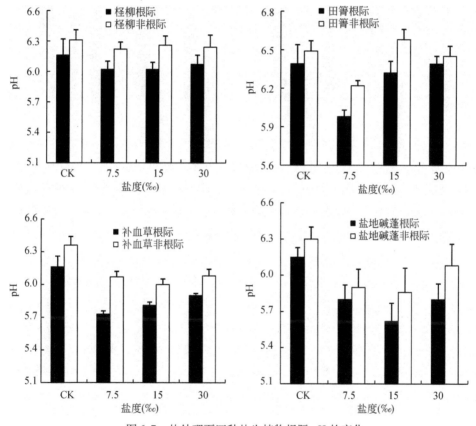

图 6-7　盐处理下四种盐生植物根际 pH 的变化

6.1.4.3　根际微生物变化

土壤微生物是土壤生态系统中的重要组成部分，在土壤养分的生物地球化学循环中起着重要的作用。它可以将有机态的养分转化为植物可以吸收利用的有效养分，对土壤氮素的形成起着重要作用。

通过测定不同水盐处理下植物根际微生物总数的变化发现（图 6-8），四种植物的根际微生物总数均高于非根际。其中盐地碱蓬盐处理的根际微生物总数增加最为显著。

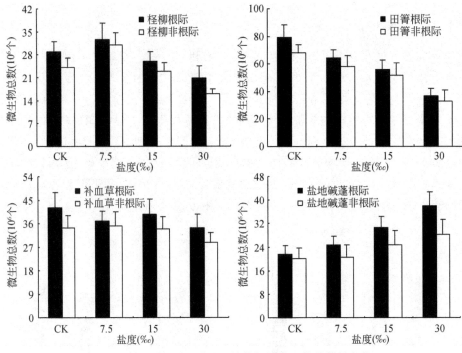

图 6-8 盐处理下四种盐生植物根际微生物总数的变化

四种植物根际微生物活性变化也很显著（图 6-9），7.5‰和 15‰盐处理的柽柳、7.5‰盐处理的田箐和补血草以及 30‰盐处理盐地碱蓬根际微生物活性均显著增加，表明微生物数量和活性的增加有利于植物根际养分环境的改善。

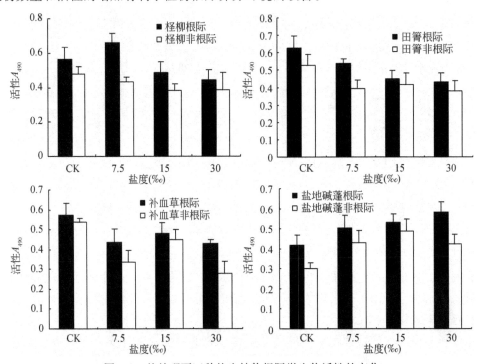

图 6-9 盐处理下四种盐生植物根际微生物活性的变化

盐处理的环境下植物根际盐度是影响土壤中微生物活性以及养分的重要因素，研究发现，四种盐生植物根际盐度变化如图 6-10 所示，根际盐度均高于非根际，但仍低于盐处理的盐度，由于这些盐生植物长期生长在盐渍环境中，适应了一定量盐存在的环境，自身需要吸收盐分离子进行渗透调节，根系吸收盐分离子引起离子向根际的迁移。从植物的生长情况看，根际盐度在一定程度上的增加有利于盐生植物的生长，是盐生植物长期适应盐渍环境的结果。

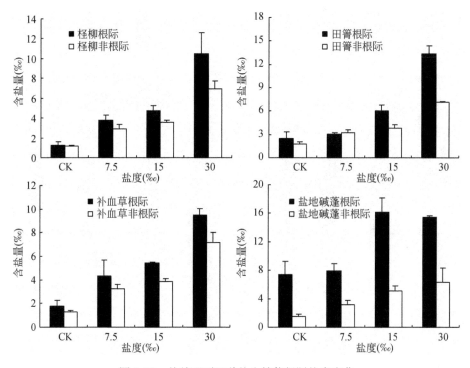

图 6-10　盐处理下四种盐生植物根际盐度变化

6.1.4.4　根际氯离子含量变化

由图 6-11 可知，根际氯离子含量的变化与盐度有类似的结果，四种植物根际氯离子含量在各处理中均有根际积累的现象（图 6-11），说明氯离子向根际的积累是盐度升高的原因之一。

6.1.5　盐分胁迫对四种盐生植物抗氧酶活性及 MDA 含量的影响

植物在正常生理活动中产生的活性氧可以被自身抗氧化体系及时清除，当受到胁迫诱导时，抗氧化系统会产生应激反应，如提高某些抗氧化酶的活性，以消除活性氧，防止其对细胞产生危害，当抗氧化系统不足以消除大量产生的活性氧时，就会导致细胞膜发生脂质过氧化现象，使脂质过氧化产物 MDA 增加。

由图 6-12 可知，7.5‰和15‰盐处理后柽柳叶片 SOD 和 CAT 活性无显著变化，POD

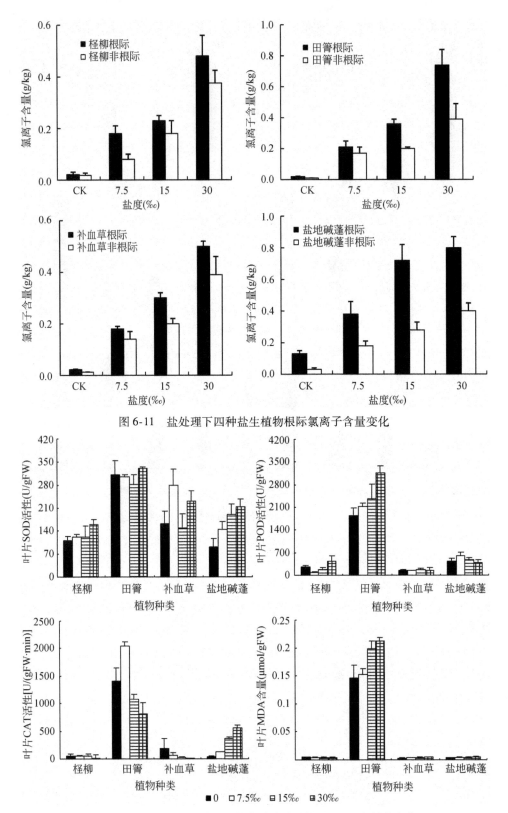

图 6-11　盐处理下四种盐生植物根际氯离子含量变化

图 6-12　盐处理下四种盐生植物叶片酶活性及 MDA 含量的变化

活性显著低于对照处理，而根系 SOD 和 CAT 活性显著下降，POD 活性无显著变化（图 6-13）。可见，7.5‰和15‰盐处理并没有对柽柳叶片和根系产生氧化胁迫，反而更有利于植株生长。而30‰处理后柽柳叶片 SOD、POD 活性，以及根系 POD 活性均显著高于对照处理，说明在该处理下柽柳叶片和根系均出现明显的由氧化胁迫引起的应激反应，但其叶片和根系脂质过氧化产物 MDA 均没有显著变化。可见，虽然30‰盐处理下柽柳叶片和根系均出现了氧化胁迫，但不同抗氧化酶活性的增加能有效消除活性氧，并没有引起脂质过氧化产物的增加。

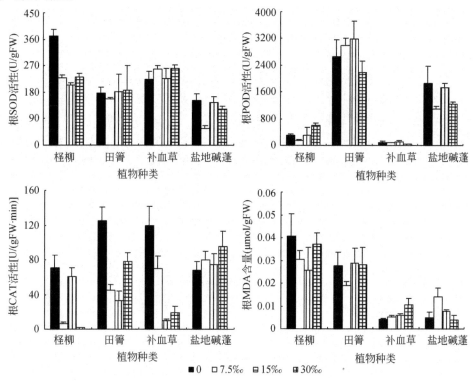

图 6-13　盐处理下四种盐生植物根酶活性及 MDA 含量的变化

与对照相比，7.5‰盐处理后，田箐叶片 SOD、POD 活性以及 MDA 含量均没有明显变化，其根系 CAT 活性和 MDA 含量均显著下降，说明此盐度处理下根系脂质过氧化现象显著低于对照处理，利于植物根系生长，是该处理根系生物量显著增加的原因之一。30‰盐处理后植株叶片 SOD、POD 活性以及 MDA 含量均显著增加，但根系变化不明显，说明30‰盐处理已经诱导了植株叶片抗氧化酶的应激反应，并造成了一定的脂质过氧化，不利于植物的生长。

各盐处理后补血草植株叶片和根系 CAT 活性显著均低于对照处理，其中15‰盐处理后叶片 SOD 活性无明显变化，POD 活性增加，但 MDA 含量并没有增加，其根系 SOD、POD 活性和 MDA 含量均无明显变化，说明该盐处理引起了补血草叶片氧化应激反应，但并没有导致脂质过氧化产物的增加；同时各盐处理后，根系 CAT 活性降低。

盐处理后盐地碱蓬植株叶片 SOD、CAT 活性均显著高于对照处理，说明盐处理可能引起了其植株叶片 SOD 和 CAT 的应激反应，但并没有产生明显的脂质过氧化。30‰盐处理后盐地碱蓬根系 POD 显著下降，其他酶和 MDA 含量均无显著变化。

6.1.6 盐分胁迫下四种盐生植物的叶绿素、脯氨酸和可溶性糖含量

光合作用是植物生长中的重要过程，胁迫环境影响了植物的光合作用，叶绿素是植物光合作用的主要色素。由图6-14可知，盐处理后柽柳、田菁和补血草叶绿素含量均高于对照处理，其中7.5‰、15‰盐处理的柽柳叶绿素含量增加了44.3%～44.80%，而盐处理盐地碱蓬叶绿素含量下降可能与其盐处理条件下自身合成的另一种色素甜菜红素苷有关，盐度的增加使得盐地碱蓬叶片甜菜红素苷的含量增加，这是其适应盐碱环境的表现。

胁迫条件下，植物自身会合成有机渗透调节物质，如脯氨酸、可溶性糖等。通过测定四种盐生植物叶片脯氨酸含量发现（图6-15），与对照处理相比，7.5‰和15‰盐处理后柽柳和补血草植株叶片脯氨酸含量均无显著变化，30‰处理后有显著增加；15‰和30‰盐处理的田菁叶片中脯氨酸含量显著高于对照处理。说明植物在盐处理环境中，自身为适应高盐的环境，通过植物叶片脯氨酸含量增加，形成了相应的渗透调节机制。各盐处理的盐地碱蓬叶片中脯氨酸含量变化不明显，而其生物量在盐处理条件下均高于对照处理，且30‰盐处理后其生长最好也说明，在此盐度范围内，盐地碱蓬并没有受到盐胁迫。

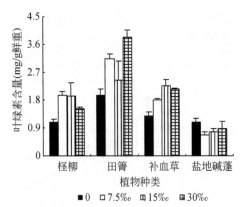

图6-14 盐处理四种盐生植物叶片
叶绿素含量的变化

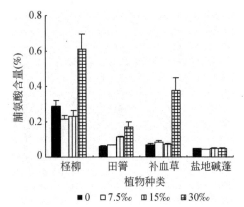

图6-15 盐处理四种盐生植物
叶片脯氨酸含量的变化

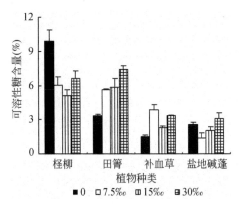

图6-16 盐处理四种盐生植物叶片
可溶性糖含量的变化

不同的水盐处理下叶片脯氨酸含量在变化的同时，四种盐生植物可溶性糖也有一定的变化（图6-16）。与对照相比，盐处理后柽柳植株叶片可溶性糖含量均显著下降，15‰盐处理柽柳下降最为明显，达48.30%，说明盐存在的环境下泌盐植物柽柳不依赖可溶性糖的合成进行渗透调节。田菁和补血草植株叶片中可溶性糖含量则显著增加，30‰盐处理田菁增加了55.11%，说明一定的盐处理会造成这两种植物叶片中可溶性糖含量增加，从而进行有效的渗透调节。

6.1.7　结论

1）7.5‰盐处理的柽柳和田菁生长状况最好，而15‰盐处理适合补血草的生长，盐地碱蓬则适于在30‰的盐处理下生长。其耐盐性依次为盐地碱蓬＞补血草＞柽柳和田菁。通过测定其根系形态参数发现，植物生长最好的盐处理，其根系形态参数好于对照处理，柽柳根表面积和根体积增加，而田菁和盐地碱蓬各参数均好于对照处理，补血草的根直径和根体积增加显著，这种根系形态的改变利于根系对养分的吸收，是植物生长良好的主要原因。

2）研究盐处理下植物根际效应发现，各处理四种盐生植物根际速效氮含量、盐度和氯离子含量均有所增加，而有效磷含量和 pH 略有下降，其中补血草根际 pH 下降显著。与非根际比较，盐地碱蓬根际微生物总数增加显著，植物根际微生物活性均有所增加。

3）研究盐处理后植物叶片和根系抗氧化酶活性及脂质过氧化产物 MDA 含量的变化发现，在植物生长最佳的盐处理，叶片和根系 MDA 含量没有增加，这说明盐处理并没有引起对植物叶片和根系的氧化损伤。

4）对盐处理后植物叶片叶绿素、脯氨酸和可溶性糖含量变化的研究发现，叶绿素含量变化与柽柳、田菁和补血草的生长关系密切，盐处理下叶绿素含量均有所增加。30‰盐处理后，柽柳主要依靠脯氨酸进行渗透调节，而脯氨酸和可溶性糖均是田菁、补血草和盐地碱蓬受到高盐处理后的渗透调节物质。

6.2　咸水退化湿地水盐调控技术

6.2.1　试验设计

室内模拟实验研究发现，补血草和盐地碱蓬分别在较高盐浓度（15‰、30‰）处理下生长状况最佳，另外在黄河三角洲水盐调控区的建立中发现，当地芦苇盖度较高，是具有代表性的本土盐生植物，最终在调控区内选择了补血草、盐地碱蓬、芦苇进行水盐调控实验。

实验处理分别为灌溉盐水处理、灌溉淡水处理、无灌溉处理，其中盐水灌溉的主要水源来自天然降水与周围盐渍土渗水的混合水（盐度为10‰~15‰）。种植前土壤进行淡水压盐，灌溉量100 m³/亩，7~15 天后进行翻耕平整，植物生长2个月后开始灌溉处理，灌溉周期为20天一次，每次灌溉前采集植物和土壤样品。

6.2.2　不同灌溉处理对三种盐生植物生长状况的影响

从图 6-17、图 6-18 可以看出，随着种植时间的增加，三种盐生植物各盐处理之间生物量逐渐出现差异，第 60 天时，无灌溉处理和灌溉盐水处理盐地碱蓬地上部鲜重、干重均明显高于灌溉淡水处理，其中无灌溉处理鲜重、干重最高，分别比灌溉淡水处理提高了

36.18% 和 20.98%，而与灌溉盐水处理无明显差别。

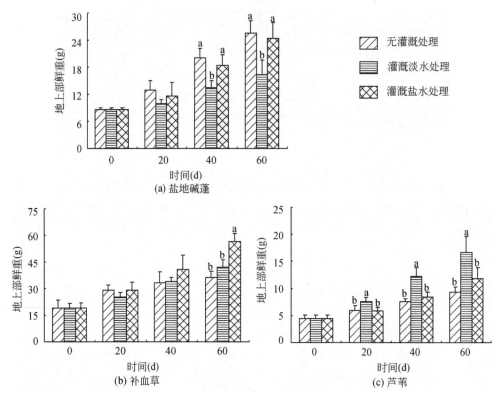

图 6-17 水盐调控下三种盐生植物地上部鲜重的变化

图中同一时间不同处理均值上标有不同字母表示两者在 $P < 0.05$ 水平上有显著差别，下同

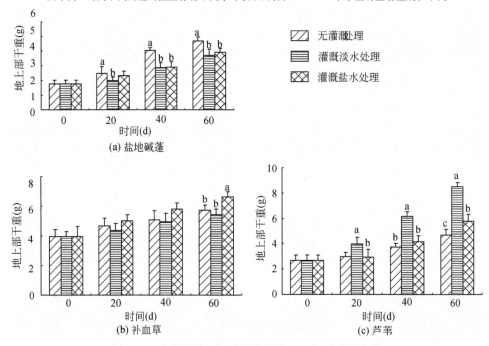

图 6-18 水盐调控下三种盐生植物地上部干重的变化

补血草地上部鲜重、干重表现为灌溉盐水处理显著大于其他两组，鲜重分别比无灌溉处理和灌溉淡水处理高 35.75% 和 25.62%，干重分别提高了 13.52% 和 18.35%。

灌溉淡水处理芦苇地上部鲜重、干重显著高于无灌溉处理和灌溉盐水处理，鲜重分别提高了 44.56% 和 29.13%，干重提高了 44.73%、32.20%。

如图 6-19、图 6-20 所示，盐地碱蓬根系鲜重、干重变化表现为无灌溉处理 > 灌溉盐水处理 > 灌溉淡水处理，灌溉盐水处理与另两种处理无显著差别，但无灌溉处理显著高于灌溉淡水处理，其根系鲜重、干重分别比灌溉淡水处理高 20.98%、36.84%。灌溉盐水处理补血草根系鲜重、干重变化与地上部一致，均显著大于灌溉淡水处理和无灌溉处理，鲜重分别高 13.52%、18.35%，干重分别高 33.82%、24.52%。芦苇根系鲜重、干重变化与地上部一致，表现为灌溉淡水处理显著高于无灌溉处理和灌溉盐水处理，增加比例为31.97%～44.73%。

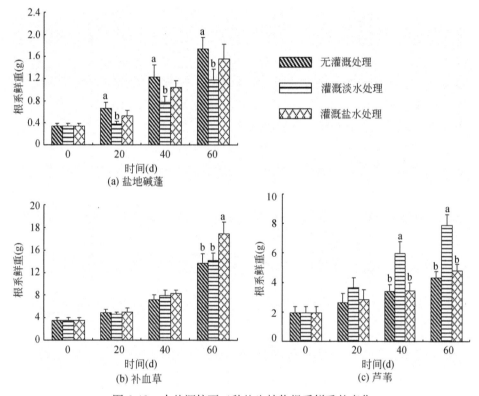

图 6-19　水盐调控下三种盐生植物根系鲜重的变化

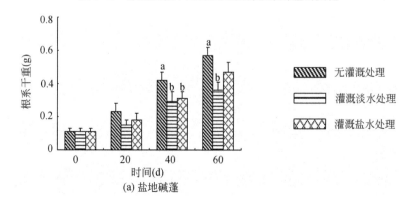

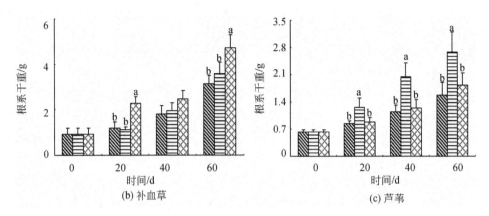

图 6-20　水盐调控下三种盐生植物根系干重的变化

植物的相对生长速率（RGR）是表示单位生物量在单位时间内的生物量净积累。它是随生长时间的变化，单位生物量对生物量变化率的瞬时值，RGR 越大表明该植物的生物量净积累越大，生长状况越好。通过分析三种植物生长 60 天以后的 RGR 可以看出（图 6-21），无灌溉处理盐地碱蓬的 RGR 显著高于灌溉淡水处理和灌溉盐水处理，补血草在灌溉盐水处理的 RGR 最高，而芦苇的 RGR 表现为灌溉淡水处理 > 灌溉盐水处理 > 无灌溉处理，且差异显著。这表明无灌溉处理盐地碱蓬生长最好，而灌溉盐水处理补血草生长最佳，淡水处理则适合芦苇生长。

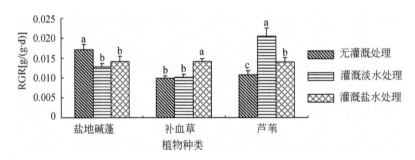

图 6-21　水盐调控 60 天后三种盐生植物 RGR 的变化

6.2.3　不同灌溉处理对三种盐生植物根际化学性状的影响

6.2.3.1　植物根际有机质的变化

如图 6-22 所示，三种植物根际土壤有机质含量随时间变化不明显，但在 80 天时均高于非根际土壤，达到显著性差异（$P < 0.05$），其中无灌溉处理盐地碱蓬根际有机质含量比非根际增加了 55.93%，灌溉盐水处理补血草根际增加了 72.59%，灌溉淡水处理芦苇根际增加了 71.70%。这说明种植盐生植物后，植物根际养分得到明显改善，植物生长最佳的处理组其根际有机质含量增加明显。

有机质是土壤中重要的碳储存形式，也是表征土壤养分状况的重要指标，黄河三角洲

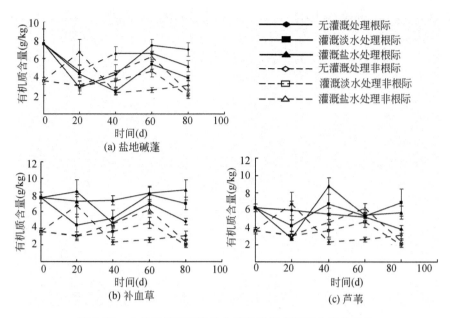

图 6-22　水盐调控下三种盐生植物根际有机质含量的变化

土壤盐渍化现象严重土壤有机质含量偏低，种植这三种盐生植物后根际土壤有机质得到明显改善，不仅有利于固碳，也有利于退化湿地的生态修复。

6.2.3.2　植物根际氮、磷含量的变化

如图 6-23 所示，盐地碱蓬和芦苇根际总氮含量随水盐调控时间的增加变化规律不明

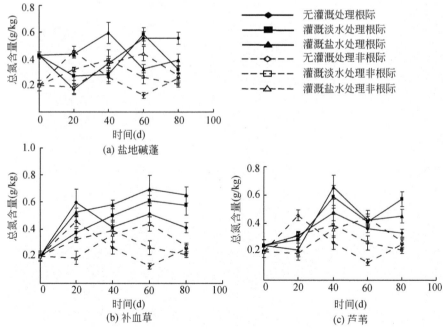

图 6-23　水盐调控下三种盐生植物根际总氮变化

显，但生长良好的无灌溉处理盐地碱蓬和灌溉淡水处理的芦苇根际总氮含量在40天以后均高于非根际，80天时达到显著性差异（$P<0.05$）。补血草根际总氮含量随处理时间增加而逐渐增加，60天和80天时变化不大，各处理组根际总氮含量均高于非根际（$P<0.01$），其中除第20天外，灌溉盐水处理根际总氮含量始终高于其他两组，这有利于其生长，也是该处理组生长状况最佳的原因之一。

根际速效氮含量变化如图6-24所示，各处理组三种植物根际，非根际速效氮含量均随水盐调控时间增加而降低，但40天以后，三种植物根际速效氮含量均高于非根际，其中同种植物各处理组中，无灌溉处理盐地碱蓬根际速效氮含量最高，灌溉盐水处理补血草根际速效氮含量最高，均与非根际呈现极显著差异（$P<0.01$），且该处理组植物生长最好，说明根际速效氮含量是影响盐地碱蓬和补血草植物生长的主要因素之一。

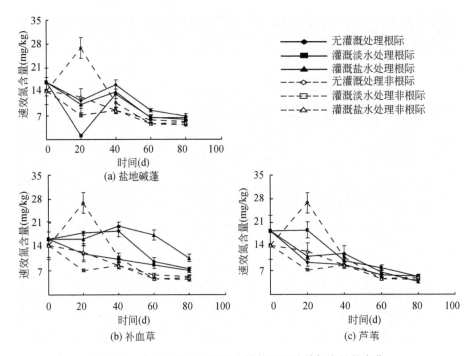

图6-24　水盐调控下三种盐生植物根际速效氮含量的变化

三种植物各处理组全磷含量的变化趋势一致（图6-25），全磷含量在20～40天时有所上升，以后基本保持不变，且根际与非根际无明显差别。有效磷含量的变化与全磷含量的并不一致（图6-26），40天以后，三种植物中盐地碱蓬根际有效磷含量始终高于非根际且差异显著（$P<0.05$），40天和60天时，各处理组之间比较，盐地碱蓬根际有效磷含量无灌溉处理＞灌溉盐水处理＞灌溉淡水处理，这与植物生长状况一致，说明盐地碱蓬对有效磷的根际效应最明显，且是影响其生长的重要因素。而补血草根际与非根际速效磷含量没有明显的差别。20天时，芦苇非根际有效磷含量高于根际，这可能是由于芦苇在该生长期根系需吸收大量磷素以供自身生长需求，导致磷素向根际的迁移速率小于根系吸收磷素的速率引起的，随着时间的推移，60天时无灌溉处理、灌溉淡水处理芦苇根际有效磷含量高于其非根际含量。80天时三种植物根际、非根际有效磷含量均无明显差别。

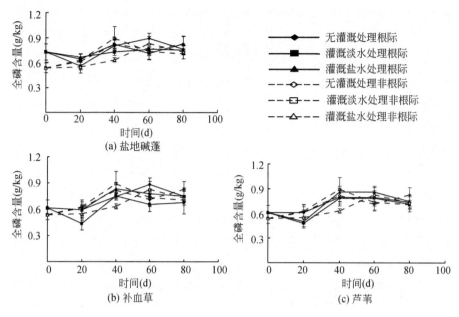

图 6-25　水盐调控下三种盐生植物根际全磷含量的变化

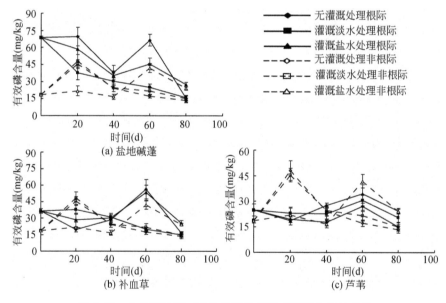

图 6-26　水盐调控下三种盐生植物根际有效磷含量的变化

6.2.3.3　植物根际微生物总数和活性的变化

土壤微生物是土壤生态系统中的重要组成部分，在土壤养分的生物地球化学循环中起着重要的作用，它可以将有机态的养分转化为植物可以吸收利用的有效养分，对土壤氮素的形成起着重要作用。

实验结果表明（图6-27、图6-28），40天以后，三种植物根际微生物总数和活性均高于非根际，差异极显著（$P<0.01$），植物生长最佳的处理组微生物总数和活性均高于其他处理组。同时可以观察到，随种植时间的增加，根际、非根际微生物总数和活性均有所下降，这主要是由于80天采样时正值调控实验田刚降过第一场雪，大部分植物受气温骤降影响萎蔫甚至死亡，根际微生物总数和活性也因此随之大幅度下降。

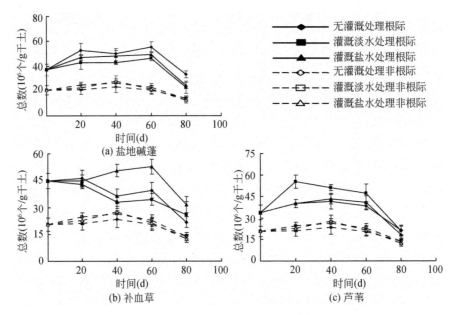

图6-27 水盐调控下三种盐生植物根际微生物总数的变化

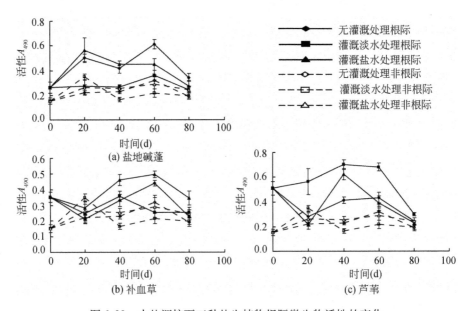

图6-28 水盐调控下三种盐生植物根际微生物活性的变化

6.2.3.4　植物根际盐度和氯离子含量的变化

黄河三角洲属于典型滨海河口湿地,盐渍化是限制植物生长的主要因素,如图 6-29 所示。研究发现,种植三种盐生植物后各处理组根际土壤盐度均低于非根际,灌溉淡水处理在三个处理组中下降最明显。植物之间比较,补血草根际盐度下降最为明显,80 天时根际土壤盐度降至 7‰～9‰,盐地碱蓬降至 9‰～15‰,芦苇根际土壤盐度降至 10.5‰～17.5‰。

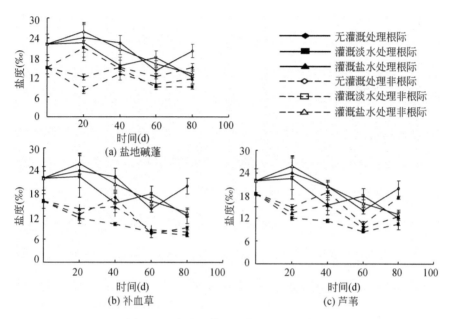

图 6-29　水盐调控下植物根际盐度变化

氯离子含量的变化趋势与盐度类似(图 6-30),与非根际相比,三种植物各处理组根际土壤氯离子含量均明显降低,其中补血草和芦苇根际氯离子含量下降显著,与非根际相比均达到极显著差异($P < 0.01$),灌溉淡水处理补血草根际降低最多,80 天时降至 0.27 g/kg。

盐度和氯离子含量的降低不仅有利于改善土壤物理性质和根际微生物的生长,也利于植物对养分和水分的吸收和利用,这对改善盐渍化土壤环境有重要意义。三种植物中补血草根际盐度和氯离子相抵最为显著,说明种植补血草可以有效地改善黄河三角洲湿地土壤盐渍化的现象,且其根际总氮和速效氮累积效应显著,说明根际盐度和氯离子含量的降低可能是影响补血草氮素根际效应的原因之一。

6.2.3.5　植物根际 pH 的变化

如图 6-31 所示,三种植物根际 pH 随时间变化均有所下降,且均低于非根际,其中无灌溉处理盐地碱蓬根际 pH 下降明显,60 天和 80 天时与非根际有极显著差别($P < 0.01$),80 天时根际 pH 降至 7.85。灌溉盐水处理补血草及灌溉淡水处理芦苇生长后期(60 天和 80 天),根际 pH 下降也最多,同时这三个处理组的植物生长状况最佳。

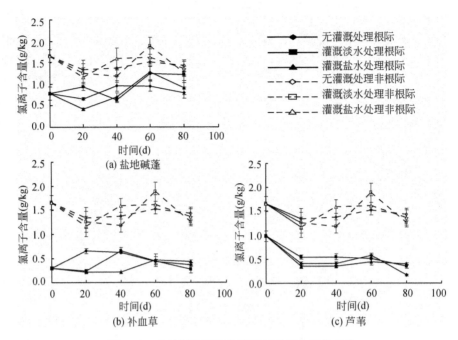

图 6-30 水盐调控下植物根际氯离子含量的变化

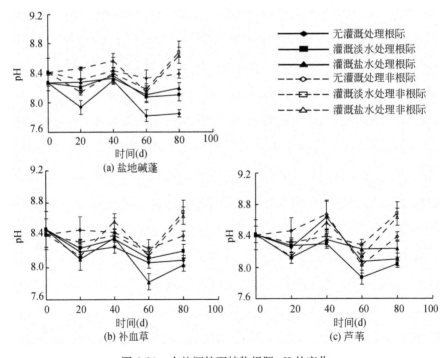

图 6-31 水盐调控下植物根际 pH 的变化

根际 pH 的下降在一定程度上有利于磷素的溶解，利于根系对磷素的吸收，当植物根系吸收磷素的速率低于磷素向根表的迁移速率时就会出现有效磷在根际富集的现象，同时，黄河三角洲土壤偏碱性，植物根际 pH 的降低可以减缓氮素以氨的形式挥发的速率，有利于根际速效氮的保持。这是盐地碱蓬根际速效氮和有效磷最终累积的原因之一。

同时，植物生长需要吸收大量水分和养分，植物根际水分和养分的变化受生物和非生物因素的共同影响，土壤 pH 是其中一个影响因素。植物根系分泌有机酸、营养吸收过程中伴随释放的 H^+/HCO_3^- 以及呼吸过程释放的 CO_2 等，均会影响根际土壤的 pH。根际 pH 的降低改善了盐渍化环境下高 pH 对植物根系的胁迫，并为根际微生物的生长提供了有利条件，而植物根系和根际微生物的死亡残体分解、生长代谢过程中分泌的有机酸、碳水化合物以及氨基酸等物质可以促进土壤中难溶态物质活化为有效态，同时 pH 的降低也改善了根际土壤的物理环境，使土壤孔隙度增加，通气性和水分状况都得到改善，这对植物的生长有着重要的影响，是影响植物生长的主要原因之一。

6.2.4　不同灌溉处理对三种盐生植物生理指标的影响

6.2.4.1　植物叶片及根系抗氧化酶系及脂质过氧化产物 MDA 含量的变化

如图 6-32 所示，各处理之间比较，盐地碱蓬叶片 SOD、POD 和 CAT 活性均没有显著差别，叶片 MDA 含量也无明显差别，说明三种水盐调控对盐地碱蓬叶片抗氧化酶活性的影响差别不大，但观察随时间的变化规律发现，20 天时和 40 天时，各盐处理盐地碱蓬叶片 SOD 活性明显高于 0 天时，差异极显著（$P < 0.01$），POD 活性 20 天时极显著高于 0

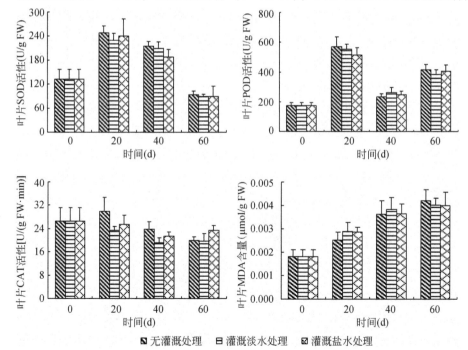

图 6-32　水盐调控下盐地碱蓬叶片抗氧化酶活性和 MDA 含量的变化

天，叶片 MDA 含量则随时间的推移，各处理组均出现增加的趋势，说明随着水盐调控时间的增加，各盐处理对盐地碱蓬叶片均产生了氧化胁迫，且叶片受到了一定程度的氧化损伤，累积一定量的过氧化产物 MDA，但各盐处理之间没有显著性差异。

盐地碱蓬根系抗氧化酶活性及 MDA 含量变化如图 6-33 所示，各处理组盐地碱蓬根系 SOD 活性表现为无灌溉处理 > 灌溉盐水处理 > 灌溉淡水处理，且无灌溉处理和灌溉淡水处理之间有显著差别。而其根系 POD 活性以及 MDA 含量与叶片一致，各盐处理之间均无显著差异，但随时间推移逐渐增加，这说明随着盐处理时间的增加，根系仍然受到氧化损伤且累积了一定量的 MDA，但各盐处理之间差别不明显，说明氧化胁迫不是导致各盐处理之间盐地碱蓬生长出现差别的主要原因。

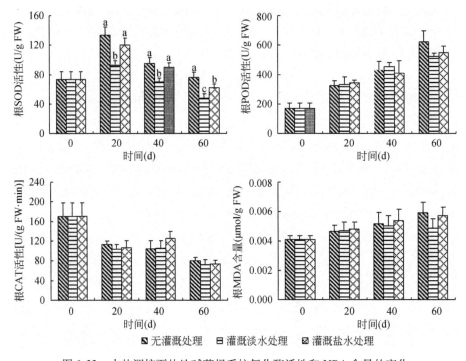

图 6-33　水盐调控下盐地碱蓬根系抗氧化酶活性和 MDA 含量的变化

水盐调控下补血草叶片抗氧化酶活性和 MDA 含量变化如图 6-34 所示，叶片 SOD 活性表现出灌溉盐水处理 > 灌溉淡水处理 > 无灌溉处理，且灌溉盐水处理与无灌溉处理有显著差别，灌溉盐水处理补血草叶片 CAT 活性也显著高于其他两组，这与其生物量的变化趋势一致。这说明在水盐调控下，抗氧化酶 SOD 和 CAT 活性的变化对补血草的生长影响较大。从叶片 MDA 含量变化来看，无灌溉处理补血草叶片 MDA 含量显著高于其他两组，说明自然条件下补血草叶片受到更多氧化胁迫的攻击，引起叶片过氧化产物 MDA 的累积。

从图 6-35 可以看出，补血草根系 SOD 活性表现为灌溉盐水处理和灌溉淡水处理无显著差别，二者显著大于无灌溉处理。根 POD 活性变化不规律，CAT 活性与 SOD 类似，灌溉盐水处理显著大于无灌溉处理，但除第 60 天外均与灌溉淡水处理无明显差别。从根 MDA 的含量来看，无灌溉处理补血草明显高于灌溉淡水处理和灌溉盐水处理。

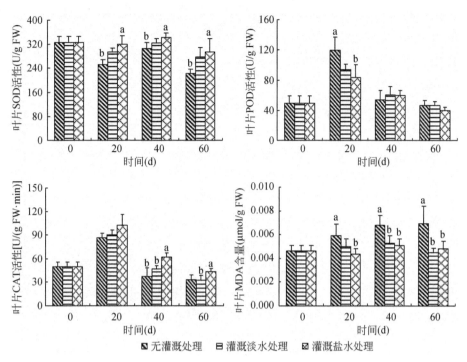

图 6-34　水盐调控下补血草叶片抗氧化酶活性和 MDA 含量的变化

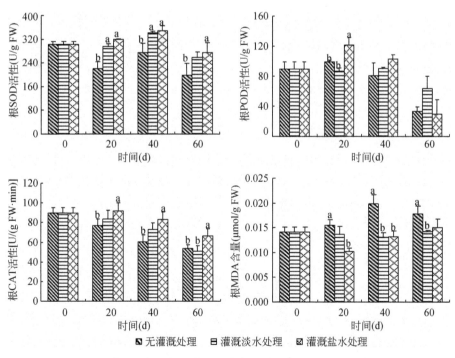

图 6-35　水盐调控下补血草根系抗氧化酶活性和 MDA 含量的变化

补血草根系 SOD 和 CAT 活性的变化与其生长状况一致，而 MDA 含量变化与生长状况相反，这说明补血草根系与其叶片一样，根系中抗氧化酶 SOD 和 CAT 活性的变化对补血草的生长影响较大。灌溉盐水处理和灌溉淡水处理根系 SOD 和 CAT 活性的增加能有效地清除活性氧，避免脂质过氧化产物 MDA 在根中的累积，有利于盐胁迫下植物根系的生长，从而有利于植物根系对养分和水分的吸收，促进植物的生长。

芦苇叶片抗氧化酶活性和 MDA 含量变化如图 6-36 所示，灌溉淡水处理和灌溉盐水处理芦苇叶片 POD 活性大于其他两组，灌溉淡水处理芦苇叶片 CAT 活性最高，从叶片 MDA 含量的变化可以看出，除 20 天外，无灌溉处理芦苇叶片 MDA 含量显著高于其他两组。

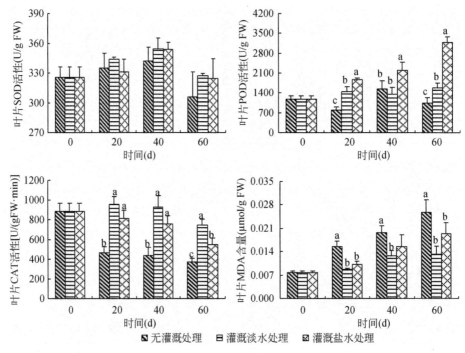

图 6-36　水盐调控下芦苇叶片抗氧化酶活性和 MDA 含量的变化

这说明 POD 和 CAT 对芦苇生长影响较大，从时间的变化来看，叶片抗氧化酶活性随时间的变化不规律，而各处理叶片 MDA 含量随时间的增加逐渐增多，表现出积累现象。这也说明随着时间的推移，芦苇叶片脂质过氧化现象加剧，POD 和 CAT 酶活性在一定程度上的提高并不能完全消除氧化胁迫所产生的活性氧，三种盐处理下芦苇叶片仍然受到氧化胁迫的伤害，但灌溉淡水处理受到的损害最小。

芦苇根系抗氧化酶活性及 MDA 含量变化如图 6-37 所示，各处理组中灌溉淡水处理芦苇根系 SOD 活性始终最高，POD 活性各采样时期变化规律不一致，CAT 活性在 20 天和 40 天均表现为灌溉淡水处理显著高于灌溉盐水处理和无灌溉处理，SOD 和 CAT 活性的变化与生物量的变化规律基本一致。生长后期（40 天和 60 天）无灌溉处理和灌溉盐水处理芦苇根 MDA 含量显著高于灌溉淡水处理，与生长规律相反，这说明水盐调控下，与叶片主要的抗氧化酶不同，芦苇根系主要通过 SOD 和 CAT 进行活性氧的清除，使灌溉淡水处理芦苇根系 MDA 含量显著低于其他两组。

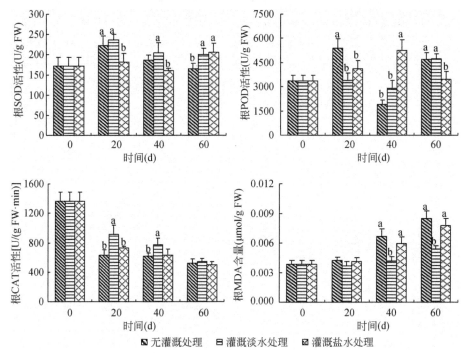

图 6-37　水盐调控下芦苇根系抗氧化酶活性和 MDA 含量的变化

6.2.4.2　植物叶片叶绿素、脯氨酸及可溶性糖含量的变化

植物的生长与光合作用密切相关，叶绿素是光合作用的主要色素，如图 6-38 所示，

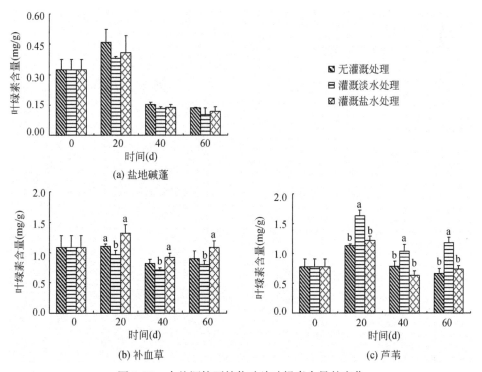

图 6-38　水盐调控下植物叶片叶绿素含量的变化

各盐处理组盐地碱蓬叶片叶绿素均无显著差别。灌溉盐水处理补血草叶片叶绿素含量最高，且显著高于灌溉淡水处理。灌溉淡水处理芦苇叶片叶绿素含量显著高于灌溉盐水处理和无灌溉处理。补血草和芦苇叶片叶绿素含量的变化与其生长状况一致，这表明不同水盐调控下补血草和芦苇叶片叶绿素含量的变化可能是影响其生长的主要因素。

水盐调控下三种盐生植物叶片脯氨酸含量的变化如图 6-39 所示。

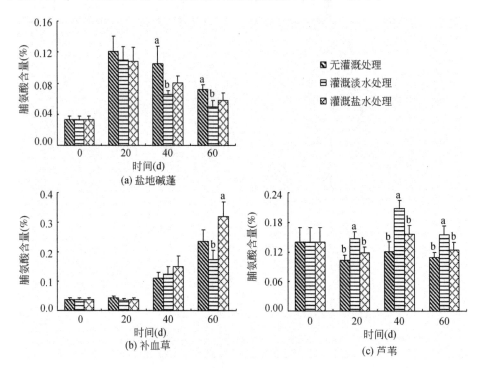

图 6-39　水盐调控下植物叶片脯氨酸含量的变化

无灌溉处理盐地碱蓬叶片脯氨酸积累量高于灌溉盐水处理和灌溉淡水处理，且与灌溉淡水处理有显著差异。而第 60 天时补血草叶片脯氨酸含量表现出灌溉盐水处理最高，大于无灌溉处理和灌溉淡水处理，且与灌溉淡水处理有显著差异。而芦苇叶片脯氨酸含量变化显示，灌溉淡水处理显著高于灌溉盐水处理和无灌溉处理，说明三种植物在一定盐度范围内，均可以通过叶片积累脯氨酸来缓解盐度引起的渗透胁迫。

盐渍化环境中，一些盐生植物除了可以积累脯氨酸作为渗透调节物质处，可溶性糖也是很重要的渗透调节物质。植物叶片可溶性糖含量变化如图 6-40 所示。无灌溉处理盐地碱蓬叶片可溶性糖含量最高，20 天和 40 天时与其他两组有显著差别，60 天时无灌溉处理和灌溉盐水处理虽无显著差别，但仍与灌溉淡水处理有显著差别。补血草叶片可溶性糖含量灌溉盐水处理 > 灌溉淡水处理 > 无灌溉处理，在 40 天时灌溉盐水处理与无灌溉处理有显著差别。而 40 天和 60 天时灌溉淡水处理芦苇叶片可溶性糖含量最高，与无灌溉处理有显著差别。三种植物可溶糖含量高的处理组均为生长最佳的处理组，这说明三种植物不仅可以利用脯氨酸作为渗透调节物质，同时也可以利用叶片合成可溶性糖来应对一定范围内盐度造成的渗透胁迫的影响。

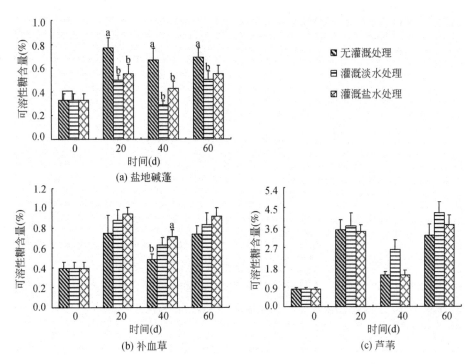

图 6-40　水盐调控下三种盐生植物叶片可溶性糖含量的变化

6.2.5　不同灌溉处理对五种盐生植物根际化学性状的季节影响

6.2.5.1　根际土壤有机质的季节变化

种植盐生植物后，其根际土壤有机质含量均明显增加（图 6-41），柽柳增加最为明显，夏季和秋季增加量大于冬季和春季，与种植前比较，2008 年和 2009 年秋季柽柳根际有机质含量分别增加了 6.7 倍和 8.93 倍。这说明盐生植物种植后均可以有效地增加根际

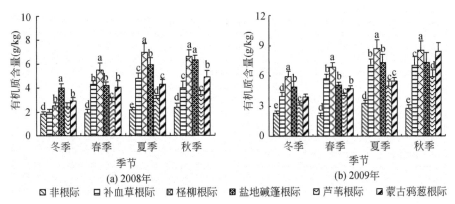

图 6-41　2008 年和 2009 年不同季节五种植物根际与非根际土壤有机质含量的变化

图中不同字母表示同一季节不同植物根际与非根际有显著差别（$P < 0.05$），下同

土壤有机质含量，改善盐渍化土壤肥力状况，这与前人的研究结果相似。而柽柳的改良效果较好，这可能与柽柳是落叶灌木，在五种植物中生物量最大有关。而夏季和秋季植物生长旺盛，新陈代谢加快，根系及根际微生物分泌物及细胞死亡残体导致该季节有机质增加明显。

6.2.5.2 根际土壤氮、磷含量的季节变化

氮是植物生长所必需的大量营养元素，如图6-42和图6-43所示，通过两年的植物修复结果显示，与非根际相比，植物根际总氮和速效氮含量均有所增加，其中蒙古鸦葱根际总氮含量增加显著，与种植前比较，2008年和2009年蒙古鸦葱根际总氮含量分别增加了1.15倍和1.43倍。总氮含量的季节变化不明显，速效氮含量夏季和秋季明显高于冬季和春季，随着种植年限增加，到2009年夏季和秋季，柽柳、盐地碱蓬及补血草根际总氮含量也均呈显著性增加。根际速效氮含量的变化则表现出，2008年柽柳根际速效氮增加显著，与种植前比较增加了4.22倍，而2009年柽柳和蒙古鸦葱根际速效氮的增加量相近，分别为4.77倍和4.81倍。这说明在五种植物中，柽柳和蒙古鸦葱对氮素的富集作用较强，根际氮素的增加不仅有利于植物和根际微生物的生长，根际微环境养分状况的改善，而且对近海氮污染也有一定的截流作用。

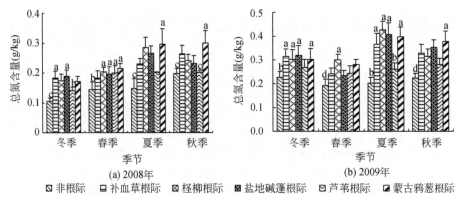

图6-42 2008年和2009年不同季节五种植物根际与非根际土壤总氮含量的变化

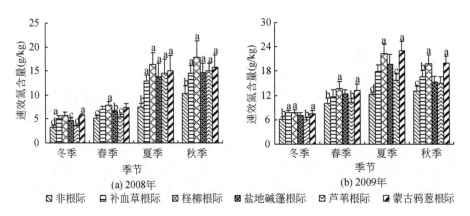

图6-43 2008年和2009年不同季节五种植物根际与非根际土壤速效氮含量的变化

2008 年和 2009 年五种植物根际总磷和有效磷含量均高于非根际（图 6-44 和图 6-45）。夏季和秋季土壤磷素含量高于冬季和春季。植物之间比较，盐地碱蓬根际总磷和有效磷含量最高，2009 年秋季与种植前比较总磷和有效磷含量分别增加了 3.12 倍、8.94 倍。实验结果表明，盐地碱蓬对磷素的富集作用最强，这与前期普查实验结果相似，这不仅有利于改善盐胁迫环境下其对磷素的吸收和利用，也有利于根际微生物的生长，同时在预防近海磷素污染中有重要的潜在应用价值。

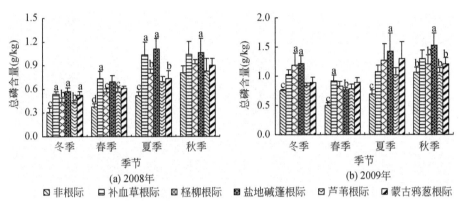

图 6-44　2008 年和 2009 年不同季节五种植物根际与非根际土壤总磷含量的变化

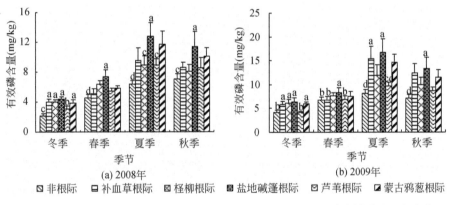

图 6-45　2008 年和 2009 年不同季节五种植物根际与非根际土壤有效磷含量的变化

6.2.5.3　根际土壤微生物总数和活性的季节变化

种植盐生植物后根际土壤微生物总数和活性均显著增加（图 6-46 和图 6-47），夏季和秋季土壤微生物总数和活性明显高于冬季和春季，这与该季节气温较高，降水较多，植物生长旺盛，根际有机质、氮和磷等养分状况改善最多有关。植物之间比较，2008 年盐地碱蓬根际微生物总数增加最显著，蒙古鸦葱次之。2009 年春季和秋季蒙古鸦葱根际微生物总数增加最多，其次是盐地碱蓬。微生物活性的变化表明（图 6-47），蒙古鸦葱根际微生物活性增加最明显，其次是盐地碱蓬和补血草。与种植前土壤相比较，2008 年和 2009 年秋季盐地碱蓬根际微生物总数分别增加了 13.17 倍、9.33 倍，微生物活性分别增加了

14.23 倍和 8.43 倍，蒙古鸦葱根际微生物活性分别增加了 19.48 倍、13.91 倍。这说明，通过种植盐生植物可以很大程度地提高根际土壤微生物的数量和活性，其中盐地碱蓬和蒙古鸦葱效果最显著。而土壤微生物是土壤生态系统中的重要组成部分，在土壤养分的生物地球化学循环中起着重要的作用，微生物总数和活性的增加有利于将有机态的养分转化为植物可以吸收利用的有效养分，对土壤养分状况的改善起着重要作用。

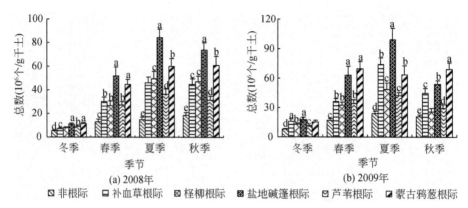

图 6-46　2008 年和 2009 年不同季节五种植物根际与非根际土壤微生物总数的变化

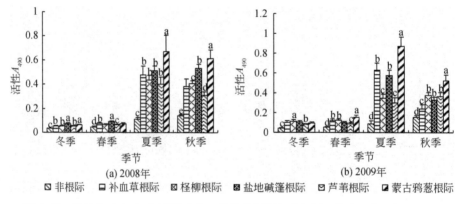

图 6-47　2008 年和 2009 年不同季节五种植物根际与非根际土壤微生物活性的变化

6.2.5.4　根际土壤盐度和氯离子含量的变化

盐度是限制黄河三角洲湿地退化的主要因素，如图 6-48 所示，种植五种盐生植物后，其根际土壤盐度均显著下降，其中盐地碱蓬下降最明显，其次是柽柳、补血草、蒙古鸦葱和芦苇。植物根际盐度的季节变化并不明显，但非根际盐度夏季和秋季较高，这主要是由该季节较高的气温和蒸腾速率会引起盐分随质流向地表迁移所导致的。与种植前土壤相比，2008 年和 2009 年秋季盐地碱蓬根际土壤盐度分别下降了 53.13%、56.41%。这说明，通过种植盐地碱蓬可以有效地降低其根际土壤盐度，改善黄河三角洲湿地限制植物生长的盐胁迫环境。

根际土壤氯离子含量变化与盐度类似（图 6-49），植物根际土壤氯离子含量均有所下

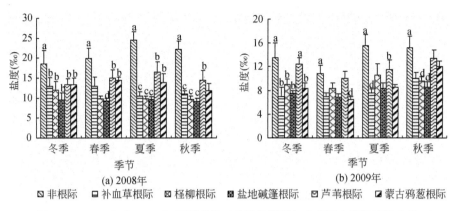

图 6-48　2008 年和 2009 年不同季节五种植物根际与非根际土壤盐度的变化

降，盐地碱蓬根际下降显著。与种植前比较，2008 年秋季和 2009 年秋季盐地碱蓬根际土壤氯离子含量分别下降了 41.60%、51.44%。

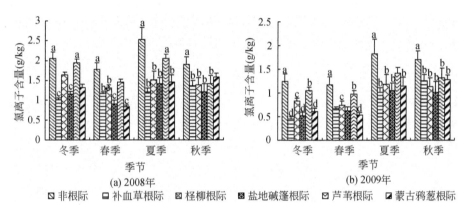

图 6-49　2008 年和 2009 年不同季节五种植物根际与非根际土壤氯离子含量的变化

6.2.5.5　根际土壤 pH 的季节变化

pH 的变化如图 6-50 所示，与非根际比较，五种植物根际土壤 pH 均有所下降，除 2008 年冬季外，柽柳根际 pH 均显著下降，2008 年和 2009 年种植柽柳后，其根际土壤 pH

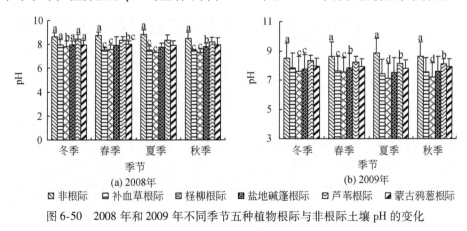

图 6-50　2008 年和 2009 年不同季节五种植物根际与非根际土壤 pH 的变化

较种植前分别下降 14.60%、15.89%。pH 的降低可以有效改善土壤的物理性质和结构，这对偏碱性土壤的修复尤为重要。

6.2.6 结论

6.2.6.1 季节性变化小结

1）植物的根际效应随季节变化较显著，表现为夏季和秋季明显比冬季和春季变化显著。

2）在种植的五种盐生植物中，盐地碱蓬根际盐度和氯离子含量下降最明显，且其根际对磷素的富集作用最强；柽柳根际 pH 明显降低，且其根际有机质含量增加最显著。蒙古鸦葱和柽柳根际对氮素富集均较多。这在防治近海氮、磷污染中有重要的意义。

3）与种植前比较，种植五种盐生植物后，土壤物理化学性质均有所改善，植物根际土壤盐度、氯离子含量和 pH 均低于非根际，总氮、总磷、速效氮、有效磷含量以及微生物活性和总数均高于非根际。这说明种植盐生植物可以有效修复黄河三角洲退化湿地土壤，使其物理化学性质得到改善，且随着种植年限的增加，效果越好。

6.2.6.2 咸水水源区三种盐生植物的水盐调控试验总结

通过对黄河三角洲湿地的系统研究发现，黄河三角洲湿地的本土盐生植物盐地碱蓬和柽柳分别对磷和氮具有较强的富集作用，根际效应明显，为黄河三角洲湿地氮、磷近海污染的生态修复提供了重要的理论依据。水盐调控的研究结果表明，盐地碱蓬耐盐性最强，其次是补血草和柽柳；在水盐调控过程中，抗氧化酶的变化是植物避免氧化损伤、维持最佳生长的有力保障，而脯氨酸和可溶性糖的累积也是这三种植物应对盐分渗透胁迫的主要相溶性物质。

在供试的六种盐生植物中，盐地碱蓬耐盐性最高、根际磷素累积效应明显，且种植技术简单，节约淡水量最大（只需灌溉一次），补血草和柽柳耐盐性仅次于盐地碱蓬，且根际有机质和氮素累积效应明显，其中柽柳作为灌木对滨海生态系统稳定性的建立有非常重要作用。因此这三种本土盐生植物可作为黄河三角洲退化湿地生态修复的优选植物，加以推广利用。

6.3 咸水水源区三种盐生植物水盐调控技术规程

通过盐生植物室内和野外水盐调控实验以及黄河三角洲 500 亩盐生植物示范区的建立过程，总结了水盐调控下盐生植物在种植和栽培方面的技术要点，可完善耐盐植物的综合栽培管理技术，为最终构建黄河三角洲海岸河口湿地新的生态保护模式提供技术支持。

6.3.1 范围

本技术规定了栽培盐生植物的水盐调控技术，适用于黄河三角洲滨海退化湿地的植物修复。

6.3.2　基础条件

6.3.2.1　土地条件

黄河三角洲滨海退化湿地，pH 范围：7.16～9.3；盐度范围：1.36‰～43‰；有机质含量范围：0.06%～2.12%；总氮含量范围：89～1269 mg/kg；总磷含量范围：541～677 mg/kg。

6.3.2.2　植物选择

根据前期室内及野外水盐调控实验，确定黄河三角洲本土耐盐性较高的盐生植物盐地碱蓬、柽柳和补血草三种。

6.3.2.3　水盐调控条件

种植区需挖设蓄水池（蓄水量 100 m³/亩），用于保存天然降水，以供植物生长期的灌溉使用，并于种植区内间隔 10 m 挖设 30 cm 深的排水渠以达到丰雨期排碱排盐的目的，种植区铺设淡水管道以保证水盐调控中淡水的供应。

6.3.3　种植准备

6.3.3.1　种子及移植树苗的准备

柽柳树苗移栽前挖取，挖取柽柳苗时尽量保持根系完整，主根长度不低于 20 cm，侧根长度不低于 15 cm，同时需减去 1/3 的枝条以减少养分消耗；盐地碱蓬种子的收集于前一年的秋季完成，筛选颗粒饱满成熟干燥的种子储于阴凉干燥处；补血草种子成熟率仅 30% 左右，收集量要适当增加，作为下一年的种子。

6.3.3.2　土地种植前准备

春季种植前盐渍化裸地先进行灌水压盐，灌溉量约 100 m³/亩，7～15 天后进行翻耕平整、深松整地，无明显土疙瘩，达到植物播种前的最佳状态。

6.3.4　土地种植前准备种植及田间管理

6.3.4.1　柽柳移植及管理

1）移植时间：3 月月底前完成移栽。

2）移植方法：浅栽平埋，栽植后踏实。

3）移植密度：造林密度一般以 1.5 m×1 m、1.5 m×1.5 m 或 2 m×1 m 为宜，树坑规格 0.6 m×0.6 m×0.6 m。

4）水盐调控管理：移栽时需一次性浇灌足够的水，保证成活率。移栽后初期根据天气情况间隔 10~15 天浇水一次，直至成活。柽柳成活后，及时除掉过多萌芽，根据需要保留 2~5 个健壮的枝芽，以促进柽柳的成活和生长势。待新枝萌发 10 cm 以上时，可延长灌水期至 30 天一次，灌溉水源主要为蓄水池储蓄的天然降水与周围盐渍土渗水的混合水（盐度为 10‰~15‰）或淡水:海水按 1:1 混合灌溉，共计灌溉 5 次，每次 100 m³/亩，可以视降水情况适当调整灌溉水量，节约淡水率可达 50% 以上。

5）病虫害防治：蚜虫选择 1000 倍的氧化乐果或 1500 倍的溴氰菊酯喷雾的方式进行防治，蛀干害虫采用打孔注药方法，用注射器沿蛀孔注入 2~3 ml 的久效磷原液，注药后用泥土封住蛀孔（有蛀干害虫的柽柳树底下会有虫粪和木屑，比较容易找到蛀孔）。一年防治两次，除 7 月下旬注药一次外，在 8 月中下旬再注药一次。

6.3.4.2 盐地碱蓬种植及管理

1）种植时间：4~5 月均可。

2）种植方法：种植亩播种量 8~10 kg，条播、点播均可。

3）种植密度：按照株距 20 cm，行距 30~40 cm，播深 1~2 cm 进行播种，在幼苗长至 5 cm 高时间苗，苗高 10 cm 时按照株距定苗。

4）水盐调控管理：发芽期浇一次水，以保证出苗整齐。自然降水充足的情况下，及时中耕保墒防止土壤反盐、板结，自然生长即可，若降水量少视墒情于 5 月中下旬浇水一次即可，灌溉水源主要为蓄水池储蓄的天然降水与周围盐渍土渗水的混合水（盐度为 10‰~15‰）或淡水:海水按 1:1 混合灌溉，灌溉量约 100 m³/亩，节约淡水率达 50%，雨季根据地面积水情况要及时排水防涝。

5）病虫害防治：盐地碱蓬病虫害较少，主要虫害是蚜虫，可选择 1000 倍的氧化乐果或 1500 倍的溴氰菊酯进行防治。

6.3.4.3 补血草种植及管理

1）种植时间：补血草 4 月中旬播种。

2）种植方法：因补血草种子成熟率仅为 30% 左右，所以补血草播种量应相对增加，待发芽后适当间苗，每点保留生长状态良好的幼苗 1 棵或 2 棵。

3）种植密度：补血草以株行距 40 cm×15 cm 为最好。

4）水盐调控管理：补血草播种时需浇足水以保证出芽率，及时中耕保墒，防止土壤返盐、板结。一般 5 月、6 月每月灌溉 1 次水即可，灌溉水源主要为蓄水池储蓄的天然降水与周围盐渍土渗水的混合水（盐度为 10‰~15‰）或淡水:海水按 1:1 混合灌溉，灌溉量 100 m³/亩，节约淡水率达 50% 以上。中后期（7~10 月）不需要浇水，特殊干旱年份除外。

5）病虫害防治：春季干旱应防治蚜虫，可用氯氰乙酯 2000 倍液喷洒叶片防治。病害主要是锈病，发生时期在花枝抽出前，6 月中旬至 7 月初花枝抽出前后，若田间发现发病中心，及时进行喷药控制。如果病叶率达到 5%，严重度在 10% 以下，每亩用 15% 粉锈宁可湿性粉剂 50 g 或 20% 粉锈宁乳油每亩 40 ml，或 25% 粉锈宁可湿性粉剂每亩 30 g，或 12.5% 速保利可湿性粉剂每亩用药 15~30 g，兑水 50~70 kg 喷雾或兑水 10~15 kg 进行低容量喷雾。

第7章 废水水源区废水灌溉盐碱化
退化湿地恢复技术

黄河三角洲重度退化滨海盐碱湿地土壤主要是滨海盐土,盐分以 NaCl 为主,土壤高盐分、低养分严重制约了湿地植物的生长。该区域年蒸发量远大于降水量,干旱缺水,加之地下水矿化度高无法使用,淡水资源匮乏,水已成为该区域退化湿地恢复的瓶颈。利用多种处理后废水、再生水灌溉土壤,可以起到改良土壤的效果(彭致功等,2006)。结合当地情况,采用经过处理的造纸废水进行退化湿地灌溉,一方面可作为淡水资源的补充,另一方面可为土壤提供有机营养物质和微量元素,改善土壤性状,促进植物生长。本章主要通过采用不同废水灌溉量和灌溉频率恢复退化湿地技术,测定分析其对芦苇生长状况的影响和土壤改良效应等,以探索对盐碱化退化湿地较好的恢复技术。

7.1 废水灌溉量对盐碱化退化湿地土壤性质的影响

7.1.1 材料与方法

试验区位于黄河三角洲地区退化滨海盐碱湿地,沾化县县城北约 10 km 处(图 7-1)。该区域属东亚暖温带潮湿大陆季风性气候,年平均降水量约 600 mm,年蒸发量 1800 ~ 2000 mm,年平均气温 12.5℃。地下水过度开采,引起海水倒灌,致使该地区湿地土壤盐碱化加重,区域内土壤呈现出了不同的盐碱化程度。

本试验选取 15 亩重度退化滨海盐碱湿地为试验区,该区域内芦苇生长极少,为光板地,土壤表面有盐析出。该区域土壤属于滨海盐土,土体构型多有厚黏层。基本性质见表7-1。

7.1.1.1 试验设计

本试验采用处理后的造纸废水灌溉重度退化滨海盐碱湿地,造纸废水来自山东海韵生态纸业有限公司废水储存塘,该造纸厂废水处理工艺流程为原水→调节塘→厌氧塘→好氧塘→兼性塘→储存塘。储存塘废水水质见表 7-2。

对试验区域进行分区(图 7-2),2007 年 8 月开始对各小区灌溉不同量造纸废水,A、B、C、D、E、F 小区废水灌溉量分别为 105 m³、101 m³、0 m³、163.6 m³、226.8 m³、49.7 m³,相当于分别浇灌了 10 cm、10 cm(I10)、0 cm(CK)、20 cm(I20)、15 cm(I15)、5 cm(I5)深度的废水。小区间的小排盐沟(图 7-2 中的 1、2、3、4、5、6、7)

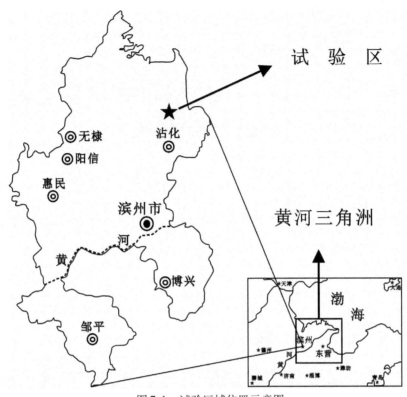

图 7-1 试验区域位置示意图

表 7-1 试验区土壤基本性质

指标	pH	水溶性总盐含量（%）	有机质含量（g/kg）	碱解氮含量（mg/kg）	速效磷含量（mg/kg）	速效钾含量（mg/kg）
数值	7.89	2.30	7.79	11.36	8.09	272.9

表 7-2 储存塘废水水质情况

指标	COD（mg/L）	BOD（mg/L）	pH	TN（mg/L）	TP（mg/L）	矿化度（mg/L）
数值	957	84	7.44	28.41	7.22	2080

图 7-2 野外试验设计示意图

以及两侧的主降渍沟（图 7-2 中的 8、9）用以排水。另外，各小区间都设有深埋 30 cm 的土工布做隔离，以防相互影响。试验对 A 小区进行了翻耕，比较 A、B 小区以探讨灌溉造纸废水之前翻耕与否对盐碱湿地土壤性质的影响；比较 B、C、D、E、F 小区以探讨不同量造纸废水灌溉对盐碱湿地土壤性质的影响。

7.1.1.2 测定方法

（1）土壤样品采集

采样时间分别为 2007 年 5 月、2007 年 8 月、

2007 年 11 月和 2008 年 3 月，小区土壤采样按 S 形设置 5 个采样点，每个采样点按剖面分 0 ~ 10 cm、10 ~ 20 cm、20 ~ 30 cm 三层，将每个小区 5 个采样点土样分层均匀混合，装袋密封带回实验室。一部分新鲜土壤用来测定土壤微生物指标；另一部分适当自然风干后磨碎，四分法剔除多余土样，过 2 mm 筛，装袋密封保存用以土壤指标测定。

（2）测定方法

水质指标：参照水和废水监测方法进行分析。土壤 pH：pH 计法；土壤可溶性全盐：重量法；土壤 Cl^-：$AgNO_3$ 滴定法；土壤 Na^+、Ca^{2+} 和 Mg^{2+}：原子吸收分光光度法；土壤有机质：重铬酸钾容量法；土壤碱解氮：扩散法；土壤有效磷：碳酸氢钠浸提 – 钼锑抗比色法；土壤速效钾：乙酸铵浸提 – 原子吸收分光光度法。其中，钠吸附比（SAR）的计算公式为 $SAR = \dfrac{[Na^+]}{\sqrt{0.5\,[([Ca^{2+}] + [Mg^{2-}])]}}$，$Na^+$、$Ca^{2+}$ 和 Mg^{2+} 的单位均为 mmol/L；土壤微生物量碳（MBC）采用氯仿熏蒸浸提法，土壤呼吸（SR）采用 NaOH 吸收法（Wichern et al.，2006），其中，微生物代谢商 $qCO_2 = \dfrac{SR}{MBC}$，SR 和 MBC 单位分别为 mg CO_2-C/（kg·d）和 mg/kg。土壤酶：脲酶采用苯酚钠比色法，以 mg NH_3-N/（g·d）表示；磷酸酶采用磷酸苯二钠比色法，以 mg PNP/（g·d）表示；脱氢酶采用氯化三苯四氮唑（TTC）法，以 μg TPF/（g·d）表示；过氧化氢酶采用高锰酸钾滴定法，以 ml 0.01mol/L $KMnO_4$/g 干土表示，蔗糖酶采用 3.5-二硝基水杨酸比色法，以 mg GLU/（g·d）表示。

（3）数据处理

基于 SPSS11.0 统计软件，利用单因素方差分析（ANOVA）对实验数据差异性进行显著性分析，利用最小显著差异（LSD）多重比较方法分别对不同土壤深度之间和不同造纸废水灌溉量之间的两两差异性进行比较分析。

7.1.2　翻耕和废水灌溉对土壤理化性质的影响

7.1.2.1　土壤容重

该试验退化盐碱湿地土壤板结、黏度大，土壤容重平均达 1.60 g/cm^3。试验结束后，对照样地土壤容重略有降低，但差异不显著；直接灌溉（I）和灌溉前翻耕（IP）处理容重均显著低于试验前和对照，并且 IP 显著低于 I（图7-3），表明造纸废水灌溉和翻耕均可降低土壤的容重。I 和 IP 相对试验前分别降低了 4.73% 和 8.13%。造纸废水含有大量木质素等有机物质，灌溉后被截留在土壤中，有助于土壤团聚体的形成，从而改善了土壤结构，降低了土壤容重。Khaleel 等（1981）也报道了有机物质的增加有助于降低土壤容重。翻耕可破坏土壤表层的黏质层、打破板结的结构，从而降低土壤容重。这与 Barzegar 等（2003）的研究一致，张海林等（2003）也提出耕作可降低土壤容重，且对 0 ~ 20 cm 土层影响较大，对深层影响较小。

7.1.2.2　土壤盐碱度

该试验样地土壤盐碱化程度高，土壤表面出现白色碱斑，土壤水溶性总盐含量和钠吸

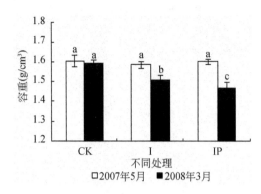

图 7-3 不同处理对土壤容重的影响

不同字母表示差异显著（$P < 0.05$），下同

附比（SAR）分别达 2.32% 和 17.09。

土壤水溶性盐离子含量受降水量、气温等因素的影响很大，降水可通过淋洗降低土壤盐分，而温度升高又会因为增加蒸发而导致土壤返盐。在自然降水、温度变化以及降渍沟的综合作用下，CK 小区在次年 3 月土壤盐分显著降低 [图 7-4（a）]，比试验前降低了26.96%。I 处理土壤盐分降低了 33.47%，但和 CK 差异不显著 [图 7-4（a）]，表明10 cm灌溉量不够大，不能显著降低土壤盐分。大量研究表明，造纸废水灌溉会累积土壤盐分（Kannan and Oblisami，1990a；Kiziloglu，2008；Kumar，2010），此研究不但没导致土壤盐分累积反而降低了盐分，这主要是由于：①本试验所用造纸废水为处理后造纸废水，矿化度为 2080 mg/L（表 7-2），相对土壤含盐量较低，灌溉后可起到洗盐的作用；②该试验小区周围修有降渍沟，可将淋洗出的盐分排出土壤，从而有效防止了土壤返盐。IP 处理土壤盐分降低了 39.2%，显著低于对照 [图 7-4（a）]，表明灌溉 10 cm 造纸废水和翻耕的综合作用可显著降低土壤盐分。翻耕改善了土壤结构，提高了渗透性能，从而有利于盐分淋洗，Sadiq 等（2007）研究也表明翻耕可降低土壤盐分。Hafele 等（1999）比较了干翻耕和湿翻耕（在土壤水分饱和条件下翻耕），表明湿翻耕可更有效地降低土壤盐分，因为湿翻耕可将更多的水溶性盐分带到土壤溶液中，更有利于盐分淋洗，本试验中 IP 处理和湿翻耕情况类似。

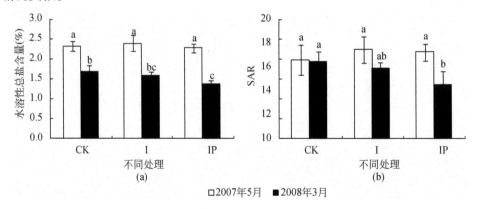

图 7-4 不同处理对土壤水溶性总盐（a）和 SAR（b）的影响

SAR 是土壤碱度的重要指示，从图 7-2（b）可知，CK 处理 SAR 在试验前后变化不显著；I 和 IP 处理 SAR 分别降低了 8.49% 和 15.60%，I 和 CK 差异不显著，IP 显著低于CK。表明和土壤盐分类似，灌溉 10 cm 造纸废水不能显著降低土壤 SAR，而灌溉 10 cm 造纸废水结合翻耕可显著降低土壤 SAR。灌溉造纸废水和翻耕使 SAR 降低主要是通过以下机制：①灌溉造纸废水和翻耕均促进了土壤 Na^+ 含量降低；②本试验样地土壤属于石灰性盐碱潮土，富含 $CaCO_3$，灌溉造纸废水和翻耕均能促进土壤中 CO_2 分压的增加，从而溶解 $CaCO_3$ 产生大量 Ca^{2+}，最终促进土壤 $Na^+ - Ca^{2+}$ 的交换吸附。Sadiq 等（2007）和 Hafele 等（1999）的研究也表明灌溉及翻耕能改善土壤碱度。

7.1.2.3　土壤养分

本试验退化盐碱湿地土壤养分（钾除外）偏低，有机质平均含量为 8.41 g/kg、碱解氮含量平均为 13.16 mg/kg、速效磷含量平均为 8.29 mg/kg、速效钾含量平均为 288 mg/kg。

（1）土壤有机质

从表 7-3 可以看出，翌年 3 月，CK、I 和 IP 样地土壤有机质分别提高了 66.0%、76.9% 和 72.0%。CK 有机质显著提高，这是由于 CK 样地在降水和降渍沟的作用下土壤盐分大幅度降低，试验过程中原本无植物的样地生长了少量芦苇，芦苇枯萎物提高了 CK 样地中有机质的含量。由此可知，盐分的降低是该退化盐碱湿地恢复的关键。I 和 IP 土壤有机质含量提高程度明显高于对照，这是由于造纸废水中含有大量以植物纤维和木质素为主的有机物质，灌溉后被土壤吸附，提高了土壤有机质含量。翻耕有利于增加土壤的渗透性，但较快的渗透速率在一定程度上会导致土壤和灌溉用水中的有机物质流失，所以，IP 有机质含量低于 I，与 Lal（1997）及孙国锋等（2010）的研究一致。

表 7-3　不同处理对土壤养分的影响

土壤养分	2007 年 5 月			2008 年 3 月		
	CK	I	IP	CK	I	IP
有机质含量（g/kg）	8.55 ± 0.47	8.31 ± 0.19	8.37 ± 0.23	14.19 ± 0.36	14.70 ± 0.75	14.39 ± 0.52
碱解氮含量（mg/kg）	13.11 ± 0.28	13.48 ± 0.52	12.89 ± 0.13	22.67 ± 0.71	38.21 ± 0.66	41.37 ± 0.68
速效磷含量（mg/kg）	8.02 ± 0.35	8.50 ± 0.17	8.36 ± 0.17	7.28 ± 0.28	8.87 ± 0.35	8.99 ± 0.34
速效钾含量（mg/kg）	287 ± 12	291 ± 13	285 ± 17	349 ± 13	339 ± 14	358 ± 17

注：数据为平均值 ± 标准偏差（$n = 3$）

（2）土壤碱解氮

试验结束后，各小区土壤碱解氮含量均大幅度升高，分别提高了 72.9%（CK），183.5%（I）和 220.9%（IP）。表明灌溉造纸废水和翻耕均可提高土壤碱解氮含量。碱解氮含量的提高一方面是由于有机质的增加提供了矿化基质；另一方面是由于造纸废水氮含量丰富（表 7-2）。IP 含量明显高于 I，表明在土壤不缺乏有机氮的条件下，翻耕可提高碱解氮的含量，因为翻耕可改善土壤的通透性，提高 O_2 的含量，从而加强了有机氮的矿化。

（3）土壤速效磷

与碱解氮不同，CK 土壤速效磷含量较试验前降低，这可能是受自然因素的影响，冬季温度的降低减少了有机磷的矿化。I 和 IP 速效磷含量没有降低，反而有所升高，表明造纸废水灌溉和翻耕可以提高土壤速效磷含量。提高机理和碱解氮类似，一方面来自造纸废水中丰富的磷含量（表7-2），另一方面来自有机质的矿化；翻耕同样能提高有机磷的矿化。

（4）土壤速效钾

I 和 IP 与 CK 间土壤速效钾差异不明显，表明灌溉造纸废水和翻耕均没有提高土壤速效钾含量，这是因为该退化盐碱湿地土壤速效钾本底含量很高，灌溉和翻耕作用不明显。但各小区土壤速效钾含量比试验前有较大幅度提高，这是由融冻效应引起的，因为融冻效应可提高土壤钾的有效性（Sjursen et al.，2005）。

7.1.2.4　土壤微生物性质

微生物量碳是反映土壤微生物数量的重要指标。从表 7-4 可以看出，CK、I 和 IP 处理微生物量碳分别增加了 222%、327% 和 543%。CK 处理微生物量的增加一方面是由于土壤盐分的降低，减少了对微生物的胁迫；另一方面是植物残留物提供了代谢基质，促进微生物的繁殖。三个处理间显著差异表明，I 和 IP 处理微生物量的增加除了盐分降低和植物残留物的因素外，造纸废水灌溉和翻耕也能提高土壤微生物量。造纸废水灌溉提高土壤微生物量碳的机制在第 6 章中已做讨论。其他研究也表明造纸废水灌溉可提高土壤微生物量碳（Kannan and Oblisami，1990a；Sebastian et al.，2009）。翻耕虽会增加土壤蒸发，但也可改善土壤结构、增强土壤通透性、降低土壤盐碱度，这些因素的综合作用可以提高土壤微生物量。

表 7-4　不同处理对土壤微生物性质的影响

土壤微生物性质	2007 年 5 月			2008 年 3 月		
	CK	I	IP	CK	I	IP
土壤呼吸 ［$mgCO_2/(kg \cdot d)$］	166 ± 3	174 ± 7	166 ± 7	511 ± 16	725 ± 15	808 ± 24
微生物量碳（mg/kg）	30.5 ± 1.0	30.2 ± 1.1	30.0 ± 1.9	98.4 ± 8.3	129.1 ± 9.3	165.3 ± 9.5
qCO_2（1/d）	1.49 ± 0.03	1.57 ± 0.07	1.52 ± 0.07	1.42 ± 0.11	1.54 ± 0.09	1.33 ± 0.05

注：数据为平均值 ± 标准偏差（$n = 3$）

土壤呼吸是表示土壤微生物活性的重要指标。CK、I 和 IP 处理，土壤呼吸分别提高了 208%、316%、386%。I 显著高于 CK，且 IP 显著高于 I，表明造纸废水灌溉和翻耕均可提高土壤呼吸。灌溉影响土壤呼吸的途径：①土壤微生物量的提高；②和降水类似，灌溉增加了土壤水分含量，促进了微生物的活性，从而加大呼吸量，Li 等（2008）的研究也表明降水后土壤呼吸强度增大；③灌溉后，造纸废水占据了土壤中空气的位置，将 CO_2 排出土壤（汤亿，2009）。翻耕可以提高土壤呼吸也是由多方面因素引起的：①土壤微生物量的提高；②翻耕可破坏土壤团粒结构，使其中的 CO_2 释放；③翻耕使不同深度的土壤暴露在空气中，加速了有机质的氧化以 CO_2 的形式释放出来。Lascale 等（2006）的研究表明，翻耕土壤呼吸是非翻耕土壤呼吸的数倍。

本试验前的高 qCO_2 反映了该退化盐碱湿地高盐碱度和低营养的特性。CK 处理使 qCO_2 降低，进一步证实了降渍沟的排盐碱作用。IP 比 I 处理的 qCO_2 低也验证了在灌溉造纸废水前翻耕可以更有效地降低土壤盐碱度，提高土壤营养水平。

7.1.2.5　土壤酶活性

土壤酶是土壤中的生物催化剂，是具有加速土壤生化反应速率的蛋白质，它催化土壤中的一切生物化学反应，在土壤生态系统的物质循环和能量转化中起着非常重要的作用，其活性大小是土壤肥力的重要标志。图7-5展示了造纸废水灌溉和翻耕对土壤脲酶、磷酸酶和脱氢酶活性的影响。

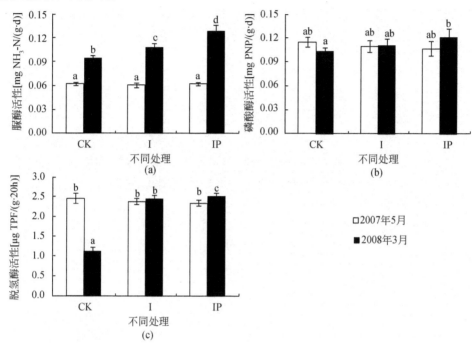

图7-5　不同处理对土壤脲酶（a）、磷酸酶（b）和脱氢酶（c）活性的影响

所有处理土壤脲酶活性都显著提高［图7-5(a)］，分别提高了53.1%（CK）、79.7%（I）和107.0%（IP），表明灌溉造纸废水和翻耕可以显著提高脲酶活性。CK处理磷酸酶［图7-5(b)］和脱氢酶［图7-5(c)］活性均较试验前降低，与CK相比，灌溉造纸废水和翻耕后，磷酸酶活性有所提高，I不显著，IP达到显著水平，表明灌溉造纸废水和翻耕的综合作用才能显著提高磷酸酶活性；I和IP处理脱氢酶活性均得到了显著提高，表明灌溉造纸废水和翻耕均可显著提高脱氢酶活性。

土壤酶活性的提高受土壤水、气、热、营养以及盐碱程度等多种因素的影响。CK土壤脲酶活性升高是由于后期样地有少量植物生长，冬季植物枯死之后残留物为脲酶提供了反应基质；而CK土壤磷酸酶和脱氢酶活性降低表明这两种酶活性受气候的影响较大。灌溉造纸废水和翻耕改善了退化盐碱湿地土壤水、气、热条件，减轻了盐碱化程度并提高了土壤的营养水平，改善了土壤微生物生长和繁殖的环境并促进了微生物的增长，从而分泌出更多的土壤酶；同时灌溉造纸废水为酶的代谢反应提供了大量的反应基质，促进了酶活性的提高。Yan和Pan（2010）、Kannan和Oblisami（1990b）的研究也表明了灌溉造纸废水可提高土壤酶活性。与本研究不同的是，有研究报道翻耕对土壤酶活性有不利影响（杨招弟等，2008；高明等，2004），这主要是由于翻耕次数过于频繁或翻耕深度太深所导致的；另外，本研究的退化湿地土壤属于盐碱土壤，相对其他不利因素而言，盐碱胁迫是最主要的胁迫因子，因此，土壤盐碱程度的降低可明显提高土壤酶活性。孙启祥等（2006）的研究也表明翻耕能提高盐渍土壤酶的活性。

7.1.3 废水灌溉量对土壤理化性质的影响

土壤理化性质是表征土壤状况的重要指标，本研究以土壤 pH、土壤水溶性盐分、土壤养分（包括有机质、碱解氮、速效磷和速效钾）等指标为表征，探讨不同废水灌溉量对土壤理化性质的影响（马欣等，2010）。

7.1.3.1 土壤 pH

造纸废水呈微碱性，pH 为 7.44，灌溉后使土壤 pH 略有升高（图 7-6）。各试验小区 pH 本底值基本相同，为 7.8~8.0，灌溉造纸废水后变化趋势基本一致，均在 2007 年 8 月 pH 上升到最大值，后来出现下降趋势，但到 2008 年 3 月仍比本底值稍高。各处理和对照组（灌溉 0 cm）相比，除灌溉 10 cm 在 2007 年 11 月 pH 比对照稍低外，其余均比对照高，说明灌溉呈微碱性的造纸废水有使土壤 pH 升高的趋势，但不同量造纸废水灌溉对土壤 pH 的影响没有表现出显著差异。造纸废水 pH 虽然比试验区土壤本底值稍低，但灌溉后土壤 pH 有所升高，一方面是由于废水中的碱性物质被土壤胶体吸附、累积；另一方面灌水脱盐导致土壤可溶性 Ca^{2+} 的淋失，受溶度积支配的 $CaCO_3$ 部分溶解，提高了溶液中 HCO_3^- 含量，从而引起土壤 pH 的升高（陈巍等，2000）。

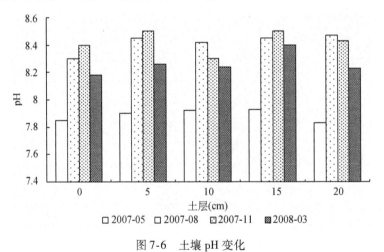

图 7-6 土壤 pH 变化

7.1.3.2 土壤水溶性总盐

（1）土壤水溶性总盐、Na^+、Cl^- 含量的动态变化

从图 7-7（a）可以看出，试验土壤水溶性总盐本底含量达到 2.30%，为重度盐渍化土壤。2007 年 8 月灌溉造纸废水后，在造纸废水的冲洗作用下所有处理水溶性总盐含量均迅速降低，由于 8 月正逢雨季，对照组水溶性总盐含量也大幅度降低，但除灌溉 5 cm 外，其余处理降低量均高于对照，灌溉 20 cm 处理水溶性总盐含量降低至 0.81%，比对照降低了 37.05%；秋冬季节，降水减少，土壤返盐，2007 年 11 月和 2008 年 3 月各处理水溶性总盐含量均上升，但仍明显低于本底水平，这是因为部分盐分通过降渍沟和排碱沟排出样地，使整体水溶性总盐含量降低。

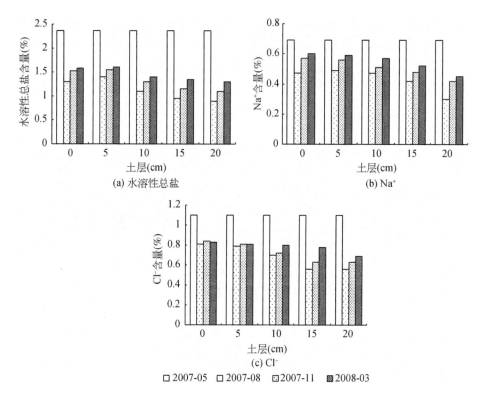

图 7-7　土壤中水溶性总盐、Na^+、Cl^- 含量的动态变化

Na^+ 和 Cl^- 的变化趋势和水溶性总盐一致，均是在 2007 年 8 月降到最低且灌溉 20 cm 处理降低幅度最大，分别降低到 0.30%、0.50%，比对照降低了 38.03%、37.90%；之后有所回升，但相对本底值仍有较大幅度降低，如图 7-7（b）、（c）所示。

（2）不同深度土壤盐分去除效果

灌溉造纸废水后，不同深度土壤水溶性总盐含量均迅速降低，图 7-8 为 2007 年 8 月灌溉废水后不同深度土壤相对土壤本底值的脱盐率、脱钠率和脱氯率。

结果表明，除灌溉造纸废水 5 cm 外，其余处理各层脱盐率均比对照高，说明造纸废水灌溉起到了压盐的作用。其中，上层土壤脱盐率，灌溉 10 cm、15 cm、20 cm 均显著高于对照，且灌溉 20 cm 显著高于 10 cm 处理；中层土壤脱盐率，灌溉 10 cm、15 cm、20 cm 均显著高于对照，但随着灌溉量的增加没有表现出显著差异；下层土壤脱盐率，只有灌溉 15 cm 和 20 cm 显著高于对照。从结果中还可看出，各处理上层土壤脱盐率均比中下层土壤高，一方面是因为表层土壤孔隙度比较大，盐分相对中、下层可以较容易地被淋溶；另一方面土壤在返盐的作用下使盐分聚集在表层，形成土壤上、中、下层可溶性盐依次减少的空间分布规律，张蕾娜等（2001）研究也表明土壤含盐量越高，脱盐率越大。

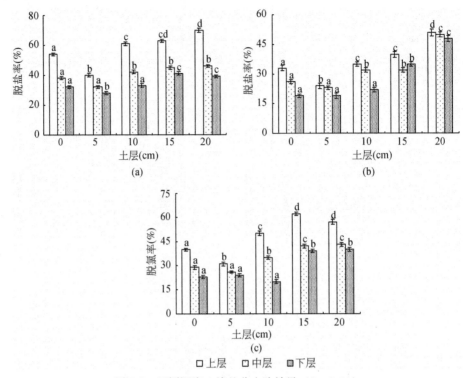

图 7-8　不同深度土壤盐分去除效果（$P < 0.01$）

　　脱钠率、脱氯率总体变化规律和脱盐率一致，即各处理上层土壤脱钠率、脱氯率均比中、下层土壤高，但各处理间具体差异显著性有所差异，如图 7-8（b）、（c）所示。

7.1.3.3　土壤养分

　　表 7-5 为土壤养分含量分级标准。从表 7-6 中 2007 年 5 月数据可知土壤各养分本底情况：有机质为 7.059 ~ 8.552 g/kg、碱解氮为 9.207 ~ 13.41 mg/kg、速效磷为 7.646 ~ 8.499 mg/kg、速效钾为 252.9 ~ 291.2 mg/kg。结合表 7-5 中土壤养分含量分级标准得出：此试验区在灌溉造纸废水前土壤有机质处于第 5 级（缺乏）水平、碱解氮处于第 6 级（极缺）水平、速效磷处于第 4 级（较缺）水平、速效钾处于第 1 级（丰富）水平。可见，此试验区除土壤速效钾含量很丰富外，其余养分含量均低于正常土壤水平，这与该试验区土壤质地以及退化程度有关。

表 7-5　土壤养分含量分级标准

级别	有机质（g/kg）	碱解氮（mg/kg）	有效磷（mg/kg）	速效钾（mg/kg）
1. 丰富	>40	>150	>40	>200
2. 较丰富	30 ~ 40	120 ~ 150	20 ~ 40	150 ~ 200
3. 中等	25 ~ 20	90 ~ 120	10 ~ 20	100 ~ 150
4. 较缺	10 ~ 20	60 ~ 90	5 ~ 10	50 ~ 100
5. 缺乏	6 ~ 10	30 ~ 60	3 ~ 5	30 ~ 50
6. 极缺	<6	<30	<3	<30

注：引自《第二次全国土壤普查技术规程》

表 7-6 不同量造纸废水灌溉对土壤养分的影响及差异显著性分析

指标	不同灌溉量（cm）	时间				后三次平均相对本底值增加率（%）	F 值
		2007.05	2007.08	2007.11	2008.03		
有机质（g/kg）	0	8.552	9.724	16.52	14.19	57.57a	72.08
	5	7.873	9.273	16.87	14.30	71.25 b	
	10	8.309	11.85	18.95	13.70	78.55 bc	
	15	7.162	8.546	17.38	14.59	88.55 cd	
	20	7.059	8.967	16.29	14.78	89.02 d	
碱解氮（mg/kg）	0	13.11	14.66	27.86	22.67	65.72 a	94.37
	5	11.27	13.62	27.94	24.65	95.82 b	
	10	13.48	17.42	42.01	38.21	141.5 cd	
	15	9.723	13.24	28.72	26.06	133.2 c	
	20	9.207	15.28	29.36	29.08	166.9 d	
速效磷（mg/kg）	0	8.020	8.854	7.996	7.281	0.305 a	87.39
	5	8.282	9.325	8.730	7.134	1.389 a	
	10	8.499	10.82	7.661	8.873	7.266 b	
	15	8.015	9.846	7.900	8.752	10.19 b	
	20	7.646	8.285	9.383	9.532	18.58 c	
速效钾（mg/kg）	0	287.3	276.4	266.0	349.4	3.479 a	1.519
	5	271.4	245.5	273.1	325.7	3.681 a	
	10	291.2	272.2	294.5	339.4	3.710 a	
	15	252.9	238.5	246.5	303.7	3.952 a	
	20	261.7	249.8	258.0	309.3	4.059 a	

注：不同字母表示差异显著（P<0.05）

（1）土壤有机质

表 7-6 结果表明，对照组土壤有机质含量的变化情况反映了该地区土壤有机质的季节性变化规律：2007 年 5 月到 2008 年 3 月先升高后降低，在 2007 年 11 月达到最大值。其余处理有机质含量随时间变化规律和对照一致，均在秋季达到最大值。土壤有机质含量的增加主要通过植物和微生物作用完成（Walker and Lin, 2008），本试验样地为光板地，没有植物生长，所以主要通过微生物作用。理论上，由于夏季土壤微生物数量较多，有机质含量应高于秋季，但本试验则表现出秋季高于夏季，这可能与该地区"夏季多雨、秋季少雨"的气候条件有关，部分有机质被雨水淋洗流失，造成夏季有机质含量反而较低。

与对照组有机质增加率（57.57%）相比，各处理均显著高于对照，表明灌溉造纸废水可以增加土壤有机质含量，这是因为以草浆为原料的造纸废水含有大量以植物纤维、木质素为主的有机物质，灌溉后被土壤吸附累积。在本试验范围内，随着造纸废水灌溉量的增加表现出显著性差异（F = 72.08，P < 0.001），灌溉量越大，土壤有机质增加越多，除

了相邻处理间没有达到显著差异外，其余两两处理间均差异显著。

（2）土壤碱解氮

土壤碱解氮含量的季节性变化规律和有机质一致：2007年5月到2008年3月先升高后降低，在2007年11月达到最大值。

各处理碱解氮含量增加率均显著高于对照，表明灌溉造纸废水可以增加碱解氮含量，土壤碱解氮一方面直接来源于含氮较丰富的造纸废水，另一方面来源于有机质的矿化和全氮的转化。土壤有机质的增加为微生物提供大量的碳源，促进了微生物的生长，增加了酶的活性，从而有助于有机质的矿化，增加各种速效养分的含量，同时脲酶活性的增加也促进更多全氮转化为碱解氮（Piotrowska et al.，2006）。在本试验范围内，碱解氮含量随造纸废水灌溉量的增加表现出显著性差异（$F = 94.37$，$P < 0.001$），除了灌溉15 cm比灌溉10 cm碱解氮增加率低外，其余处理碱解氮含量增加率均随灌溉量的增加而增加，且两两间差异显著。碱解氮含量受造纸废水灌溉量、土壤微生物数量、酶活性等多种因素影响，灌溉15 cm比10 cm碱解氮增加率低，可能主要是因为灌溉15 cm土壤微生物数量（1.2×10^4 个/g干土）比灌溉10 cm土壤微生物数量（1.5×10^4 个/g干土）少，有机质矿化和全氮转化程度较低。虽然灌溉20 cm土壤微生物数量（1.3×10^4 个/g干土）也比灌溉10 cm少，但废水量增加幅度较大，综合作用之下，灌溉20 cm土壤碱解氮含量比10 cm多。

（3）土壤速效磷

对照组土壤速效磷含量动态变化表现出先增加后降低的季节性变化规律，在2007年8月达到最大值，各灌水处理与对照组有类似的动态变化趋势，但不尽相同。2007年11月和2008年3月速效磷含量降低与这段时间有机质含量升高有关，土壤有机质产生的羟基、羧基和酚羟基等可与磷竞争吸附位点，从而减少磷的吸附（方塑等，2008）。

除灌溉5 cm外，其余处理土壤速效磷含量增加率均高于对照，表明灌溉造纸废水可以增加土壤速效磷含量，其增加原因与碱解氮相似，一方面来自造纸废水中的磷，另一方面来自有机质的矿化和全磷的转化。在本试验范围内，速效磷增加率随灌溉量增加表现出显著性差异（$F = 87.39$，$P < 0.001$），且随灌溉量的增加而增大，除灌溉10 cm和灌溉15 cm两处理间差异不显著外，其余各处理间均两两差异显著。

（4）土壤速效钾

土壤速效钾含量季节动态变化规律为先降低后升高，在2008年3月达到最大值。所有处理2007年5月、2007年8月和2007年11月三次速效钾含量波动不大，2008年3月突增，原因有待于进一步研究。

和对照相比，各灌溉处理速效钾含量增加率略有增加，但没有表现出显著性差异，表明灌溉造纸废水没有使土壤速效钾含量显著增加，这是因为该试验区土壤速效钾本底含量很高，而造纸废水中钾含量相对较低。

7.1.3.4　与未灌溉区土壤化学性质比较

在试验样地附近选取一块未灌溉造纸废水的盐碱湿地，测定该湿地土壤各项化学指标，见表7-7。

表 7-7　芦苇湿地土壤基本性质

指标	pH	水溶性总盐含量（%）	有机质含量（g/kg）	碱解氮含量（mg/kg）	速效磷含量（mg/kg）	速效钾含量（mg/kg）
数值	8.23	1.43	9.03	25.86	7.65	281.8

比较可知：灌溉后土壤 pH 为 8.19~8.39，虽有些处理土壤 pH 略高于该芦苇湿地，但也都在芦苇能正常生长的范围内（吴玉辉等，2004）；灌溉 15 cm 和 20 cm 造纸废水后水溶性总盐含量分别为 1.41%、1.36%，均低于该芦苇湿地水溶性总盐含量；各灌溉处理有机质含量均高于该芦苇湿地有机质含量；灌溉 10 cm、15 cm 和 20 cm 造纸废水后碱解氮含量高于该芦苇湿地碱解氮含量；灌溉 10 cm、15 cm 和 20 cm 造纸废水后速效磷含量高于该芦苇湿地速效磷含量；各灌溉处理速效钾含量均高于该芦苇湿地速效钾含量。

7.1.4　废水灌溉量对土壤生物学性质的影响

7.1.4.1　土壤细菌、真菌、放线菌

土壤微生物是土壤中有生命的组分，对土壤环境各种变化极为敏感，能充分反映土壤生态功能的变化。细菌、真菌和放线菌是土壤中的三大类微生物，其中细菌参与腐殖质的形成，促进营养物质的转化；真菌和放线菌有许多能分解纤维素、木质素和果胶等，对自然界物质循环起重要作用，真菌菌丝的积累，能使土壤的物理结构得到改善。

（1）不同处理表层土壤细菌、真菌、放线菌随时间的变化

从图 7-9 可以看出，不同灌水深度，细菌的变化趋势与对照相似，均是 8 月数量迅速增加，为 9.79×10^3~1.24×10^4 个/g 干土，而后 11 月降低，为 1.24×10^3~4.92×10^3 个/g干土，第二年 3 月又有所回升，为 2.39×10^3~1.20×10^4 个/g 干土。这说明季节变化对细菌的数量影响很大，且夏季细菌的数量最多，春秋冬季相对较低。

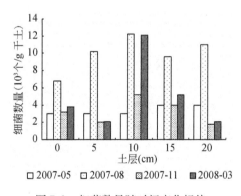

图 7-9　细菌数量随时间变化规律

2007 年 8 月、2007 年 11 月、2008 年 3 月 10 cm 灌水深度细菌数量为同期最多，其中 2007 年 8 月数量最多，达到了 1.24×10^4 个/g 干土。

从图 7-10 可以看出，不同的灌水深度真菌的变化趋势与对照相同。均是 2007 年 8 月

数量迅速增加，为 25.5 ~ 49.0 个/g 干土，11 月急剧下降，2008 年 3 月与 2007 年 5 月和 11 月处于同一水平，为 12.0 ~ 16.2 个/g 干土。说明夏季真菌的数量达到高峰，春秋冬季较低。2007 年 8 月、2007 年 11 月、2008 年 3 月各灌水深度真菌数量均高于同期对照，且 10 cm 灌水深度在各月份中处于最大值，其中 2007 年 8 月数量最多，达到 49.0 个/g 干土。

从图 7-11 可以看出，不同灌水深度放线菌的变化均是 2007 年 5 月数量最多，8 月降低，11 月降到最低，第二年 3 月又有所回升。2007 年 8 月、2008 年 3 月各灌水深度放线菌数量均高于同期对照，且 10 cm 灌水深度在各月中处于最大值。

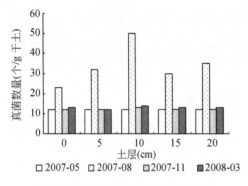

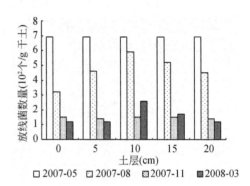

图 7-10　真菌数量随时间变化规律　　　　图 7-11　放线菌数量随时间变化规律

细菌和真菌夏季处于最高峰，春、秋、冬季较少；放线菌春季处于最高峰，夏、秋、冬季较少。温度、湿度等因素均是影响微生物数量的原因（Brown et al.，2009）。细菌和真菌的最适生长温度分别为 28 ~ 30℃和 25 ~ 28℃，进入 2007 年 8 月温度适宜，降水丰富，因而有利于细菌和真菌的繁殖，而放线菌喜耐干环境，8 月因雨水的胁迫，受到抑制。

10 cm 深度处理，细菌数量在 2008 年 3 月急剧增加；真菌数量在灌溉初期明显增加，10 cm 处理最明显，随着时间的推移又趋于初始水平，放线菌与真菌规律相似。这是由于造纸废水含有大量难降解的木质素、纤维素，而真菌和放线菌具有强大的酶系统，能促进纤维素、木质素、果胶的分解（Potthoff et al.，2006）。因此，灌溉初期，真菌发挥很大的作用，当难降解的有机物被降解为小分子，才可被细菌利用，因而表现出上述规律。

（2）不同处理不同土层细菌、真菌、放线菌的变化

从图 7-12 可以看出，各灌水深度细菌、真菌、放线菌数量上层大于中层；上层细菌数量各灌水深度显著高于对照，10 cm 灌水达到最大值；中层 5 cm、15 cm、20 cm 显著高于对照。真菌上层 5 cm、10 cm 灌水深度显著高于对照，其中 10 cm 灌水深度达到最大值；中层 10 cm、15 cm、20 cm 灌水深度显著高于对照，其中 20 cm 灌水深度达到最大值。放线菌上中层 10 cm 灌水深度显著高于对照，由此可以看出，10 cm 灌水深度对上层土壤微生物有很大的促进作用。

灌溉废水可增加表层微生物的数量，这与 Palese 等（2009）报道的结果相似。这主要是由于土壤微生物与有机质有很密切的关系，土壤中绝大部分微生物属腐生性和兼腐生性，土壤中有机物是微生物生长的碳源和能源。土壤有机质的增加主要缘于废水中大量的有机物和营养物质。本试验表层有机质含量最高，表（上）层为 18.27 g/kg、中层为

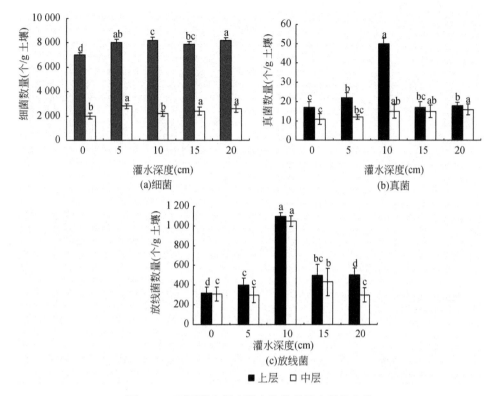

图 7-12　不同灌水深度微生物数量随土层的变化

14. 77 g/kg、下层为 9. 07 g/kg。

7.1.4.2　土壤呼吸强度

土壤呼吸作为土壤质量和肥力的重要生物学指标，在一定程度上反映了土壤养分转化和供应能力，表征着土壤的生物学特性和物质代谢强度（谢艳宾等，2006）。在生态恢复过程中，植被的变化通过吸收养分和归还有机物等影响着土壤的物理、化学和生物学性质，土壤微生物呼吸随之变化，指示着系统恢复中土壤质量的演变过程。

（1）不同处理土壤呼吸强度与时间的变化关系

从图 7-13 可以看出，土壤呼吸强度均是 2007 年 8 月有所升高，11 月下降，而后第二年 3 月又有所升高。这种变化规律与细菌很相似，说明土壤呼吸强度能够很好反映微生物的活性。其中 10 cm 灌水深度在 8 月和 2008 年 3 月土壤呼吸强度较高，2008 年 3 月强度最大，达到466. 2 ml CO_2/kg。

（2）不同处理不同土层土壤呼吸强度的变化

从图 7-14 可以看出，各灌水深度土壤上、中、下层呼吸强度依次递减，说明土壤呼吸强度主要发生在表层，各灌水深度上层呼吸强度显著高于对照，其中 10 cm 灌水深度呼吸最强；中层呼吸强度变化与上层相似。

土壤呼吸主要发生在表层且 10 cm 灌水深度呼吸最强。而试验中有机质也为上层最多，达 18. 27 g/kg，这为土壤呼吸提供了充足的基质。土壤呼吸季节变化与细菌相似，这说明土壤呼吸能够很好地表征微生物的活性。

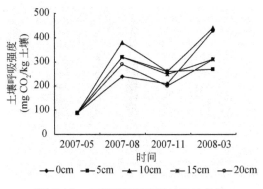

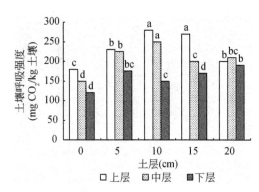

图 7-13 土壤呼吸强度随时间的变化　　　　图 7-14 不同灌水深度土壤呼吸强度随土层的变化

7.1.4.3 土壤微生物生物量碳

土壤微生物生物量是指土壤中体积小于 $5 \times 10^3\ \mu m^3$，具有生命活动的有机物质总量，是土壤物质和能量循环转化的动力，是表征土壤肥力特征的重要参数之一。微生物生物量碳、氮、磷被认为是土壤活性养分的储存库，是植物生长可利用养分的重要来源。此外，微生物生物量周转周期短，能灵敏地反映环境因子、土地经营模式和生态功能的变化，因而，土壤微生物量可作为评价土壤质量的重要指标之一。

由图 7-15 可以看出，土壤上、中、下层微生物生物量碳依次增加，上层为 245.18 ~ 630.44 mg/kg、中层为 71.12 ~ 277.37 mg/kg、下层为 34.36 ~ 176.75 g/kg。微生物生物量碳随灌水深度的增加而增加。

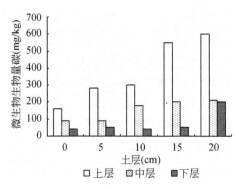

图 7-15 不同灌水深度土壤微生物量碳随土层的变化

土壤微生物量碳上、中、下层依次递减，这与 Zhang 等（2008）研究结果一致。Zhang 等（2008）研究认为，土壤微生物量占土壤有机碳的 0.32% ~ 1.69%，集中分布在 0 ~ 20 cm 表层。土壤微生物量碳随灌水深度的增加而增加。有文献研究表明，废水灌溉可在一定程度上提高土壤微生物量碳。这可能是由于废水中含有丰富的营养元素，有利于好氧微生物的生存，从而增加了碳的转化。

7.1.4.4　土壤酶活性

造纸废水灌溉后，分别测定了过氧化氢酶、脱氢酶、脲酶、蔗糖酶和磷酸酶5种酶活性在不同土层以及时间的活性。

（1）土壤脲酶

造纸废水富含氮素（表7-2），灌溉带来的大量有机氮为土壤脲酶提供了充分的反应基质，从而提高了脲酶活性。从图7-16（b）可以看出，在灌溉造纸废水之前（5月）各块小区脲酶活性表现出显著性差异，表明该试验区域土壤脲酶活性不均。土壤脲酶活性在本试验区域的空间分布规律为10～20 cm＞0～10 cm＞20～30 cm［图7-16(a)］。大量研究报道，土壤脲酶活性和总氮含量相关，但本试验中脲酶和土壤总氮含量却表现出不同的空间分布情况，总氮含量在不同土层中分布情况为0～10 cm（0.62 g/kg）＞10～20 cm（0.52g/kg）＞20～30 cm（0.41 g/kg）。这主要是由土壤盐分引起的，土壤盐分在从上到下三层土壤中的含量分别为3.3%、1.4%和1.0%，表层大量盐分抑制了土壤酶活性。造纸废水灌溉提高了土壤脲酶的活性，但对不同土层的提高程度不同。I5～I20各处理平均值在0～10 cm、10～20 cm和20～30 cm分别相对对照（CK）脲酶活性提高了79.5%、37.1%和50.1%，表明灌溉对表层土壤的提高率最大。这是因为造纸废水灌溉后土壤表层相对中下层累积了更多的有机氮。差异显著性分析表明，不同量造纸废水灌溉对各土层酶活性的提高程度也不同，0～10 cm和10～20 cm土层各灌溉处理脲酶活性均显著高于CK，而20～30 cm土层只有I20显著高于CK，表明只有高灌溉量才能提高深层土壤脲酶活性。

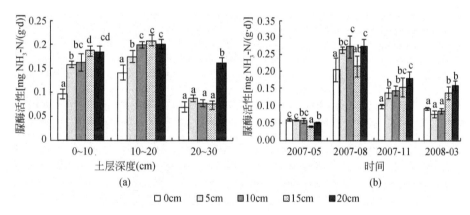

图7-16　不同量造纸废水灌溉下不同土层深度（a）和不同时间（b）脲酶活性的变化

不同字母表示不同处理在同一土层深度或同一时间差异显著（$P<0.05$）

在季节性因素和灌溉的共同作用下，各小区灌溉翌年3月脲酶活性与灌溉前相比均增加，分别提高了53%（CK）、28.2%（I5）、46.4%（I10）、232.0%（I15）以及200.6%（I20），I15和I20的提高率远大于CK，表明灌溉15 cm和20 cm造纸废水可以显著提高土壤酶脲活性。

（2）土壤磷酸酶

土壤磷酸酶活性在不同土层的分布规律表现为0～10 cm＞10～20 cm＞20～30 cm［图7-17(a)］，与土壤总磷分布一致，表明和脲酶相比磷酸酶活性受土壤盐分的抑制作用较小。I5～I20 各处理磷酸酶活性平均值在 0～10 cm、10～20 cm 和 20～30 cm 土层分别相对 CK 提高了 42.0%、5.5% 和 17.7%，表明灌溉造纸废水主要提高了表层土壤的磷酸酶活性，这是由于造纸废水富含磷素（表 7-2），灌溉在土壤表层累积了大量磷酸酶的反应基质有机磷。差异显著性分析进一步证实了此结果，不同量灌溉均显著提高了 0～10 cm 土层磷酸酶活性，而 10～20 cm 土层各灌溉处理磷酸酶活性均不显著高于 CK，20～30 cm 土层只有 I10 和 I20 显著高于 CK。

从图 7-17(b) 可以看出此试验样地各小区土壤磷酸酶分布均匀，各小区间差异不显著。磷酸酶活性随时间变化没有脲酶明显，最高活性也是在 8 月。灌溉造纸废水后在 2008 年 3 月，只有 I20 磷酸酶活性显著高于 CK，比 CK 高 30.9%，表明只有灌溉 0.20 m^3/m^2 的造纸废水显著提高了磷酸酶的活性。

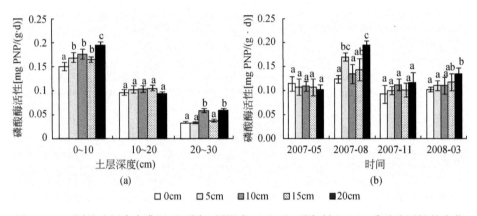

图 7-17 不同量造纸废水灌溉下不同土层深度（a）和不同时间（b）磷酸酶活性的变化
不同字母表示不同处理在同一土层深度或同一时间差异显著（$P < 0.05$）

（3）土壤蔗糖酶

土壤蔗糖酶活性也表现出 0～10 cm > 10～20 cm > 20～30 cm 的空间分布规律［图 7-18（a）］。造纸废水灌溉主要提高了 0～10 cm 和 20～30 cm 土层的蔗糖酶活性，I5～I20 各处理蔗糖酶活性平均值分别相对 CK 提高了 58.7% 和 58.0%，且不同灌溉量均显著高于 CK；0.10～0.20 m^3/m^2 土层蔗糖酶活性提高了 16.6%，仅 I20 显著高于 CK。所有处理土壤蔗糖酶活性在 4 次采样时间均表现出两两显著差异（$P < 0.05$），表明蔗糖酶活性随季节性变化非常明显，波动很大［图 7-18（b）］。2008 年 3 月蔗糖酶活性和灌溉前相比分别提高了 83.2%（CK）、123.5%（I5）、152.4%（I10）、205.1%（I15）及 194.8%（I20）。不同灌溉量处理蔗糖酶活性提高率均明显高于 CK，表明造纸废水灌溉可显著提高土壤蔗糖酶活性并且在 0～0.15 m^3/m^2 灌溉量随灌溉量的增加而增加；0.20 m^3/m^2 灌溉量对蔗糖酶活性的提高率反而低于 0.15 m^3/m^2，可能是由于较高量造纸废水灌溉所带来的污染物对蔗糖酶有一定的抑制作用，但抑制作用不显著。

（4）土壤脱氢酶

土壤脱氢酶活性同样表现出 0～10 cm > 10～20 cm > 20～30 cm 的空间分布规律［图 7-19（a）］。与蔗糖酶类似，造纸废水灌溉主要提高了 0～10 cm 和 20～30 cm 土层脱氢酶活性，I5～I20 各处理脱氧酶活性平均值分别相对 CK 提高了 44.7% 和 39.4%，而 10～

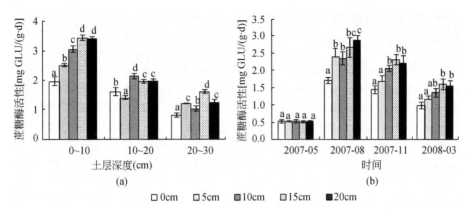

图 7-18 不同量造纸废水灌溉下不同土层深度 (a) 和不同时间 (b) 蔗糖酶活性的变化

不同字母表示不同处理在同一土层深度或同一时间差异显著（$P < 0.05$）

20 cm 土层仅提高了 11.3%。0～10 cm 和 20～30 cm 土层不同灌溉量脱氢酶活性均显著高于 CK，10～20 cm 土层仅 I20 显著高于 CK。同时，各不同土层中 I20 脱氢酶活性均显著高于 I5、I10 及 I15，表明 I20 对各层土壤脱氢酶活性提高最显著。

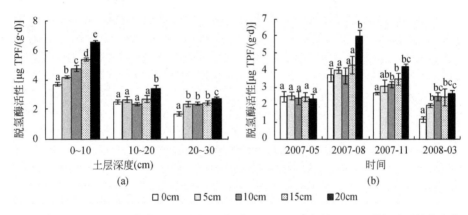

图 7-19 不同量造纸废水灌溉下不同土层深度 (a) 和不同时间 (b) 脱氢酶活性的变化

不同字母表示不同处理在同一土层深度或同一时间差异显著（$P < 0.05$）

盐渍土壤由于有毒离子以及有机质含量低导致了脱氢酶活性很低（Sethi et al.，1990），本试验样地脱氢酶活性灌溉前平均仅为 2.41 μg TPF/（g 干土·24h）。脱氢酶活性在 8 月最高，这与 8 月的高降水量有关。根据 Dick 和 Tabatabai（1992）的研究，脱氢酶活性在雨季较高，因为大部分脱氢酶是由厌氧微生物分泌，雨季土壤积水创造的厌氧环境有利于厌氧微生物的繁殖，从而分泌较多脱氢酶。2008 年 3 月和灌溉前相比，各处理土壤脱氢酶活性均没有得到显著提高，有些小区甚至较灌溉前降低，这主要是由季节性因素引起的。但不同灌溉量处理脱氢酶活性均显著高于 CK，0.05～0.20 m³/m² 灌溉量分别比 CK 高 74.0%、118.6%、115.8% 和 135.2%。表明造纸废水灌溉可以显著提高土壤脱氢酶活性并且基本随灌溉量的增加而增加，但不同灌溉量间除 0.05 m³/m² 和 0.20 m³/m² 外均差异不显著。脱氢酶主要参与有机物质降解的初级阶段，有机物质量的增加是提高脱氢酶活性的主要途径（Kaushik et al.，2005），因此高造纸废水灌溉量对土壤脱氢酶活性的提高最显著。

（5）土壤过氧化氢酶

土壤过氧化氢酶催化土壤中对植物生长有害的 H_2O_2 分解，是土壤生物化学反应过程氧化还原能力的重要指示。从图 7-20（a）可知，土壤过氧化氢酶活性在不同土层的空间分布规律和脲酶一致：10～20 cm > 0～10 cm > 20～30 cm。造纸废水灌溉对不同土层过氧化氢酶活性的提高率为 0～10 cm > 20～30 cm > 10～20 cm，I5～I20 三层各处理过氧化氢酶活性平均值分别比 CK 提高了 27.8%、21.5% 和 10.2%。0～10 cm 和 20～30 cm 土层，过氧化氢酶活性仅 I15 和 I20 显著高于 CK，而 20～30 cm 仅 I20 显著高于 CK。土壤过氧化氢酶活性和蔗糖酶活性一致，在 4 次不同采样时间均表现出两两显著差异（$P < 0.05$），随季节性变化明显［图 7-20（b）］。鲁萍等（2002）研究表明，过氧化氢酶活性受土壤水分的影响很大，本研究过氧化氢酶活性在 8 月雨季达到最高值。

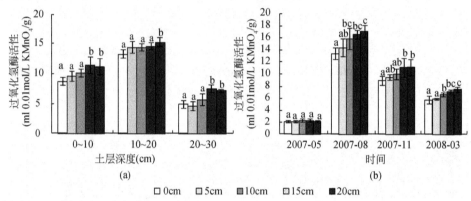

图 7-20　不同量造纸废水灌溉下不同土层深度（a）和不同时间（b）过氧化氢酶活性的变化
不同字母表示不同处理在同一土层深度或同一时间差异显著（$P < 0.05$）

2008 年 3 月和灌溉前相比，过氧化氢酶活性分别提高了 167.7%（CK）、174.9%（I5）、186.8%（I10）、205.4%（I15）和 247.2%（I20），I10、I15 和 I20 三个处理过氧化氢酶活性显著高于 CK，表明一定量造纸废水灌溉可以提高土壤过氧化氢酶酶活性。造纸废水灌溉给土壤输入了一定量的有毒物质，对土壤过氧化氢酶有一定的激活作用，但如果有毒物质超过一定的量，又会抑制过氧化氢酶活性。本研究最大灌溉量 0.20 m³/m² 没有表现出对土壤过氧化氢酶的抑制，表明该实验所用处理后的造纸废水有毒物质含量不高，可以用来灌溉。

7.2　废水灌溉频率对盐碱化退化湿地土壤性质的影响

制浆造纸生产过程中，从备料至成纸、化学品回收等都需要大量的水用于输送、洗涤、分散物料及冷却设备等，虽然在生产过程中也有回收、处理、再用，但仍有大量的造纸废水产生。造纸废水中不含有毒的重金属，其所含的大量有机物中，90% 以上为腐殖质，因此利用造纸废水回灌，不仅可作为第二水源，而且可以利用污水中营养元素为植物生长提供营养物质，增加土壤肥力。利用湿地生态系统处理造纸废水是一种投入小、耗能少、管理费用低的污水处理技术，在国内外得到广泛应用（Robort and Corbitt，1998；Singh，2007；严金龙等，2008；侯培强等，2008；李甲亮等，2009）。

黄河三角洲内陆盐碱地区存在面积较大的芦苇群落，但因蒸降比大的气候条件、黄河断流、淡水资源缺乏的水文状况及人为因素等造成的干旱发生频率和程度越来越严重，同时因为灌溉不当、植被破坏导致的次生盐碱化问题也较突出，这些环境胁迫致使该区域大面积芦苇群落出现不同程度的退化，利用造纸废水灌溉是修复该脆弱内陆盐碱生态区的主要措施之一。目前对用造纸废水灌溉下不同区域、不同植被类型的地下水特征、土壤微生物及营养元素等的影响状况进行了研究（Khan et al.，2007；Singh，2007；Saxena et al.，2002；Patterson et al.，2008），对利用海水及其他咸水对滨海盐碱土的改良作用进行了研究并提出了相应的灌溉模式（陈效民等，2002；Miyamoto and Arturo，2006；Alan et al.，2006），利用造纸废水灌溉对盐碱化土壤的生态修复机理进行了分析探索，但多是对其土壤化学性质改良及芦苇生长状况进行测定分析（Patterson et al.，2008；丁成等，2005；李甲亮等，2008b），而对土壤水文物理特性的影响报道较少（伏小勇等，2007，2008；夏江宝等，2009，2010），对芦苇湿地的土壤改良效应及芦苇生长状况的影响尚报道较少（夏江宝等，2011；刘擎等，2011）。

土壤作为土地处理系统中生命活动的场所，为植物生长提供养分，土壤微生物、酶参与和加速生物化学过程，推动土壤的代谢过程（赵庚星等，2005；Bai et al.，2007）。土壤水文物理参数不仅能够反映造纸废水灌溉后对芦苇群落土壤的基本物理性质改良效果，还能较好反映土壤层储蓄、调节水分的潜在能力及对芦苇地生态水文过程的影响，对研究内陆缺水的盐碱芦苇地土壤生态系统的水分循环及自我修复、调节具有重要的指示意义。土壤容重和孔隙度直接影响土壤的通气性和透水性（伏小勇等，2008；郭静等，2008）。土壤水分入渗过程和渗透能力决定了降水过程再分配中地表径流和土壤水分的储存及壤中流与地下径流的产生和发展，对流域产流机理和生态水文过程的调节机制具有十分重要的意义（王伟等，2008；徐敬华等，2008）。土壤储水量是评价植物群落下土壤理水调洪和涵养水源的重要指标，多用来反映土壤储蓄和调节水分的潜在能力（郭静等，2008；王国梁等，2009）。土壤有机质是土壤中异养型微生物的能源物质，对湿地土壤结构的影响较大（侯培强等，2008；丁成等，2005）；土壤酶在土壤营养物质循环和能量转化过程中起着重要作用（严金龙等，2008；李甲亮等，2008a），而土壤营养物质反映了土壤对植物根系供应养分的潜在能力，是构成土壤肥力的重要指标之一。

不同造纸废水灌溉次数能够形成该试验区芦苇地干湿交替的生态环境，这对改善土壤内氧气供应和 Eh 电位，促进土壤内有机污染物降解，同时对监测芦苇地土壤对造纸废水的环境容纳能力有较大意义（李甲亮等，2008a）。为此，本研究在黄河三角洲内陆盐碱地以某造纸厂造纸废水灌溉干旱生境的芦苇群落为研究对象，分析不同造纸废水灌溉次数对芦苇群落土壤水文物理特性的影响，试图从理论和实践上为黄河三角洲内陆干旱地区的水土资源合理利用及造纸废水资源化利用提供理论依据和技术支持，为"造纸废水—芦苇—造纸"生态纸业循环经济模式在研究区的进一步推广提供新的思路。

7.2.1　材料与方法

7.2.1.1　试验地概况

试验地选择在沾化县城北 10 km 徒骇河东岸原生芦苇地，零星分布碱蓬、罗布麻、獐毛等植物，盐碱程度较重区域已无植被覆盖。该区域土壤属于滨海潮土，土体构型多有厚黏层，分布于徒骇河沿岸和秦口河中游东侧海拔 5 m 以上的地段，面积 2196 万 hm^2。该试验区地下水矿化度高，淡水资源缺乏，芦苇湿地退化严重，经常处于干旱缺水状态，造纸废水灌溉是维持芦苇群落正常生长的主要措施。由于过量开采地下水引起的徒骇河河口海水的倒灌，使沿河区域土壤盐碱化程度较高，土壤可溶性盐的质量分数 0.4% ~ 2.5%，pH 为 7.9 ~ 8.9。

7.2.1.2 样地设置与样品采集

沾化县某造纸厂在该试验区建立了纸浆造纸废水生物塘 – 芦苇湿地复合处理系统，工艺流程为：原水→调节塘→厌氧塘→好氧塘→兼性塘→储存塘→芦苇地。本试验采用经生物塘处理后的造纸废水进行内陆缺水盐碱地原生芦苇地的灌溉处理，造纸废水水质概况为：COD 924 mg/L，pH 7.83 ~ 8.25，Na^+ 为 0.15%，Cl^- 为 0.16%，矿化度 3984 mg/L，TN 25.31 μg/ml，TP 4.664 μg/ml，SS 726.31 mg/L。在生长较为一致的芦苇群落采用随机区组进行试验小区布设，设置造纸废水灌溉 1 次（I1）、灌溉 2 次（I2）、灌溉 3 次（I3）、灌溉 4 次（I4）4 种废水处理方式，同时以不灌溉（CK）作为对照，共设计 15 个试验小区，每小区面积为 2 m^2 × 2 m^2，为避免灌溉后造纸废水的侧渗影响，小区采用四周防渗膜建垄法处理，灌水深度为 5 cm/次，每 15 天灌水 1 次，从 6 月中旬进行灌溉试验，10 月月底收割芦苇后进行土壤样品采集及土壤水文物理参数的测定，为避免边缘效应，土壤样品采集及水文物理参数的测定尽量在每小区中部，按照 S 形样式进行取样测定分析。

7.2.1.3 测定方法

（1）土壤理化参数的测定

pH 采用 pH 计（水土比 5∶1）测定，可溶性盐采用重量法测定（水土比 5∶1），烘干法测定土壤含水量，环刀浸水法测定土壤容重和孔隙度等各项水文物理参数（骆洪义和丁方军，1995）。并由公式计算一定土层深度内的土壤最大吸持储水量、最大滞留储水量和饱和储水量，即 W_c（mm）$= 1000 \cdot P_c \cdot h$；W_{nc}（mm）$= 1000 \cdot P_{nc} \cdot h$；$W_t$（mm）$= 1000 \cdot P_t \cdot h$。式中，$W_c$、$W_{nc}$ 和 W_t 分别为土壤水分最大吸持储水量、土壤水分最大滞留储存量和土壤水分饱和储水量（mm）；P_c、P_{nc} 和 P_t 分别为毛管孔隙度、非毛管孔隙度和总孔隙度（%）；h 为计算土层深度（m），本研究为 0.2 m。

土壤有机质含量采用重铬酸钾容量法、微生物生物量碳（MBC）采用氯仿熏蒸浸提（FE）法、速效氮含量用碱解扩散法、速效磷含量用 Olsen 法（恒温水浴震荡浸提）、速效钾含量用乙酸铵浸提火焰光度法测定。脱氢酶：TTC 比色法，以 mg TPF/(g·24 h) 表示。脲酶：靛蓝比色法，以 mg NH_3-N/(g·24 h) 表示。磷酸酶：磷酸苯二钠法，以 mg 苯酚/(g·24 h) 表示。以上指标均采用鲁如坤方法测定（鲁如坤，2000）。全氮、C/N 用元素分析仪进行测定（Martín-Olmedo and Rees，1999）。地上干重采用植物样品经 65℃ 杀青后烘干的方法测定。利用 SPSS13.0、Microsoft Excel 进行有关数据的分析、处理。

（2）土壤入渗特征测定

利用渗透筒（单环定水头逐次加水）法测定不同时段的土壤入渗率并制作入渗过程曲

线。利用 SPSS 统计软件，分别应用 Kostiakov 入渗模型、Horton 入渗模型和通用（一般）入渗模型拟合废水灌溉后的土壤入渗过程，求解初渗率、稳渗率等入渗特征参数。

7.2.2　废水灌溉频率对芦苇生长的影响

不同灌溉次数的造纸废水对芦苇形态和生长指标产生显著影响，从表 7-8 可知，随着灌溉次数的增加，芦苇密度、盖度及地上干重均表现出增加趋势，表明废水灌溉促进了芦苇的生长，其影响大小与灌溉次数密切相关。灌溉 1 次后，芦苇密度、盖度及地上干重与 CK 相比，增加不显著，灌溉 2 ~ 4 次后显著增加（$P < 0.05$），但灌溉 3 次和 4 次差异不显著，其中灌溉 1 ~ 4 次后的地上生物量干重分别是 CK 的 1.2 倍、2.5 倍、3.7 倍、4.2 倍。废水灌溉后芦苇株高比 CK 均显著增加（$P < 0.05$），其中灌溉 3 次后的芦苇株高达到最高值。

表 7-8　造纸废水灌溉下芦苇的生长参数

芦苇生长参数	不同处理					
	CK	I1	I2	I3	I4	F
密度（株/m²）	56c	62c	97b	112a	115a	908.506*
盖度（%）	35c	45bc	53b	75a	80a	1038.088*
株高（cm）	81e	101d	112c	152a	137b	1236.066*
地上干重（kg/m²）	0.13c	0.15c	0.32b	0.48a	0.50a	709.789*

注：CK. 未灌溉；I1. 灌溉 1 次；I2. 灌溉 2 次；I3. 灌溉 3 次；I4. 灌溉 4 次。同一行数据后的不同字母表示处理间差异显著（$P < 0.05$），下同

* $P < 0.05$ 水平上差异显著

7.2.3　废水灌溉频率对土壤理化性状的影响

7.2.3.1　土壤盐碱含量

由表 7-9 可知，随着造纸废水灌溉次数的增多土壤 pH 有下降趋势，灌溉 3 次或 4 次后，土壤 pH 下降最明显，与未灌溉的对照相比，pH 下降 6.7%、7.9%。随着灌溉次数的增加，土壤含盐量表现为先降低后增加的趋势，灌水 1 次或 2 次，土壤含盐量比 CK 分别降低 7.0%、16.4%，灌溉 3 次或 4 次分别比 CK 增加 13.9%、14.9%，表现出一定的积盐负效应。

表 7-9　造纸废水灌溉下的土壤盐碱含量

土壤盐碱度	不同处理				
	CK	I1	I2	I3	I4
pH	8.85 ± 0.16	8.45 ± 0.15	8.43 ± 0.19	8.26 ± 0.28	8.15 ± 0.18
含盐量（%）	2.01 ± 0.55	1.87 ± 0.28	1.68 ± 0.44	2.29 ± 0.24	2.31 ± 0.65

7.2.3.2 土壤容重和孔隙度

不同灌溉次数下的土壤容重表现出显著性差异（$F_{5,12} = 124.121$，$P < 0.001$），由图 7-21可知，与对照相比，废水灌溉下土壤容重均显著减小，灌溉 3 次或 4 次土壤容重最小，分别比 CK 下降 8.6%、8.9%，但灌溉 1 次或 2 次的土壤容重差异不显著。不同灌溉次数下的土壤总孔隙度、毛管孔隙度、非毛管孔隙度均表现出显著性差异（$P < 0.001$），但灌溉 1 次或 2 次的土壤总孔隙度、毛管孔隙度差异不显著，而非毛管孔隙度差异显著。与对照相比，废水灌溉下总孔隙度、毛管孔隙度、非毛管孔隙度均表现出增大趋势，且灌溉 1 ~ 4 次后的土壤总孔隙度分别比 CK 增加 14.1%、15.4%、25.9%、32.8%，表明废水灌溉在一定程度上改善了土壤通气状况和透水性能。

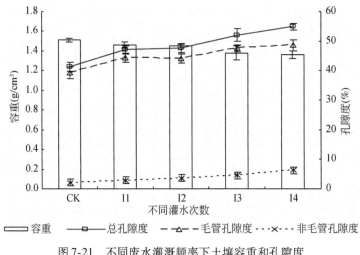

图 7-21　不同废水灌溉频率下土壤容重和孔隙度

7.2.3.3 土壤养分特征

数据分析表明（表 7-10），废水灌溉后土壤有机质、速效氮、速效磷、速效钾、全氮及微生物生物量碳（MBC）等的含量均表现出显著性差异（$P < 0.05$），其中有机质、速效氮的含量除了灌溉 1 次与 CK 差异不显著外（$P > 0.05$），随着灌溉次数的增多，均比 CK 显著增加，灌溉 2 ~ 4 次后，分别增加 32.0%、52.2%、84.6% 和 8.1%、16.2%、29.4%。速效磷、全氮的含量均在灌溉 3 次后达到最高值；速效钾的含量、MBC 的含量随着灌溉次数的增多，均比 CK 增加显著（$P < 0.05$），与 CK 相比，速效钾的含量分别增加了 12.0%、15.3%、20.7%、38.4%，MBC 分别是 CK 的 1.4 倍、3.0 倍、3.3 倍、3.5倍。土壤碳氮比（C/N）可以表征土壤微生物在分解有机质过程中的碳氮转化关系。耕作土壤中，土壤微生物获得平衡营养的碳氮比约为25∶1，如果土壤碳氮比低于25∶1，则表明土壤有机质的腐殖化程度高，利于微生物的分解，有机氮更容易矿化；反之则发生微生物对营养物质的固定（丁秋祎等，2009）。由表 7-10 可知，废水灌溉后芦苇湿地的碳氮比与 CK 相比有减弱趋势，但均高于 25∶1，表明灌溉后该中度盐碱退化芦苇湿地有机质腐殖化

程度不高。

表 **7-10**　造纸废水灌溉下土壤有机质和营养元素含量

土壤指标	CK	I1	I2	I3	I4	F
有机质（g/kg）	6.15d	6.17d	8.12c	9.36b	11.35a	176.012*
速效氮（mg/kg）	15.87d	16.33d	17.15c	18.43b	20.53a	70.309*
速效磷（mg/kg）	6.90d	8.03c	8.26c	13.26a	11.5b	355.999*
速效钾（mg/kg）	301.11e	337.13d	347.27c	363.57b	416.66a	590.569*
全氮（g/kg）	0.21c	0.24c	0.31b	0.45a	0.43a	33.171*
MBC（mg/kg）	55.28e	76.20d	164.19c	185.04b	194.57a	1345.745*
C/N	41.92a	41.29a	40.93ab	37.3c	40.33b	107.397*

7.2.4　废水灌溉频率对土壤储蓄水分的影响

7.2.4.1　土壤入渗特征

不同灌溉次数下土壤入渗参数差异性显著（$F_{5,12} = 1088.817$，$P < 0.001$），由图 7-22 和表 7-11 可知，随着灌溉次数的增加，初渗率有减弱趋势，灌溉 1~4 次的初渗率分别比 CK 下降了 11.3%、17.3%、30.8%、32.4%，表明废水灌溉在一定程度上减弱了对降水 的初始入渗性能。稳渗率随着灌溉次数的增加表现出增大趋势，灌溉 1~4 次分别比 CK 增 加了 7.0%、12.7%、54.1%、95.9%。

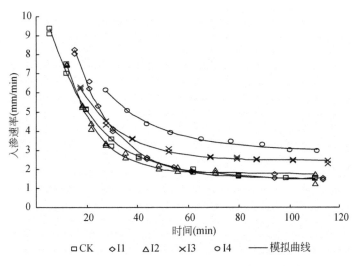

图 7-22　不同废水灌溉频率下土壤入渗速率曲线

表 7-11 造纸废水灌溉下土壤入渗过程的模型拟合

处理	入渗实测参数(mm/min)		Kostiakov 模型$f = at^{-n}$参数			Horton 模型$f = f_c + (f_o - f_c)\ e^{-kt}$参数				通用模型$f = at^{-n} + b$参数			
	f_0	f_c	a	n	R^2	f_0	f_c	k	R^2	a	b	n	R^2
CK	9.10	1.57	33.44	0.67	0.976	12.18	1.48	0.05	0.999	23.55	0.33	3.81	0.977
I1	8.07	1.68	89.72	0.90	0.957	18.60	1.50	0.06	0.995	198.52	0.77	1.20	0.975
I2	7.53	1.77	48.23	0.78	0.983	17.11	1.76	0.08	0.995	125.95	0.92	0.17	0.994
I3	6.30	2.42	24.39	0.51	0.968	13.06	2.45	0.06	0.991	158.07	1.95	1.26	0.998
I4	6.15	3.07	31.48	0.51	0.972	14.25	2.97	0.07	0.997	304.74	2.38	1.32	0.995

合适的入渗模型是研究植被调蓄水分功能的重要手段之一（徐敬华等，2008），本研究采用 3 种常用的入渗模型对试验资料进行拟合分析（图 7-22）。①考斯加科夫（Kostiakov）模型：$f = at^{-n}$；f、t 分别为入渗率、入渗时间；a、n 为经验参数。②霍顿（Horton）模型：$f = f_c + (f_0 - f_c)\ e^{-kt}$；$f$、$f_0$、$f_c$ 和 t 分别为入渗率、初渗率、稳渗率和入渗时间；k 为经验参数，决定着 f 从 f_0 减小到 f_c 的速率。③通用经验模型：$f = at^{-n} + b$；f、t 分别为入渗率、入渗时间；a、b、n 均为经验参数（b 相当于稳渗率）。由表 7-11 和图 7-22 可知，3 种模型对不同灌溉次数下土壤入渗过程均能取得较好的拟合效果，能够反映渗透曲线的变化特征，其渗透曲线变化趋势一般可分为 3 个阶段，即渗透初期的渗透率瞬变阶段，其次为渐变阶段，随着时间的推移而下降，最后达到平稳阶段。采用 Kostiakov 模型拟合时，a 值为 24.39 ~ 89.72，远高于实测初始入渗速率值；n 值为 0.51 ~ 0.90，其大小反映了入渗率递减的状况，n 值越大，入渗率随时间递减越快，可见废水灌溉 1 次或 2 次其入渗率随时间递减程度高于 CK，但灌水 3 次或 4 次后入渗率随时间变化缓慢。采用 Horton 模型时，f_c 值为 1.48 ~ 2.97 mm/min，与实测值比较接近，k 值为 0.05 ~ 0.08，与 CK 相比 k 值偏大，表明造纸废水灌溉后从初始入渗率减小到稳渗率的时间缩短，即渗透性能有增强趋势。而通用模型 b 值为 0.33 ~ 2.38 mm/min，远小于对应实测稳渗率，结合相关系数、实测初始入渗率、稳渗率值综合分析，可以看出 Horton 模型拟合精度较高，其拟合结果比 Kostiakov 模型和通用模型更接近于实测值，表明 Horton 模型比较适用于描述该试验区芦苇群落的土壤入渗特征。

7.2.4.2 土壤储水性能

数据分析表明，不同灌溉次数下的饱和储水量（$F_{5,12} = 201.578$，$P < 0.001$）、吸持储水量（$F_{5,12} = 107.171$，$P < 0.001$）、滞留储水量（$F_{5,12} = 947.926$，$P < 0.001$）均表现显著性差异。由图 7-23 可知，与对照相比，芦苇地饱和储水量增加明显，随着灌溉次数的增多饱和储水量增加显著，但灌溉 1 次或 2 次、3 次或 4 次差异均不显著，灌溉 1 次或 2 次、3 次或 4 次分别比 CK 增加 1.46% ~ 1.50%、3.54% ~ 4.52%。造纸废水灌溉后土壤吸持储水量增加明显，变化趋势和饱和储水量相同，造纸废水灌溉 3 次吸持储水量达到最高，比 CK 增加 4.29%，但灌溉 4 次反而下降，仅比 CK 增加 1.25%。随着灌溉次数的增加，滞留储水量先减少后增加。

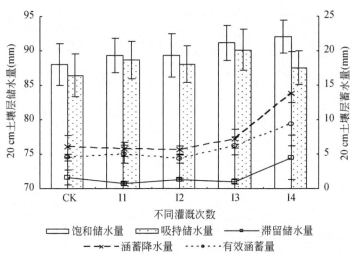

图 7-23　不同废水灌溉频率下的土壤蓄水量

　　土壤蓄水性能与土壤前期含水量密切相关，当土壤湿度大时，土壤蓄水量减少，即使降水量很小，也会产生地表径流，本次测定时试验区内土壤重量含水量差异不显著，均值为 $(28.23+1.49)\%$。把饱和储水量与土壤前期含水量之差作为衡量土壤涵蓄降水量的指标（许景伟等，2009），不同灌溉次数下的涵蓄降水量差异显著（$F_{5,12}=535.296$，$P<0.001$），但灌溉 1 次或 2 次涵蓄降水量差异不显著。由图 7-23 可知，随着灌溉次数的增加，涵蓄降水量先减少后增加，4 次灌溉后涵蓄降水量达到最高，比 CK 增加 125.24%。毛管蓄水量与土壤前期含水量之差反映供植物利用的潜在土壤有效蓄水，称为有效涵蓄量（许景伟等，2009），不同灌溉次数下的有效涵蓄量差异显著（$F_{5,12}=668.025$，$P<0.001$），随着灌溉次数的增加，有效涵蓄量表现为增加趋势，3 次或 4 次灌溉后有效涵蓄量达到最高，分别比 CK 增加 36.28%、105.97%。

7.2.5　废水灌溉频率对土壤酶活性的影响

　　数据分析表明，不同废水灌溉次数下的磷酸酶（$F_{4,10}=22.983$，$P<0.05$）、脱氢酶（$F_{4,10}=46.843$，$P<0.05$）、脲酶（$F_{4,10}=767.188$，$P<0.05$）活性均表现显著性差异。由图 7-24 可知，与 CK 相比，随着灌溉次数的增多磷酸酶、脱氢酶活性增加显著，但灌溉 1 次或 2 次及 4 次两种酶差异均不显著，而灌溉 3 次后均达到最高，分别为 CK 的 3.1 倍、2.5 倍，表明 3 次灌溉后，磷酸酶活性较高，在土壤有机磷转化过程中，可加速有机磷的脱磷速率，促进土壤磷素的有效性，脱氢酶活性也增高，即酶促碳水化合物、有机酸等有机物脱氢氧化反应加强。脲酶可用来表征土壤中有机态氮的转化状况，废水灌溉后的脲酶含量均比 CK 增加显著（$P<0.05$），分别是 CK 的 1.1 倍、1.4 倍、2.0 倍、2.1 倍，表明随着废水灌溉次数的增多，脲酶活性显著增加，促进有机质的分解，产生氨供应植物生长对氮素的需求（Askin and Kizilkaya，2005）。

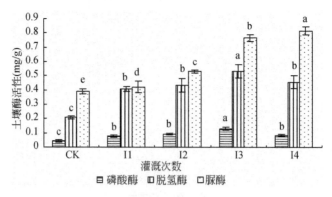

图 7-24　不同废水灌溉频率下的土壤酶活性

7.2.6　废水灌溉频率改良土壤效应分析

已有研究表明（丁成等，2005；吴玉辉等，2005），草浆废水灌溉后芦苇长势明显，增产效果良好，并且随污灌时间的延长，芦苇的密度、平均株高、平均株茎、干物质产量等生长指标呈现变好的趋势。但随灌溉浓度的不同，其生长差异显著，其中 COD_{Cr} 为 1000 mg/L 左右是较为适宜的质量浓度，促进芦苇生长较好（丁成等，2005）；由于造纸废水中溶解氧低，采用地下茎营养繁殖时，在移栽初期，不宜过早污灌，一般 2 个月后可再实行废水灌溉（吴玉辉等，2005）。本研究表明，随着灌溉次数的增加，芦苇密度、盖度及地上干重等指标均表现出增加趋势，这主要是因为造纸废水中含有大量有机质和一定量的氮、磷，灌溉后增加了土壤中的营养物质，同时改善了芦苇生长所需的水分条件，因此，随着灌溉次数的增加，土壤水分和营养物质随之改善，促进了芦苇的生长。

土壤 pH 和含盐量是内陆缺水盐碱地造纸废水灌溉后土壤改良的重要参数之一，已有研究表明：草浆废水灌溉后，海涂湿地芦苇地 pH 上升，而盐分含量明显下降（丁成等，2005）；荒漠地区固沙生态林造纸废水灌溉后，pH 下降，含盐量随污灌年限的增加而增加（伏小勇等，2007）；利用海水灌溉 3 年耐盐作物后，含盐量明显升高（陈效民等，2006）。差异原因主要与灌水浓度、灌水方式及原地区土壤盐碱背景值有较大关系，该试验区原始土壤 pH 为 8.85 左右，灌溉造纸废水 pH 为 7.83～8.25，灌溉废水的 pH 小于当地土壤环境的本底值，因此对土壤碱度有一定的稀释作用，起到了压碱效果。含盐量随着灌溉次数的增多，表现为先降低后增加，与对照相比，废水灌溉 1 次或 2 次含盐量均值降低 11.69%、灌溉 3 次或 4 次均值增加 14.43%，可见造纸废水灌溉对该内陆缺水盐碱地的土壤盐分淋洗具有一定的限制作用，少量废水灌溉淋洗作用和植物对无机盐的吸收与吸附作用能减少土壤中的含盐量，但灌溉次数增多后，表现出一定的积盐效应，且该试验区蒸降比大，有限的降水不能充分淋洗土壤剖面中存在的盐分，同时也表明芦苇群落对钠离子的需求也是有限的（Singh，2007；陈效民等，2006；伏小勇等，2007）。

研究表明，一般土壤容重值多为 1.0～1.5 g/cm³，结构良好的土壤为 1.25～1.35 g/cm³（郭静等，2008），而灌溉 1 次或 2 次造纸废水后土壤容重为 1.45～1.46 g/cm³ 明显偏高，而灌溉 3 次或 4 次后土壤容重为 1.36～1.38 g/cm³，表明对土壤结构和性能的改良作用较好。结构良好，水气关系协调的土壤，总孔隙度为 40%～50%，非毛管孔隙度在 10% 以上，非毛管孔隙度与毛管孔隙度比例在 1:(2～4)（郭静等，2008），造纸废水灌溉后，土壤总孔隙度（47%～55%）并不低，但非毛管与毛管孔隙度比例仅为 0.06～0.13，对照为 0.05，可见该芦苇盐碱地非毛管孔隙数量明显偏低，土壤通气透水性能受到一定的限制，而造纸废水灌溉次数的增多有利于改善非毛管孔隙的数量。与对照相比，该试验区进行废水灌溉后，土壤容重减小，孔隙度增大，这与对沙漠人工林造纸废水灌溉后土壤容重和孔隙度的变化规律一致（伏小勇等，2007，2008），但与草浆废水灌溉桶栽芦苇后，土壤容重增加、孔隙度减小正相反（丁成等，2005），表明土壤容重和孔隙度的变化与造纸废水灌溉的质量浓度、灌溉年限均有一定的关系。

　　土壤入渗观测可探讨废水灌溉后芦苇群落理水调洪及其涵养水源功能（郭静等，2008；王伟等，2008；徐敬华等，2008）。该研究表明，废水灌溉延长了初渗率的时间、减弱了对降水的初始入渗性能，在野外试验时，可观察到废水灌溉后在土壤表层有一层致密的黑褐色土壤结皮，这可能是由于造纸废水中含有的胶黏木素物质及沉淀在表层的纤维素、半纤维素和悬浮物聚集黏结而形成的（伏小勇等，2007，2008）。有研究证明，土壤结皮的存在能够减小土壤入渗性能（徐敬华等，2008），这应是随着废水灌溉次数的增多，土壤初始入渗性能持续下降的原因。但水分通过土壤结皮后，由于废水灌溉后土壤容重和孔隙度得到较大改善，随着灌溉次数的增多，稳渗率增加明显，特别是废水灌溉 3 次或 4 次后，芦苇地稳渗率提高 54.1%～95.9%，这在一定程度上能够保证较多的降水渗入土壤中储存。Kostiakov 模型、Horton 模型及通用经验公式 3 种模型均能较好地反映废水灌溉下的土壤入渗过程，Horton 模型拟合精度较高，其拟合结果比 Kostiakov 模型和通用模型更接近于实测值。

　　吸持储存水主要反映植物吸持水分供其正常生理活动所需的有效水分（郭静等，2008；许景伟等，2009），废水灌溉后吸持储水量表现为先增加，灌溉 3 次后达到最高（90.15 mm），利于芦苇根系对水分的吸收，对其正常生理生态过程也较为有利；但灌溉 4 次后表现为减小趋势（87.52 mm），可见灌溉次数的持续增加不利于储存对植物有效利用的水分。滞留储存水主要反映植被涵养水源功能的强弱（郭静等，2008；许景伟等，2009），废水灌溉 1～3 次后，滞留储水量分别比对照降低 56.17%、19.75%、36.42%，而灌溉 4 次后，比对照增加 64.08%，可见长时间灌溉后，由于非毛管孔隙度增加显著，能有效减少地表径流和增强土壤的涵养水源功能。结合涵蓄降水量和有效涵蓄量的综合分析，可知废水灌溉对土壤的改良不但在降水吸收、减少地表径流等方面有较好的潜在功能，且能够储存供植物生长所必需的水分。

　　草浆造纸废水灌溉后，芦苇湿地地表的有机质及氮、磷、钾等养分含量明显增加，并且由表层向下逐渐减少（丁成等，2005；李甲亮等，2008b；伏小勇等，2007；王明璐和徐志红，2009）；随着灌溉时间的增加，有机质含量也逐渐增加（侯培强等，2008；王明璐和徐志红，2009），但也有研究表明，随着灌溉年限的增加，土壤中有机质通过土壤内沉积、植物吸收、地下水淋溶及被土壤微生物降解等作用，有机质含量增加不显著甚至有所降低（严金龙等，2008；伏小勇等，2007）。本研究表明，随着灌溉次数的增多，土壤有机质及速效氮、速效钾、MBC 等的含量均表现出增加趋势，这主要因为芦苇湿地土壤中有机质及各种养分含量本底值较低，而造纸废水中含有大量有机物，故经废水灌溉后，土壤有机质及各种养分含量增加显著（侯培强等，2008），同时灌溉后芦苇凋落物及腐烂根系较多，降解的腐殖质储存于土壤中使土壤疏松肥沃，利于植物根系的生长，土壤根际生物量高，微生物代谢旺盛，能较多地通过芦苇和微生物吸附造纸废水中的有机物，这也是土壤有机质及养分含量增加的一个重要原因（侯培强等，2008；李甲亮等，2008b；伏小勇等，2007）。但依据《第二次全国土壤普查暂行技术规程》中土壤养分含量分级标准，造纸废水灌溉 4 次后，土壤有机质含量仍然属于稍缺乏级别（10~20 g/kg）、速效氮属于极缺乏级别（<30 mg/kg）、速效磷属于中等级别（10~20 mg/kg），而速效钾则达到丰富级别（>200 mg/kg），这一方面是因为造纸废水中钾离子含量较高，另一方面是由于废水灌溉提高了芦苇湿地土壤 pH，可能提高土壤钾素的释放速率，而使土壤速效钾增加显著（严金龙等，2008）。综合来说，造纸废水灌溉后，土壤有机质及氮、磷、钾等养分含量及 MBC 的增加，是由有机物质输入和输出量的相对大小决定的（丁秋祎等，2009），主要与废水灌溉后，营养物质的输入（包含废水本身所含营养物质、有机残体归还量以及有机残体的腐殖化系数）大于以微生物降解、植物吸收和土壤吸附固定等为主的输出途径有关（侯培强等，2008；李甲亮等，2008b；王明璐和徐志红，2009）；同时造纸废水灌溉后促进了芦苇生长，其凋落物及腐烂根系也起着改良土壤性质，增加土壤养分的功能（Askin and Kizilkaya，2005）。

在运用湿地系统处理废水时，应充分考虑土壤酶活性的动态变化规律，合理选择灌溉方式，以免对生态系统造成不可逆的长期影响，从而破坏湿地生态系统平衡。已有研究表明，造纸废水灌溉后，芦苇湿地土壤脱氢酶、脲酶、磷酸酶活性均有增高趋势（李甲亮等，2008a），但也有研究发现，脲酶随着 COD_{Cr} 浓度的不同，表现为先抑制、后恢复（严金龙等，2008），增幅大小与造纸废水的灌溉时间、COD_{Cr} 浓度、土壤有机质及供氧条件等因素有关（李甲亮等，2008a；严金龙等，2008）。有机磷必须在各种湿地磷酸酶转化为无机磷后才能被植物根系及土壤微生物吸收，磷酸酶能促进磷酸酯水解释放出磷酸根。本研究表明，造纸废水灌溉 3 次后，磷酸酶活性最高，这也是速效磷含量较高的主要原因。造纸废水灌溉后，由于供氢体的增加（李甲亮等，2008a），脱氢酶活性迅速上升，在灌溉 3 次后达到最高，而灌溉 4 次后表现为下降趋势，可能与 3 次灌溉后芦苇凋落物和植物残体分解过程导致酶活性降低，致使全氮、速效磷含量较高有一定关系。脲酶活性变化与土壤氮素状况及土壤理化性状有关，其中土壤脲酶活性与有机质含量正相关性较大，和土壤全氮及速效氮含量也有一定相关性。随着废水灌溉次数的增加，土壤脲酶活性增加显著，这主要与废水灌溉后增加了土壤中的有机氮和有机质有关，同时脲酶活性的提高也是湿地去除废水中有机氮的基础（李甲亮等，2008a）。

7.3 结　论

7.3.1 基于翻耕和废水灌溉的退化湿地恢复技术

1）造纸废水含有大量植物纤维，灌溉后被截留在土壤中，降低了土壤容重；翻耕可打破土壤板结结构，疏松土壤，同样也降低了土壤容重。本研究结果表明，在灌溉造纸废水前灌溉更有利于土壤容重的降低。

2）本试验退化盐碱湿地土壤盐碱化程度很高，所用造纸废水矿化度相对较低，灌溉后不会造成盐分累积，反而可起到淋盐作用，结合降渍沟将土壤中水溶性盐分排出土壤；在灌溉之前翻耕，可促进土壤中盐分的淋溶，提高淋盐排碱的效果。

3）造纸废水富含有机物质以及氮、磷，灌溉后显著提高土壤有机质、碱解氮和速效磷等营养物质；本试验土壤钾含量丰富，灌溉没有显著提高土壤速效钾含量。翻耕在一定程度上会导致土壤有机物质的流失，但同时也会增加有机质的矿化，提高土壤速效态养分的含量。

4）处理后的造纸废水灌溉给土壤带来了新的微生物源，丰富了土壤微生物生物量、促进了微生物呼吸，提高了土壤酶活性；翻耕促进了土壤中空气的流通，同样可改善微生物性质。结合降渍沟的作用，直接造纸废水灌溉和先翻耕再灌溉都显著降低了土壤 qCO_2，再一次证实了造纸废水灌溉和翻耕都可显著降低土壤盐分和碱含量，减低了对微生物的抑制作用，且在灌溉造纸废水前翻耕的效果更好。

5）翻耕可能在一定程度上引起土壤养分了流失，但对本试验退化盐碱湿地盐碱土壤而言，土壤高盐碱度的降低是修复退化盐碱湿地的前提和关键，所以，在此研究中应用适当的翻耕措施是可取的，能提高退化盐碱湿地的修复效果。

7.3.2　基于不同废水灌溉量的退化湿地恢复技术

盐碱化退化滨海盐碱湿地经造纸废水灌溉后其土壤得到了改良，为湿地恢复奠定了基础。

1）造纸废水灌溉后退化盐碱湿地 pH 略有升高，不同灌溉量对退化盐碱化湿地 pH 影响差异不显著，不会加重土壤碱化。

2）本试验灌溉废水矿化度（2080 mg/L）较低，灌溉后不会造成土壤盐分的累积，反而可以降低水溶性盐含量，脱盐率达到 38.69% ~72.29%，且在本试验范围内，盐分去除率随灌溉量的增加而增大。

3）灌溉后土壤养分含量提高，有机质、碱解氮和速效磷含量增加率显著高于对照，且总体上随灌溉量的增加而增大，分别比对照高 13.68% ~31.45%、31.01% ~101.2% 和 1.08% ~18.28%；速效钾含量增加率相对对照没有显著提高。

4）10 cm 灌水深度，细菌和真菌数量 8 月达到最大值，分别为 1.2×10^4 个/g 干土和 49.0 个/g 干土；放线菌 5 月数量最多，达到 6.82×10^2 个/g 干土。表层土壤呼吸强度最高，10 cm 灌水深度对土壤呼吸强度的促进最大；土壤微生物生物量碳自上、中、下层依次递减，土壤表层微生物生物量碳随着灌水深度的增加而增加。

5）不同量造纸废水灌溉后未改变土壤酶活性在不同土层的分布情况，脲酶和过氧化氢酶活性 10 ~20 cm > 0 ~10 cm > 20 ~30 cm，而土壤磷酸酶、蔗糖酶和脱氢酶活性 0 ~10 cm > 10 ~20 cm > 20 ~30 cm。造纸废水灌溉对土壤表层酶活性提高最大，脲酶、磷酸酶、蔗糖酶、脱氢酶和过氧化氢酶活性分别相对 CK 提高了 79.5%、42.0%、58.7%、

44.7% 和 27.8%。实验结束后，和 CK 相比，只有 I15 和 I20 显著提高了土壤脲酶和蔗糖酶活性，相对 CK 分别提高了 47.47% 和 69.26% 以及 61.69% 和 56.22%；所有灌溉量处理均显著提高了土壤磷酸酶和脱氢酶活性，分别相对 CK 提高了 7.37% ~ 30.94% 和 61.18% ~ 117.92%；I10、I15 和 I20 显著提高了土壤过氧化氢酶活性，分别提高了 15.59%、23.09% 和 29.70%。总体上，土壤酶活性随灌溉量的增加而增加。

7.3.3 基于不同废水灌溉频率的退化湿地恢复技术

1）随着造纸废水灌溉次数的增加，芦苇密度、株高、盖度及生物量等生长发育指标逐渐增大，其中灌溉 3 次或 4 次明显好于 1 次或 2 次；土壤 pH 有所下降，对土壤碱度有一定的稀释作用，含盐量表现为先降低后增加。与未灌溉相比，废水灌溉后改善了土壤的物理性质，使土壤基质变得比较疏松，利于植物根系及土壤的水分、孔气、热量的传递，表现为土壤容重减小，孔隙度增大。

2）由于土壤结皮的存在，造纸废水灌溉降低了初渗率，但随着灌溉次数的增多，稳渗率增加明显；Horton 模型比较适合描述废水灌溉后芦苇群落的土壤入渗过程，废水灌溉 1 次或 2 次后其入渗率随时间递减程度高于废水灌溉 3 次或 4 次，并且废水灌溉后从初渗率减小到稳渗率的时间缩短。造纸废水灌溉增强了芦苇群落储蓄土壤水分的能力，但废水灌溉 3 次储存水分对植物生理生长最为有利，而灌水 4 次对土壤层涵养水源功能较为有效。

3）造纸废水灌溉后，由于营养物质的输入大于输出，使芦苇湿地土壤有机质、速效氮、速效磷、速效钾、全氮及 MBC 均表现出随灌溉次数增多有增加趋势，其中有机质、速效氮在废水灌溉 1 次后与 CK 差异不显著，灌溉 2 ~ 4 次后，分别比 CK 显著增加 32.0%、52.2%、84.6%；8.1%、16.2%、29.4%；速效磷、全氮均在灌溉 3 次后达到最高。但灌溉 4 次后，有机质及速效氮仍属于缺乏肥力级别，速效磷属于中等肥力级别，仅速效钾达到丰富级别。废水灌溉后芦苇湿地 C/N 值有减弱趋势，但均高于 25∶1，有机质腐殖化程度不高。

4）随着造纸废水灌溉次数的增多，磷酸酶、脱氢酶活性显著增加，但灌溉 1 次或 2 次及 4 次两种酶差异均不显著，而灌溉 3 次后均达到最高，分别是 CK 的 3.1 倍、2.5 倍；灌溉 1 ~ 4 次后的脲酶活性分别是 CK 的 1.1 倍、1.4 倍、2.0 倍、2.1 倍。

5）从芦苇生长状况、改良土壤理化性状及改善土壤酶活性的效应来看，在进行造纸废水灌溉该黄河三角洲内陆缺水的中度盐碱芦苇湿地时，灌溉 1 次或 2 次对芦苇生长及改良土壤效应不明显，而灌溉 3 次或 4 次明显好于 1 次或 2 次。考虑到芦苇湿地本身的土壤净化及环境承载力，要进一步提高造纸废水资源化利用效果及其改良土壤的综合效应，在今后的研究中还需加强对造纸废水不同灌溉制度及灌溉年限下的土壤理化性状、微生物、酶活性及有机污染物降解的测定分析，以进一步提高废水处理效果和芦苇产量，加速退化盐碱芦苇湿地的生态修复和自我改良。

第8章 废水水源区清废轮灌盐碱化退化湿地恢复技术

8.1 材料与方法

8.1.1 土壤与废水主要性质

本试验从野外样地中选取棉田、轻度、中度和重度退化的盐碱土壤，处理后置于温室中，用不同的处理方法进行改良，灌溉用水取自该样地造纸厂经生物塘工艺处理后的出水。造纸废水主要化学性质见表8-1。

表8-1 造纸废水主要化学性质

COD（mg/L）	pH	TN（mg/L）	TP（mg/L）	SS（mg/L）	矿化度（mg/L）	Cl^-（g/L）	SO_4^{2-}（g/L）	NO_3^-（g/L）
924	7.83	25.3	4.66	726.3	3984	98.893	2.7124	3.1875

所用土壤主要理化性质见表8-2。

表8-2 实验土壤理化性质

类型	pH	含盐量（%）	全磷（g/kg）	全氮（g/kg）	碱解氮（mg/kg）	Na^+（cmol/kg）	K^+（cmol/kg）	Cl^-（cmol/kg）	有机质（%）	有效磷（mg/kg）
棉田	8.95	0.37	3.62	0.47	29.13	0.71	1.18	2.79	0.89	4.86
轻度退化	8.73	0.42	3.35	0.21	23.23	0.73	1.17	3.11	0.58	3.10
中度退化	8.38	1.41	2.99	0.39	28.96	1.09	1.14	4.76	0.89	1.42
重度退化	8.07	2.50	3.06	0.50	23.72	2.49	1.14	24.50	0.96	5.65

8.1.2　试验设计

试验分为两部分，均在温室中进行。土壤样本取自于实验的野外样地，分为棉田土、轻度盐碱土、中度盐碱土和重度盐碱土4种。

第一部分：分为三组，分别是废水灌溉、清废轮灌和清水灌溉。①废水灌溉。棉田土1，轻度盐碱土1，中度盐碱土1，重度盐碱土1。②清废轮灌。棉田土2，轻度盐碱土2，中度盐碱土2，重度盐碱土2。③清水灌溉。棉田土3，轻度盐碱土3，中度盐碱土3，重度盐碱土3。

每组的每种处理分别设置3个平行样本，编号为棉田1-1、1-2、1-3、2-1、……，重度1-1、1-2、……。

将土样晾干、过筛后置于45 cm×35 cm×27 cm的温室塑料盆中，每盆土重约35 kg，共36盆。每个塑料盆中分别栽种处于展叶期的芦苇30株。研究滨海退化盐碱湿地改良过程中，不同灌溉方式对不同盐碱化土壤理化性质的影响，确定最优的灌溉方式。

该阶段实验期为4个月，每月20日分别对不同灌溉方式不同盐碱化程度的土壤进行取样。每个样品设置5个取样点，按S形分布，分别采集上层土样装入取样袋，采样深度为0~10 cm，尽快带回实验室置于干净的搪瓷盘中，平摊、风干3天左右至干。土壤过2 mm筛，等质量混合均匀后测定土壤理化性质。

测定指标包括：pH、含盐量、有机质、全氮、全磷、碱解氮、有效磷、Na^+、K^+、Cl^-。

第二部分：分五组。1，原废水；2，废水:清水=1:1；3，废水:清水=1:2；4，废水:清水=1:3；5，清水对照CK。

第二部分试验目的主要是通过设置不同的清、污水比例灌溉棉田土，确定出最优的灌溉配置比例。

每组设置3个平行样本。该阶段试验期为3个月，最后进行集中采样。每个样品设置5个取样点，按S形分布，分别采集上层、中层和下层的土样装入取样袋，尽快带回实验室置于干净的搪瓷盘中，平摊、风干10天左右至干。处理方法同第一部分试验。

8.1.3　测定方法

土壤测定指标包括：pH、含盐量、有机质、全氮、全磷、碱解氮、有效磷、Na^+、K^+、Ca^{2+}、Mg^{2+}、Cl^-。

土壤pH的测定采用1:2.5土壤溶液进行测定；土壤水溶性全盐量采用重量法测定；土壤有机质含量的测定采用重铬酸钾氧化法；全氮、碱解氮含量的测定分别采用消解和扩散法；全磷、有效磷含量的测定分别采用碳酸氢钠熔融法和钼锑抗比色法；水溶性Cl^-含量的测定采用硝酸银滴定法；交换性Na^+、K^+、Ca^{2+}、Mg^{2+}含量的测定采用原子吸收法；脲酶活性测定采用：奈氏比色法；磷酸酶活性采用磷酸苯二钠比色法；脱氢酶活性采用TTC比色法。

8.2 废水灌溉方式对盐碱化退化湿地土壤性质的影响

8.2.1 废水灌溉方式对土壤理化性质的影响

8.2.1.1 土壤含盐量

土壤含盐量是土中所含盐分（主要为氯盐、硫酸盐、碳酸盐）的质量占土壤干重的百分数。按溶于水的难易程度可分为易溶盐、中溶盐和难溶盐等。土壤中的盐分，特别是易溶盐的含量及类型对土壤的物理、水理、力学性质影响很大。因此，土壤含盐量的变化可在一定程度上反映出土壤理化性质的变化。不同灌溉方式下土壤含盐量变化如图 8-1 所示。

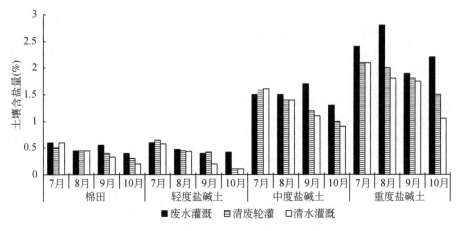

图 8-1 不同灌溉方式下土壤含盐量变化

从图 8-1 中可以看出，在废水灌溉、清废轮灌及清水灌溉三种灌溉方式下，棉田、轻度、中度和重度盐碱土壤含盐量变化趋势大体是一致的。土壤的含盐量随月份变化起伏较大，其中 7 月，棉田、轻度盐碱化土壤含盐量最高，这与该月的光照强度大、蒸发量大有关。不同处理中，土壤废水灌溉含盐量值最高，清废轮灌和清水灌溉方式下土壤含盐量较低，清水含盐量最低，可起到良好的压盐、淋盐的作用。

与土壤本底值相比，三种不同灌溉的处理都使土壤含盐量有较大幅度的降低，改良效果比较明显。

8.2.1.2 土壤 pH

土壤酸碱度对土壤性质及植物生长影响很大，对养分的有效性影响也很大。例如，中性土壤中磷的有效性较高，而碱性土壤中微量元素（锰、铜、锌等）的有效性较差。

土壤胶体可以吸附氢、钠、钾、钙、镁、铝等离子，它们和土壤溶液中的离子处于动态平衡状态，离子间的彼此代换会影响土壤酸碱性。

从图 8-2 中可以看出，在废水、清废轮灌及清水三种灌溉方式下，土壤的 pH 变化总体呈下降趋势，棉田、轻度、中度和重度盐碱土壤 pH 的变化趋势基本一致。废水灌溉方式下的土壤 pH 较之其他两种灌溉方式的高。

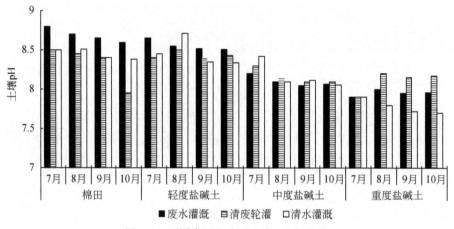

图 8-2　不同灌溉方式下土壤 pH 的变化

8.2.1.3　土壤有机质

土壤有机质包括腐殖物质、有机残体和微生物体等，是土壤固相物质中最活跃的部分，其含量为 1%~3%，对土壤性状的影响很大。土壤有机质是植物养分的主要来源，能够改善土壤的物理和化学性质。

从图 8-3 中可以看出，在废水、清污轮灌及清水三种灌溉方式下，棉田、轻度、中度和重度盐碱土壤有机质含量的变化趋势大体是一致的。随着灌溉时间延长，土壤有机质含量显著升高，废水灌溉方式对有机质的改良效果好于清水和清废轮灌。

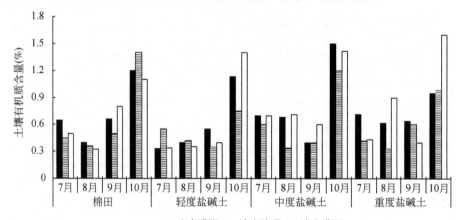

图 8-3　不同灌溉方式下土壤有机质含量的变化

8.2.1.4　土壤 Cl⁻

研究区域所在地属滨海地区，土壤中可溶性盐主要组分为 NaCl，因此土壤中的 Cl⁻ 含量较高。如图 8-4 所示,在三种不同的灌溉方式下,轻度、中度和重度土壤的 Cl⁻ 月间变化趋势大体一致,均呈现逐渐降低的趋势。其中,清废轮灌灌溉方式下,4 种土壤中的 Cl⁻ 含量均为最低。原造纸废水中 Cl⁻ 的含量为 98.893g/L,直接用于灌溉时,土壤中的 Cl⁻ 含量会明显增大。因此废水灌溉方式下,土壤中 Cl⁻ 的含量会高于其他两种灌溉方式。

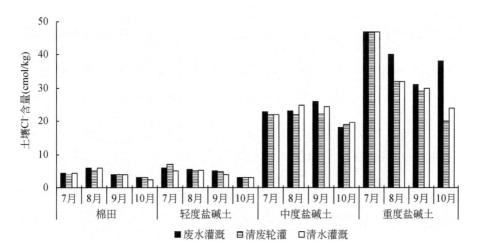

图 8-4　不同灌溉方式下土壤 Cl⁻ 含量变化

8.2.1.5　土壤全磷

全磷量即磷的总量,包括有机磷和无机磷两大类。土壤磷是植物磷素的主要来源,全磷含量是土壤肥力的重要指标,全磷表明土壤磷库的大小(曲均峰等,2008)。

由图 8-5 可以看出,不同灌溉方式下棉田、轻度、中度和重度盐碱土壤全磷含量变化基本一致,有逐渐上升的趋势。

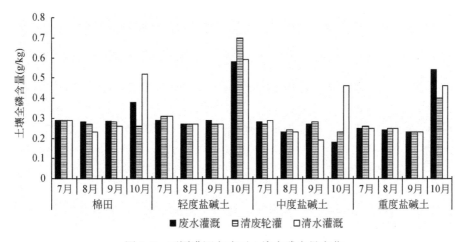

图 8-5　不同灌溉方式下土壤全磷含量变化

土壤中的磷素大部分是以缓效态存在,因此土壤全磷含量并不能单独作为土壤磷素供应的指标,全磷含量高时并不意味着磷素供应充足,而全磷含量低于某一水平时,却能指示磷素供应不足。

8.2.1.6 土壤有效磷

土壤有效磷又称速效磷，是土壤中可被植物吸收的磷，包括全部水溶性磷、部分吸附态磷和有机态磷，是土壤中能被当季作物吸收的磷量。土壤中有效磷是土壤磷素养分供应水平高低的指标，土壤磷素含量高低在一定程度上反映了土壤中磷素的储量及供应能力（陈为峰，2005）。土壤中有效磷含量和全磷含量之间不是直线相关，但当土壤全磷含量低于0.03%时，土壤往往表现为缺少有效磷（章家恩和徐琪，1997）。

由图8-6可以看出，不同灌溉方式下棉田、轻度、中度和重度盐碱土壤中有效磷的含量变化趋势是大体一致的。其中，9月的有效磷含量为最高值。并且从图8-6中可以明显地看出，清废轮灌方式下，棉田、轻度、中度和重度盐碱土壤的有效磷含量均高于其他两种灌溉方式。

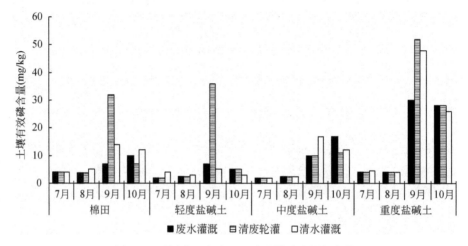

图8-6 不同灌溉方式下土壤速效磷含量的变化

8.2.1.7 土壤全氮

氮素在土壤中主要以有机态和无机态形式存在。土壤中全氮量与有机质含量成正比。无机氮主要是铵盐、硝酸盐和极少量的亚硝酸盐，它们容易被作物吸收利用，一般只占全氮含量的1%~2%。

如图8-7所示，不同灌溉方式下，中度和重度盐碱土壤中全氮含量月间变化趋势基本一致，变化不大，不同灌溉方式间差异不明显。

8.2.1.8 土壤碱解氮

碱解氮又称水解性氮，主要包括无机态氮和一部分有机态氮中易分解的氨基酸、酰胺和易水解的蛋白质，代表土壤中有效性氮的含量。

由图8-8可以看出，不同灌溉方式下中度和重度盐碱地土壤中碱解氮的月间含量变化

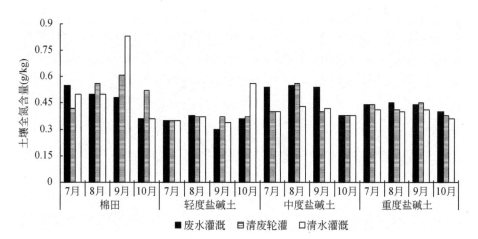

图 8-7　不同灌溉方式下土壤全氮含量的变化

比较明显，其中 9 月的碱解氮含量为最高。清废轮灌方式下，轻度盐碱化土壤的碱解氮含量较高，与其他处理方式的变化趋势相比有明显差异。

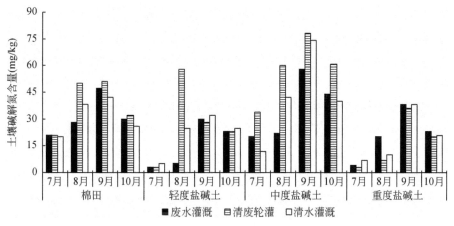

图 8-8　不同灌溉方式下土壤碱解氮含量的变化

8.2.1.9　土壤 Na^+、K^+

钾是植物生长发育不可缺少的元素，土壤速效钾分为交换性钾和水溶性钾两部分。土壤中钠离子的含量与土壤中钾、钙等元素活性密切相关，如果钠的含量超过一定限度将会抑制钾、钙等离子的活性。

如表 8-3 所示，不同灌溉方式下中度和重度盐碱土壤中 Na^+、K^+ 的含量月间变化趋势基本一致。不同灌溉方式下棉田土壤 Na^+ 的去除效果好于其他三种土壤。清废轮灌方式下，8 月、9 月 Na^+ 含量均为最低。不同灌溉方式下，K^+ 含量均呈上升趋势。棉田、轻度盐碱土壤中 K^+ 的含量较其他两种盐碱化程度较高的土壤增加明显。

表 8-3　不同灌溉方式下土壤 Na^+、K^+ 含量的变化（单位：cmol/kg）

时间（年–月）	K^+/Na^+	废水灌溉				清废轮灌				清水灌溉			
		棉田	轻度盐碱土	中度盐碱土	重度盐碱土	棉田	轻度盐碱土	中度盐碱土	重度盐碱土	棉田	轻度盐碱土	中度盐碱土	重度盐碱土
2008-7	K^+	0.098	0.097	0.121	0.109	0.104	0.106	0.113	0.108	0.098	0.096	0.120	0.108
	Na^+	0.176	0.208	1.114	0.792	0.224	0.264	1.015	0.742	0.246	0.200	1.065	0.879
2008-8	K^+	0.057	0.149	0.084	0.165	0.049	0.158	0.149	0.177	0.078	0.280	0.182	0.178
	Na^+	0.166	0.211	1.348	1.088	0.200	0.246	1.845	1.546	0.268	0.164	1.920	1.185
2008-9	K^+	2.000	1.979	2.204	2.033	1.830	1.893	2.269	2.000	1.733	1.861	2.183	1.969
	Na^+	3.850	4.682	20.763	41.496	3.090	3.735	16.376	38.371	3.304	4.555	19.359	48.61
2008-10	K^+	2.365	2.388	2.495	2.457	2.277	2.382	2.538	2.383	2.269	2.222	2.515	2.354
	Na^+	3.904	4.070	15.398	63.153	5.186	5.897	19.499	41.545	4.272	4.860	19.935	46.963

8.2.1.10　结论

通过以上分析可知，不同灌溉方式下，土壤理化性质均有不同程度的改善。废水灌溉和清废轮灌方式下土壤理化性质的改良效果优于清水灌溉，其中，含盐量、有机质、碱解氮、速效钾的含量提高最大；轻度盐碱土壤各理化指标的改良效果最明显，且整体好于棉田土。不同灌溉方式的改良效果依次为废水灌溉 > 清废轮灌 > 清水灌溉。

8.2.2　废水灌溉方式对土壤生物学性质的影响

8.2.2.1　土壤微生物

土壤细菌、真菌和放线菌是土壤三大类微生物，可以反映土壤微生物总量，在土壤有机质和无机质的转化中起着巨大作用，其对促进碳循环和腐殖质形成有重要作用，与土壤肥力的形成密切相关。真菌在土壤中主要以菌丝体、孢子的形式存在，是分解土壤有机质的主要微生物之一。

（1）不同灌溉方式下土壤细菌月变化

由图 8-9 可以看出，在废水灌溉、清污轮灌以及清水灌溉三种灌溉方式下，棉田、轻度盐碱化、中度盐碱化土壤的细菌月间变化趋势大致是一致的。9 月、10 月细菌数量比 7 月、8 月有较为明显的提高。并且由图 8-9 可知，各种土壤的微生物数量在 8 月有小幅度的回落，这可能是气温的原因，8 月气温较高，不大适宜微生物生长，所以微生物数量有小幅度回落。棉田土壤和重度盐碱化土壤采用污水灌溉方式，细菌数量较多；轻度盐碱化土壤和重度盐碱化土壤采用清污轮灌方式，细菌数量较多。由于污水灌溉和清污轮灌都为土壤提供了大量的有机质，细菌利用这些有机质生长，所以，在这两种灌溉方式下，细菌数量较多。

（2）不同处理方式下不同盐碱化土壤真菌月变化

由图 8-10 可以看出，在废水灌溉、清废轮灌以及清水灌溉三种灌溉方式下，棉田、轻度盐碱化土壤的真菌月间变化趋势大致是一致的，中度盐碱化、重度盐碱化土壤的真菌月

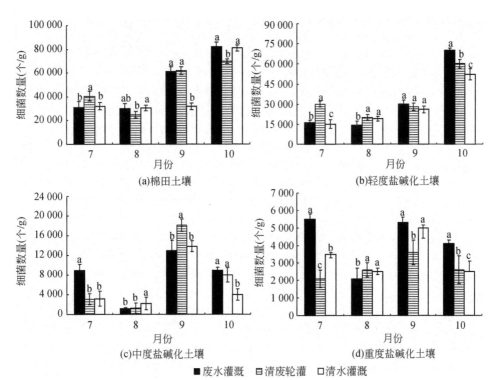

图 8-9　不同处理方式下不同土壤细菌月间变化情况（$P < 0.05$）

不同字母表示同一月份不同处理方式差异显著，后同

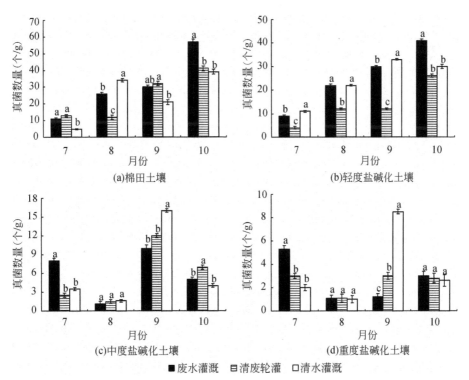

图 8-10　不同灌溉方式下土壤真菌月间变化情况（$P < 0.05$）

变化趋势大致是一致的。3 种灌溉方式中，棉田、轻度盐碱化、重度盐碱化土壤采用废水灌溉方式真菌数量较多，中度盐碱化土壤采用清废轮灌方式真菌数量较多。在棉田土壤和轻度盐碱化土壤中，真菌数量随着月份的变化而增加；在中度盐碱化和重度盐碱化土壤中，真菌的数量在 8 月有小幅度回落，9 月、10 月又开始增加。这可能是由于真菌在土壤中主要以菌丝体、孢子的形式存在，是分解土壤有机质的主要微生物之一，能引起土壤中植物残体主要成分（纤维素、木质素、果胶）的分解，而浇灌的造纸废水中含有大量纤维素、木质素，在棉田土壤和轻度盐碱化土壤中，真菌基数较大，所以能及时分解利用纤维素和木质素，而在中度盐碱化土壤和重度盐碱化土壤中，真菌基数较小，刚开始不能及时分解利用纤维素和木质素，对真菌造成抑制，随着浇灌次数的增加，真菌也利用提供的有机质数量大量增长，所以出现先回落再增长的趋势。

（3）不同灌溉方式下土壤放线菌月变化

由图 8-11 可以看出，在废水灌溉、清废轮灌以及清水灌溉 3 种灌溉方式下，棉田、轻度盐碱化、中度盐碱化土壤的放线菌月间变化趋势大致一致，重度盐碱化土壤的放线菌月间变化与其他 3 种土壤不同，3 种处理方式中，4 种土壤均采取废水灌溉方式放线菌数量较多。棉田土壤、轻度盐碱化土壤、中度盐碱化土壤中放线菌的数量都随着浇灌次数的增加而逐渐增多，而重度盐碱化土壤中，放线菌数量先减少后增加。

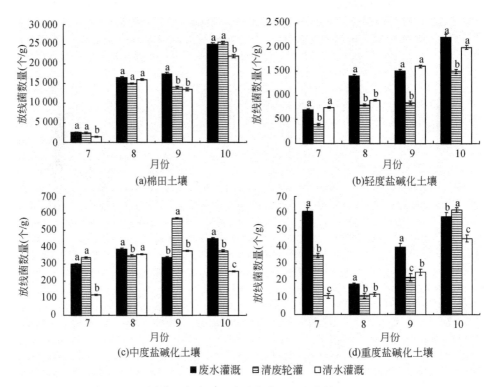

图 8-11　不同灌溉方式下土壤放线菌月间变化情况（$P < 0.05$）

8.2.2.2 土壤酶活性

脲酶是一种酰胺酶，能促进尿素分解和多肽链肽键水解，有效分解基质中的蛋白质，与基质微生物数量、有机质、全氮和凯氏氮含量相关，土壤中氮素含量越高，脲酶活性越高；有机磷是土壤全磷的重要组成部分，占土壤全磷的20%～50%，有机磷必须在各种湿地磷酸酶转化为无机磷后才能被植物根系及土壤微生物吸收，磷酸酶能促进磷酸酯水解释放出磷酸根，磷酸酶活性与土壤中有机物含量及供氧条件有关，土壤养分充足，供氧条件越好，酶活性越高；脱氢酶是一种氧化酶，能促进碳水化合物、有机酸等有机物脱氢氧化，起递氢体作用，其活性主要受气温和基质的影响。同时三种酶活性都受气温影响，通常酶活性在8月、9月达到最大值，气温升高或降低都对酶活性有一定影响（董丽洁等，2010）。

（1）不同灌溉方式下土壤脲酶活性月间变化

由图8-12可看出，在废水灌溉、清废轮灌以及清水灌溉三种灌溉方式下，棉田、轻度盐碱化、中度盐碱化、重度盐碱化土壤的脲酶活性月间变化趋势大致是一致的。7月、8月脲酶活性较低，随着灌溉次数的增加，9月、10月脲酶活性较7月、8月有较为明显的提高。对棉田土壤来说，废水灌溉处理下脲酶活性最好，10月废水灌溉处理下，棉田土壤脲酶活性比对照提高了53.4%；对于轻度、中度、重度盐碱化土壤，清废轮灌处理下，脲酶活性最高，10月清废轮灌处理下，轻度、中度、重度盐碱化土壤的脲酶活性分别比对照提高了11.1%、44.7%、83.2%。7月、8月脲酶活性较本底值低，而9月、10

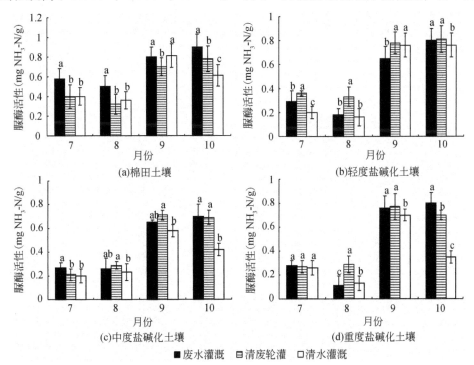

图8-12 不同灌溉方式下土壤脲酶活性月间变化情况（$P < 0.05$）

月脲酶活性显著增加，说明脲酶的活性先受到抑制，然后才恢复，这与严金龙等（2008）的研究结果一致。浇灌初期，脲酶活性受废水 COD 的影响而被抑制，但随着浇灌次数的增加，土壤中的有机质和有机氮增加，从而提高了脲酶的活性，这可能是脲酶活性先受到抑制，然后才恢复的原因。

（2）不同灌溉方式下土壤磷酸酶活性月间变化情况

由图 8-13 可以看出，在废水灌溉、清废轮灌以及清水灌溉三种灌溉方式下，棉田、轻度盐碱化、中度盐碱化、重度盐碱化土壤的磷酸酶活性月间变化趋势大致是一致的。8月、9 月 4 种土壤的磷酸酶活性达到最大值，10 月磷酸酶活性略低于 9 月。废水灌溉、清废轮灌以及清水灌溉三种处理下，废水灌溉和清废轮灌处理下磷酸酶活性有较大提高，对棉田土壤来说，废水灌溉处理下磷酸酶活性最高；对于轻度、中度及重度盐碱化土壤来说，清废轮灌处理下磷酸酶活性最高。但磷酸酶活性在 9 月达到最大值，10 月比 9 月有所下降，这与李甲亮等（2008a）的研究结果一致。磷酸酶活性与土壤中有机物含量及供氧条件有关，土壤养分充足，供氧条件越好，酶活性越高。另外，磷酸酶活性受季节影响较大，10 月以后，活性下降。

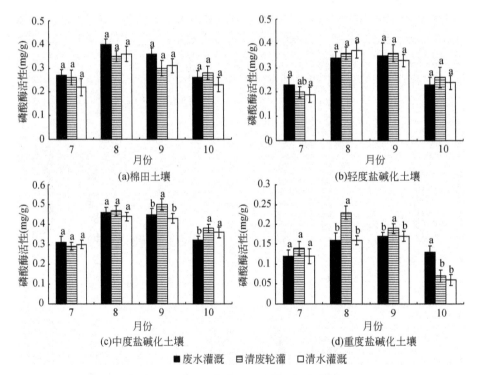

图 8-13 不同灌溉方式下土壤磷酸酶活性月间变化情况（$P < 0.05$）

（3）不同灌溉方式下土壤脱氢酶活性月间变化情况

由图 8-14 可以看出，4 种土壤的脱氢酶活性变化趋势不一致。棉田土壤脱氢酶活性10 月达到最大值；轻度、中度盐碱化土壤脱氢酶活性 8 月达到最大值；重度盐碱化土壤脱氢酶活性 9 月达到最大值。棉田、轻度盐碱化土壤在废水灌溉处理下，脱氢酶活性最高；中度、重度盐碱化土壤在清废轮灌处理下，脱氢酶活性最高。废水灌溉后，由于供氢体的增加，棉田土壤与轻度盐碱化土壤的脱氢酶活性迅速增加，而中度盐碱化土壤和重度盐碱化土壤则在清废轮灌处理下脱氢酶活性增加，这可能与其土壤基质有关，这两种土壤中微生物含量远小于棉田土壤，废水灌溉中大量的污染物质抑制了微生物的活性，而清废轮灌处理则提供了较为适宜的养分比例，并且也减少了污染物质的含量。

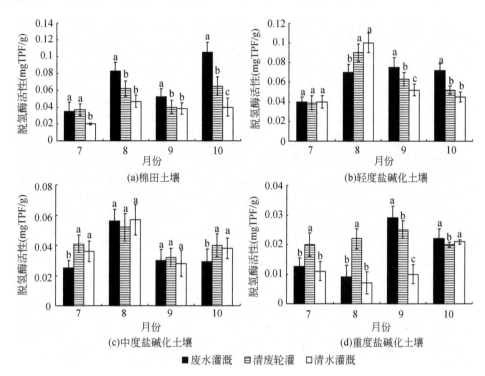

图 8-14　不同灌溉方式下土壤脱氢酶活性月间变化情况（$P < 0.05$）

8.2.2.3　结论

1）废水灌溉或清废轮灌后，不同程度盐碱化土壤微生物数量显著增加，是因为灌溉增加了土壤中的有机氮和有机质，与清水灌溉相比，废水灌溉和清废轮灌处理方式 10 月月底测定棉田土壤的有机质和全氮含量平均增加了 37%、34.7%；轻度盐碱化土壤的有机质和全氮含量平均增加了 30.7%、26.7%；中度盐碱化土壤的有机质和全氮含量平均增加了 45.2%、17.6%；重度盐碱化土壤的有机质和全氮含量平均增加了 57.9%、10.2%。灌溉后土壤有机质的增加为微生物提供了大量的碳源，促进了微生物生长。

2）由细菌、真菌、放线菌的数量来看，棉田土壤和轻度盐碱化土壤采用污水灌溉方式，三种微生物平均数量最多；中度盐碱化土壤和重度盐碱化土壤采用清废轮灌方式，三种微生物平均数量最多。污水灌溉方式下，棉田土壤的细菌、真菌以及放线菌的数量分别是清废轮灌模式下的 1.41 倍、1.12 倍、1.32 倍；轻度盐碱化土壤的细菌、真菌以及放线菌的数量分别是清污轮灌模式下的 1.17 倍、1.05 倍、1.24 倍；清废轮灌方式下，中度盐碱化土壤的细菌、真菌以及放线菌的数量分别是废水灌溉模式下的 1.22 倍、1.19 倍、1.36 倍，重度盐碱化土壤的细菌、真菌以及放线菌的数量分别是废水灌溉模式下的 1.07

倍、1.14 倍、1.21 倍。

3）丰富多样的微生物种类不仅是维持土壤健康的重要因素，其多样性变化也是监测土壤质量变化的敏感指标，作为生物指示物，土壤微生物用于评价生态恢复状况是可行的。因此，浇灌后土壤微生物数量的增加说明，采用处理后的造纸废水浇灌不同程度盐碱化土壤，可有效改善盐碱化土壤质量。

4）与清水灌溉相比，在废水灌溉和清废轮灌处理方式下，10 月月底测定棉田土壤的有机质和全氮含量平均增加了 37%、34.7%；轻度盐碱化土壤的有机质和全氮含量平均增加了 30.7%、26.7%；中度盐碱化土壤的有机质和全氮含量平均增加了 45.2%、17.6%；重度盐碱化土壤的有机质和全氮含量平均增加了 57.9%、10.2%。灌溉后土壤有机质的增加为微生物提供了大量的碳源，微生物利用这些碳源促进生长，增加了酶的活性。废水灌溉或清废轮灌后，不同程度盐碱地土壤脲酶活性显著增加，是因为灌溉增加了土壤中的有机氮和有机质，从而提高了土壤脲酶的活性；灌溉后退化湿地土壤磷酸酶活性有了一定的提高，但并不显著，磷酸酶活性的增加与脲酶活性的增加有一定的相似，其与土壤有机质含量及供氧条件有关，土壤养分高，供氧条件好，酶活性高；脱氢酶活性由于浇灌后供氢体（脱氢酶在反应中以有机物作为供氢体）的增加，因此也有了较明显的提高。

5）由脲酶、磷酸酶、脱氢酶的活性来看，棉田土壤采用废水灌溉处理，三种酶平均活性最高，废水灌溉模式下，棉田土壤的脲酶、磷酸酶及脱氢酶的活性分别是清废轮灌模式下的 1.23 倍、1.05 倍、1.39 倍；轻度、中度、重度盐碱化土壤采用清废轮灌处理，三种酶平均活性最高；清废轮灌模式下，轻度盐碱化土壤的脲酶、磷酸酶及脱氢酶的活性分别是废水灌溉模式下的 1.09 倍、1.08 倍、0.97 倍，中度盐碱化土壤的脲酶、磷酸酶及脱氢酶的活性分别是废水灌溉模式下的 1.12 倍、1.07 倍、1.15 倍，重度盐碱化土壤的脲酶、磷酸酶以及脱氢酶的活性分别是废水灌溉模式下的 0.98 倍、1.12 倍、1.31 倍，清废轮灌更有助于退化盐碱化湿地土壤三种酶活性和肥力的提高。

6）土壤酶活性在一定程度上反映了土壤肥力状况，土壤酶活性的提高说明，采用处理后的造纸废水浇灌不同程度盐碱化土壤，可有效改善盐碱化土壤质量。

8.3 不同浓度废水灌溉对土壤理化性质的影响

在废水灌溉和清废轮灌方式下，土壤理化性质的改良效果明显，达到了预期的实验效果。第二组实验按照不同清废水配比对棉田土进行灌溉，确定最优的灌溉配比，同时探讨造纸废水用于农业灌溉的可行性。

试验所用土壤理化性质本底值见表 8-4。

表 8-4 试验所用土壤理化性质本底值

理化性质	含盐量（%）	有机质（%）	全氮（%）	全磷（g/kg）	碱解氮（mg/kg）	有效磷（mg/kg）
含量	0.937	0.89	0.047	3.62	29.13	4.86
理化性质	Ca^{2+}（cmol/kg）	Cl^-（cmol/kg）	Mg^{2+}（cmol/kg）	K^+（cmol/kg）	Na^+（cmol/kg）	pH
含量	16.27	2.79	4.25	1.18	0.006	7.83

　　如表 8-5 所示，经过 5 种不同比例的废水灌溉后，各理化指标都有了一定程度的改良。原废水灌溉方式下理化性质改良的情况最好，全氮、碱解氮、有效磷、Mg^{2+}、Na^+ 以及 pH 这 6 个指标较其他 4 种灌溉方式的改良效果最好，其中，碱解氮含量增加了 66.6%，Na^+ 的含量降低率达 18.17%。相应的 K^+ 的含量有所上升，清废比为 1:1 的灌溉方式下 K^+ 的含量提高了 3.61%。清废比为 3:1 的灌溉方式下含盐量得到最大幅度的降低，降低率达 86.9%，当然，由于造纸废水中 Cl^- 的含量较高，所以经过一段时间的灌溉，土壤中的 Cl^- 含量呈较为明显的上升趋势。

表 8-5　不同比例污水灌溉下土壤主要理化性质

处理	含盐量 （%）	有机质 （%）	全氮 （%）	全磷 （g/kg）	碱解氮 （mg/kg）	有效磷 （mg/kg）	Cl^- （cmol/L）	Na^+ （cmol/L）	K^+ （cmol/L）	Ca^{2+} （cmol/L）	Mg^{2+} （cmol/L）	pH
1	0.34	0.84	0.050	2.57	48.52	38.48	10.80	0.0053	1.11	12.43	4.71	8.50
2	0.13	0.61	0.037	2.63	21.93	28.87	3.73	0.0054	1.22	14.67	2.78	8.90
3	0.12	0.65	0.036	2.77	23.01	27.18	3.73	0.0058	1.08	12.13	3.44	8.96
4	0.14	0.47	0.039	2.71	27.57	26.35	3.47	0.0057	0.91	14.84	2.43	9.09
5	0.13	0.83	0.039	2.39	23.65	22.26	1.87	0.0057	0.77	15.42	0.86	8.99

8.4　结　　论

　　本研究采用经过处理的造纸废水对退化湿地进行灌溉，一方面可作为淡水资源的补充；另一方面可为土壤提供有机营养物质和微量元素，以改善土壤质量。同时探讨不同造纸废水灌溉模式下，土壤微生物和土壤酶活性变化规律，以期找出合理的灌溉模式。本研究主要得出以下结论。

　　1）废水灌溉或清废轮灌后，不同程度盐碱地土壤微生物数量显著增加。因为灌溉增加了土壤中的有机氮和有机质，与清水灌溉相比，在废水灌溉和清废轮灌处理方式下，10月月底测定棉田土壤的有机质和全氮含量平均增加了 37.0%、34.7%；轻度盐碱化土壤的有机质和全氮含量平均增加了 30.7%、26.7%；中度盐碱化土壤的有机质和全氮含量平均增加了 45.2%、17.6%；重度盐碱化土壤的有机质和全氮含量平均增加了 57.9%、10.2%。灌溉后土壤有机质的增加为微生物提供了大量的碳源，微生物利用这些碳源促进了自身生长。

　　2）由细菌、真菌、放线菌的数量来看，棉田土壤和轻度盐碱化土壤采用废水灌溉方式，三种微生物平均数量最多；中度盐碱化土壤和重度盐碱化土壤采用清废轮灌方式，三种微生物平均数量最多。废水灌溉方式下，棉田土壤的细菌、真菌以及放线菌的数量分别是清废轮灌模式下的 1.41 倍、1.12 倍、1.32 倍；轻度盐碱化土壤的细菌、真菌以及放线菌的数量分别是清废轮灌模式下的 1.17 倍、1.05 倍、1.24 倍；清废轮灌方式下，中度盐碱化土壤的细菌、真菌以及放线菌的数量分别是废水灌溉模式下的 1.22 倍、1.19 倍、1.36 倍，重度盐碱化土壤的细菌、真菌以及放线菌的数量分别是废水灌溉模式下的 1.07 倍、1.14 倍、1.21 倍。

3）废水灌溉或清废轮灌后，不同程度盐碱地土壤脲酶活性显著增加。灌溉增加了土壤中的有机氮和有机质，从而提高了土壤脲酶的活性；灌溉后退化湿地土壤磷酸酶活性有了一定的提高，但并不显著，磷酸酶活性的增加与脲酶活性的增加有一定的相似性，其与土壤有机质含量及供氧条件有关，土壤养分高，供氧条件好，酶活性就高；脱氢酶活性由于浇灌后供氢体（脱氢酶在反应中以有机物作为供氢体）的增加，也有了较明显的提高。

4）由脲酶、磷酸酶、脱氢酶的活性来看，棉田土壤采用废水灌溉处理，三种酶平均活性最高，废水灌溉模式下，棉田土壤的脲酶、磷酸酶以及脱氢酶的活性分别是清废轮灌模式下的1.23倍、1.05倍、1.39倍；轻度、中度、重度盐碱化土壤采用清废轮灌处理，三种酶平均活性最高；清废轮灌模式下，轻度盐碱化土壤的脲酶、磷酸酶及脱氢酶的活性分别是废水灌溉模式下的1.09倍、1.08倍、0.97倍，中度盐碱化土壤的脲酶、磷酸酶及脱氢酶的活性分别是废水灌溉模式下的1.12倍、1.07倍、1.15倍，重度盐碱化土壤的脲酶、磷酸酶及脱氢酶的活性分别是废水灌溉模式下的0.98倍、1.12倍、1.31倍，清废轮灌更有助于退化盐碱化湿地土壤三种酶活性和肥力的提高。

5）在棉田土壤中，微生物的数量和鲜土含水量一般都呈正相关，微生物数量与三种酶的活性也呈一定的相关性；在轻度盐碱化土壤中，真菌数量和放线菌数量呈正相关；鲜土含水量和脱氢酶活性呈正相关；在中度盐碱化土壤中，微生物呼吸与微生物数量有一定的相关性，三种微生物数量之间也存在一定的相关性，而微生物呼吸和放线菌数量之间也呈正相关；在重度盐碱化土壤中，微生物数量之间具有一定的相关性，微生物数量和微生物呼吸、酶活性之间也具有一定的相关性。在重度盐碱化土壤中，微生物呼吸、微生物数量与鲜土含水量都呈负相关。

6）综合三种灌溉方式对土壤微生物和土壤酶活性的影响，本实验得出：棉田土壤采用污水灌溉方式，土壤微生物数量最多，土壤酶活性最高；轻度、中度、重度盐碱化土壤采用清废轮灌方式，土壤微生物数量较多，酶活性最好。

7）土壤微生物数量和土壤酶活性在一定程度上反映了土壤肥力状况，土壤微生物数量的增多和土壤酶活性的提高说明，采用处理后的造纸废水浇灌不同程度盐碱化土壤，可有效改善盐碱化土壤质量。

第9章　造纸废弃物综合利用恢复盐碱化退化湿地技术

9.1　盐分胁迫对芦苇种子萌发的影响

9.1.1　试验设计

分别取 2 g、5 g、15 g 耕作棉田土（含盐量 0.37%）、野外重度盐碱土（含盐量 3.19%）、野外中度盐碱土（含盐量 1.38%）、野外轻度盐碱土（含盐量 0.41%）置于培养皿（内径 9 cm）中，加清水保持湿润，控制种子埋藏深度为 0.5 mm、2 mm、4 mm，各设 3 次重复。同时，在普通培养皿中铺上两层定性滤纸，作为发芽床，分别取当地造纸废水、蒸馏水、棉田土壤提液、野外重度盐碱土浸提液、野外中度盐碱土浸提液、野外轻度盐碱土浸提液作为培养液（浸提液按土水比 1：5 制取），设 3 次重复，观察芦苇种子的发芽情况。所用造纸废水部分水质指标有：COD_{Cr}，1227 mg/L；电导率，6.44 ms/cm；含盐量 0.34%；pH 7.11。每个培养皿随意放置 100 粒种子，置于 25℃ 的培养箱中。每天 9：00 取出观测，以胚芽长出 1 mm 为发芽，统计发芽的种子数目并加水。试验期间，滤纸、土壤均始终保持湿润。试验时间为 10 天。每天统计种子发芽数，第 4 天统计发芽势，第 10 天计算发芽率。

发芽率：$G = n/N \times 100\%$（式中，n 为发芽试验结束后时发芽种子数，N 为供试种子数）。

发芽势：$Gr = n/N \times 100\%$（式中，n 为发芽试验初期发芽种子个数，N 为供试种子数）。

发芽指数：$Gi = \sum Gt/Dt$（式中，Gt 为在时间 t 日的发芽种子个数；Dt 为相应的发芽日数）。

幼苗生长势 = 预选时间内供试种子平均苗长 + 平均根长（马春辉等，2001）。

萌发活力指数（VI）= 种子发芽指数 × 幼苗生长势。

通过室内种子实验考察不同盐碱土对芦苇种子萌发的影响。

9.1.2　结果与分析

9.1.2.1　盐分胁迫对芦苇种子发芽率、发芽势的影响

芦苇种子的萌发对埋藏深度比较敏感（李有志，2007）。对于同一土壤类型，使用不

同量的土壤基质培养使芦苇埋藏深度不同，发芽率、发芽时间也相应变化。实验实际情况如图9-1所示。在当地棉田土壤中埋藏深度为0.5 mm的芦苇种子发芽在第4天，而埋藏深度为2 mm、4 mm的芦苇种子发芽较晚，均在第7天。随着埋土深度增加，芦苇种子发芽率急剧下降。

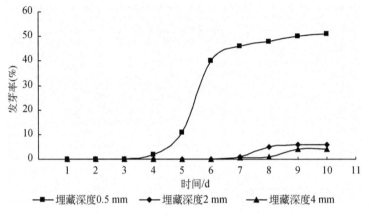

图9-1　棉田土壤中不同埋深处理芦苇种子的发芽率

0.5 mm埋藏深度芦苇种子的发芽率随着土壤盐渍化程度的加深，发芽率大大降低。在当地棉田、低度盐碱土、中度盐碱土、重度盐碱土中，其种子发芽率分别为51%、20%、2%、0%（图9-2）。

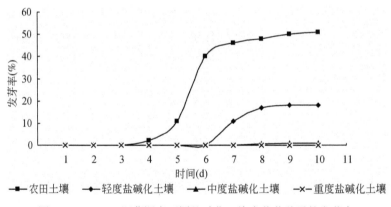

图9-2　0.5 mm埋藏深度不同盐碱化土壤中芦苇种子的发芽率

为了剔除埋藏深度对芦苇种子发芽的影响，用不同盐碱化程度土壤浸提液作为培养液，蒸馏水做空白，利用滤纸作为发芽床进行实验。同时采用造纸废水作为培养液考察造纸废水在芦苇种子萌发期的影响。

从图9-3、图9-4可以看出，芦苇种子发芽率、发芽势随着盐碱化土壤浸提液含盐量的提高而降低。其中虽然造纸废水中的含盐量并不是最高但是它却几乎完全抑制了芦苇种子的萌发，发芽率仅有1.0%。这与造纸废水中的其他复杂成分有关，蒸煮废液中的粗硫酸盐皂、漂白废水中的有机氯化物（如二氯苯酚、氯邻苯二酚等），还有微量的酚等都对种子膜结构和发芽需要的酶活性有不同程度的抑制作用。另外，使用蒸馏水培养液做空白对比发现，虽然蒸馏水中的发芽势为最高，但是，其最终发芽率并没有比含盐 0.276% 的棉田土壤浸提液高，原因可能是蒸馏水仅仅提供水分，缺少营养成分。

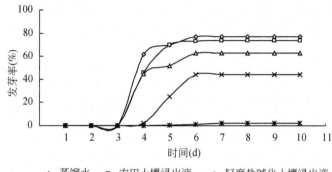

图 9-3　芦苇种子在不同土壤浸提液与造纸废水中的发芽率比较

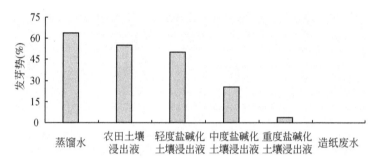

图 9-4　芦苇种子在不同土壤浸提液与造纸废水中的发芽势比较

在盐碱胁迫下，种子发芽速率减缓，发芽日期有所推迟，这是由于在高盐碱条件下，种子的膜结构被破坏，各种酶活性受到抑制，代谢紊乱，致使发芽势降低。

9.1.2.2　盐分胁迫对芦苇种子发芽指数、萌发活力指数的影响

发芽率可以反映盐分对种子萌发的影响，但不能反映出苗的整齐度。发芽指数则表示种子萌发的速率和田间出苗的一致性。同时种子发芽指数是一个统计数字，种子在发芽前期发芽越多，发芽指数就相对越大，所以，发芽指数在一定程度上也可反映种子发芽速率（马春辉等，2001；刘彦清等，2007）。

从图 9-5 可以看出，重度盐碱土的发芽指数几乎为 0，当地棉田土的发芽指数远远高于各类盐碱土，为 17.15。在浸提液中这种随着盐碱度增加而发芽指数降低的趋势则更为明显（图 9-6）。

萌发活力指数不仅反映种子的发芽率，而且能够反映种子的胚根和幼苗的生长情况，即生长势的好坏（刘彦清等，2007）。种子活力是指播种后种子在较广的环境范围内迅速而整齐生长的能力（马鹤林等，1992）。活力指数的计算考虑了种子能否生长和生长整齐度两个因素。经计算芦苇种子在各盐碱化土壤中及其浸提液中的萌发活力指数如图 9-7、图 9-8 所示。

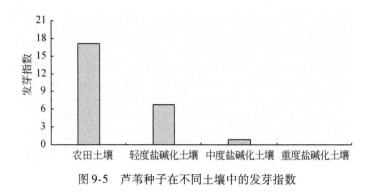

图 9-5　芦苇种子在不同土壤中的发芽指数

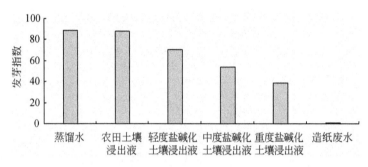

图 9-6　芦苇种子在不同土壤浸提液与造纸废水中的发芽指数

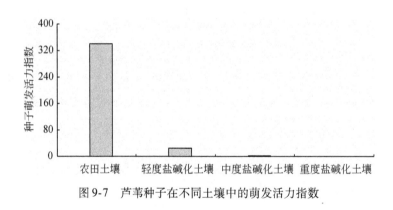

图 9-7　芦苇种子在不同土壤中的萌发活力指数

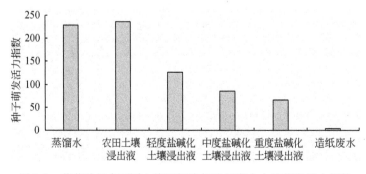

图 9-8　芦苇种子在不同土壤浸提液与造纸废水中的萌发活力指数

9.1.3　结论

1）黄河三角洲滨海湿地土壤盐渍化程度对芦苇种子的萌发影响很大，重度盐碱退化土壤中芦苇种子发芽率很低。高浓度 Na^+、Cl^- 对植物都有毒害作用，高盐分破坏细胞结构，影响种子萌发。

2）造纸废水成分复杂，对芦苇种子萌发有显著的抑制作用，所以，在芦苇种子萌发阶段使用造纸废水污灌时应该慎重，否则，可能会起到相反的作用。

9.2　造纸废弃物综合利用对退化湿地恢复的影响

9.2.1　试验设计

9.2.1.1　重度盐碱退化湿地重建试验设计

造纸废水、污泥、草末综合利用实验设计见表9-1，造纸废水基本性质见表7-2，污泥和草末基本性质见表9-2。

表 9-1　复合重建技术实验设计

实验编号	造纸废水	草末	污泥
实验1	使用	使用	使用
实验2	使用	不用	不用
实验3	使用	使用	不用
实验4	使用	不用	使用

表 9-2　污泥和草末的基本性质

物质	有机质（g/kg）	总氮（g/kg）	总磷（g/kg）	总钾（g/kg）	粒径（mm）
污泥	374	3.97	1.57	0.33	—
草末	533	4.77	1.71	35.92	3

每个实验3个重复，并设3个对照区，共15个实验小区。这15个实验小区采用随机排列的方式进行布置。各个实验小区之间利用土工布下埋30 cm隔离开，防止实验小区之间互相影响，重新布置的实验小区如图9-9、表9-3所示。

图9-9 实验设计图及实景

表9-3 各个实验小区对应的恢复措施

各实验小区具体处理措施	
e-1 深翻 + 废水	f-1 深翻 + 污泥 + 废水 + 草末
e-2 深翻 + 草末 + 废水	f-2 深翻 + 污泥 + 废水
e-3 深翻 + 污泥 + 废水	f-3 深翻 + 废水
e-4 深翻 + 废水	f-4 深翻 + 草末 + 废水
e-5 深翻	f-5 深翻 + 污泥 + 废水 + 草末
e-6 深翻 + 污泥 + 废水	f-6 深翻
e-7 深翻 + 污泥 + 废水 + 草末	f-7 对照
e-8 深翻	f-8 深翻 + 草末 + 废水

　　参考当地棉田施肥水平与污泥草末中的碳、氮含量，施加污泥700 kg/亩和草末1100 kg/亩。经过这些措施，土地盐渍的情况得到缓解后再栽种芦苇。2008年3月按照40 cm×30 cm间距，每小区栽种45墩芦苇，所用芦苇均来源同一芦苇自然生长地区。观察不同处理条件对重建芦苇湿地的效果。同时在附近选择了轻度盐碱退化湿地同步重建并选择无退化自然生长区作为对比，观测芦苇生长恢复情况。

9.2.1.2 退化湿地恢复试验设计

选择质地相近退化盐碱化芦苇湿地，划分为5个区域。处理措施为

1区：深翻 + 污泥。

2区：深翻 + 污泥 + 草末。

3区：深翻 + 草末。

4区：深翻。

5区：自然对照。

深翻深度：20 cm。污泥使用量：700 kg/亩。草末使用量：1100 kg/亩。在每个区内设6个1 m²样方，动态监测芦苇的生长和土壤性质的变化，通过这样的设计来考察不同的处理措施对芦苇湿地的恢复效果。

9.2.2 结果与分析

9.2.2.1 重度盐碱退化湿地重建实验

（1）对湿地芦苇生长的影响

3月栽种后，观测各种处理下的成活率情况，深翻＋污泥＋废水的处理成活率最高。后随6月、7月旱季到来各种处理均有芦苇死亡，其中仅使用深翻处理的对照小区成活率最低，在旱季成活率也下降最快，如图9-10所示。统计分析表明3种处理方式（"深翻＋草末＋废水"、"深翻"、"深翻＋污泥＋废水＋草末"）间的成活率没有显著性差异。但"深翻＋污泥＋废水"处理的成活率与其他各组间有显著性差异，略高于其余各组。

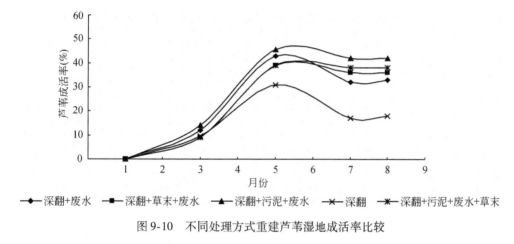

图9-10 不同处理方式重建芦苇湿地成活率比较

8月，将最终芦苇成活率进行统计分析表明，各个处理的最终成活率在0.05水平上存在显著性差异，并且深翻＋废水、深翻＋草末＋废水、深翻＋污泥＋废水、深翻＋污泥＋废水＋草末4种处理的成活率都高于"深翻"处理，与"深翻"处理相比差异显著。因此，这几种处理措施对重建芦苇湿地都具有一定效果，其中"深翻＋污泥＋废水"方式的成活率最高，达到43.4%。

在重度盐碱退化湿地采用不同处理后，按月观察各个处理中的芦苇成长株高，如图9-11所示。虽然重建后整体株高都偏低，且4~6月各个处理差别不大。但是7~10月各个处理间的差距开始显现出来，"深翻＋草末＋废水"的处理最终株高好于其他处理。

与不同盐碱退化湿地作对比实验可以看出，自然生长区的芦苇生长速率明显高于盐碱退化区，在10月停止生长后可以达到2 m左右的高度。而在轻度盐碱退化湿地重建芦苇后当年仅能达到1 m，重度盐碱退化重建区的当年芦苇生长则更低只有35 cm左右，没有恢复到无退化生长区域的状态（图9-12）。

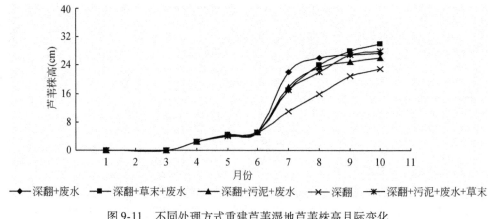

图 9-11　不同处理方式重建芦苇湿地芦苇株高月际变化

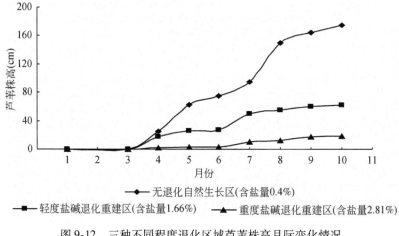

图 9-12　三种不同程度退化区域芦苇株高月际变化情况

（2）对退化湿地土壤性质的影响

造纸废弃物综合利用不但对植物生长有促进作用，而且对土壤性质有一定程度的影响。本研究通过土壤理化性质（容重、盐碱度和养分）、微生物性质（微生物量碳、土壤呼吸、微生物代谢商）和酶活性（脲酶、磷酸酶、蔗糖酶、脱氢酶和过氧化氢酶）的改善程度来反映造纸废弃物的综合利用对退化湿地土壤的修复效果（Xia et al.，2011）。

A. 对土壤容重的影响

从图 9-13 可以看出，所有处理土壤容重均降低。与 3 月相比，翻耕（P）、翻耕＋造纸废水（PE）、翻耕＋造纸废水＋草末（PER）、翻耕＋造纸废水＋污泥（PES）和翻耕＋造纸废水＋污泥＋草末（PERS）处理土壤容重分别降低了 2.1%、5.04%、8.29%、6.25% 和 12.19%，并且 PE、PER、PES 以及 PERS 降低程度均显著（$P < 0.05$），表明在 P、PE、PES 及 PERS 这 4 种处理均可显著降低土壤容重，且在翻耕的基础上同时使用三种造纸废弃物对土壤容重的改良效果最好。PER 比 PES 处理能更有效降低土壤容重，这是因为草末的粒径较大（3 mm，见表 6-3），可以更有效地增加土壤的孔隙度，从而降低容重，但两处理差异不显著。不同处理间除 P 和 PERS 差异显著，其余均不显著。

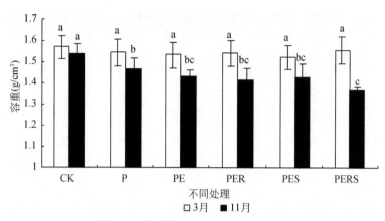

图 9-13　不同处理对土壤容重的影响

不同字母表示显著性差异，$P < 0.05$

除 CK 外，其余所有小区土壤容重均显著降低，表明翻耕和有机物质的添加可以疏松土壤，这和其他研究结果一致，研究表明翻耕或有机物质（如麦秸、轧棉机废弃物的堆肥以及家禽粪便）都可以降低土壤容重（Tejada et al.，2006；Alvarez et al.，2009；Humberto，2007）；Singh 和 Malhi（2006）也报道，无论添加有机物质与否，翻耕都可降低土壤容重。

B. 对土壤水溶性盐分的影响

a. 水溶性总盐

图 9-14 展示了土壤水溶性总盐、温度及降水量随时间的变化。CK 处理随时间的变化显示了在自然温度和降水量的影响下土壤水溶性总盐的季节性变化趋势：5 月，温度和降水量均升高，温度上升所带来的土壤返盐比降水洗盐所降低的盐分多，从而导致了土壤盐分增加；8 月，降水量大幅度增加，虽然温度也有所上升，但综合作用之下，更多的盐分因被淋溶而迁移到下层土壤，再通过降渍沟排出土壤，从而降低了土壤盐分；11 月，温度和降水量均大幅度降低，土壤盐分有所升高。

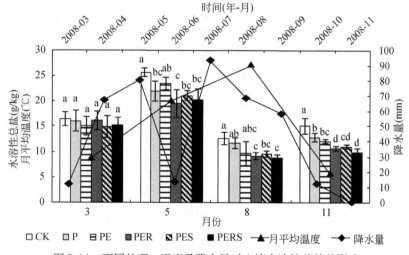

图 9-14　不同处理、温度及降水量对土壤水溶性总盐的影响

不同字母同一月份表示显著性差异，$P < 0.05$

所有灌溉处理和 CK 表现出相同的变化趋势。3 月，各处理水溶性总盐含量（14.93～16.44 g/kg）差异不显著，但是随时间的变化各处理间差异变得显著。11 月，P、PE、PER、PRS 和 PERS 水溶性总盐含量分别比对照降低了 14.72%、19.71%、29.58%、26.81% 和 34.30%，并且均显著低于 CK，表明所有处理均可显著降低土壤水溶性总盐含量，且 PERS 的降盐效果最好。PER 比 PES 能更多地降低土壤盐分，这是因为 PER 处理容重降低较大，土壤结构较好，可以更有效地促进土壤盐分的淋溶。

所有处理土壤水溶性总盐都较对照显著降低，表明灌溉处理可以起到降低土壤盐分的作用，有机物质的添加可以减少蒸发以防止返盐积盐。Malik 等（1985）也报道了类似的结果，表明植物覆盖可以缓解盐碱土壤盐分的胁迫。本研究土壤水溶性盐分季节性变化规律表明，从 3～5 月气温的上升会导致一定程度的返盐，而 8 月的雨季土壤盐分又得到淋洗从而降低。随时间的变化不同处理间显著差异表明污泥和草末的覆盖降低了土壤盐分的累积。

b. Na^+ 和 Cl^-

从图 9-15 和图 9-16 可知，土壤 Na^+ 和 Cl^- 含量在不同修复技术以及温度和降水的影响下的变化趋势总体与土壤水溶性总盐变化趋势一致：随着降水量的增大而降低、随着温度的升高而上升，最低含量出现在 8 月。并且在 8 月，所有处理 Na^+ 和 Cl^- 含量均显著低于对照；11 月，Na^+ 含量除了 P 处理外其他处理均显著低于对照，Cl^- 含量所有处理都显著低于对照。

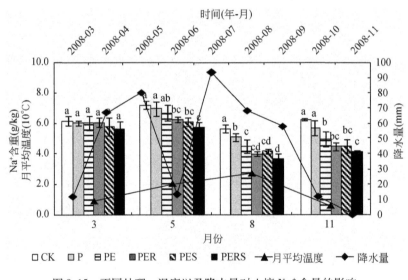

图 9-15　不同处理、温度以及降水量对土壤 Na^+ 含量的影响

不同字母同一月份表示显著性差异，$P < 0.05$

与水溶性总盐一致，PER 比 PES 小区 Na^+ 和 Cl^- 含量均低。实验结束后，Na^+ 在 P、PE、PER、PRS 和 PERS 处理中分别比对照降低了 9.39%、21.00%、28.67%、28.31% 和 34.07%，Cl^- 含量在 P、PE、PER、PRS 和 PERS 处理中分别比对照降低了 17.98%、19.17%、28.79%、27.84% 和 35.58%。

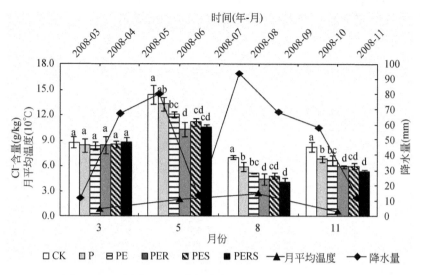

图 9-16　不同处理、温度及降水量对土壤 Cl⁻ 含量的影响

不同字母同一月份表示显著性差异，$P < 0.05$

C. 对土壤钠吸附比的影响

吸附比（SAR）高于 13 的土壤属于碱化土壤，从图 9-17 可以看出，试验前土壤 SAR 高于 13，为碱化土壤。随着时间的变化，CK 和 P 小区 SAR 从 3～5 月略有升高，但变化不明显，这主要是由于土壤 Na⁺ 含量升高所致；8 月两小区 SAR 均下降，之后又有所上升；11 月，与实验前相比，P 处理比 CK SAR 降低程度高。PE、PER、PES 和 PERS 处理一直为下降趋势，直到 8 月之后降水量减少，土壤 Na⁺ 有所升高，从而导致 SAR 略有增大。11 月，所有处理 SAR 均显著低于 CK，分别比对照降低了 16.81%（P）、25.67%（PE）、30.18%（PER）、30.64%（PES）和 33.27%（PERS），表明翻耕、灌溉造纸废水、添加污泥和草末均可以降低土壤碱度。

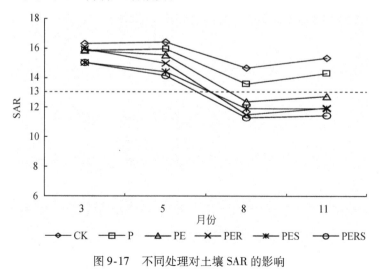

图 9-17　不同处理对土壤 SAR 的影响

翻耕和灌溉造纸废水降低土壤 SAR 机理同前面章节。造纸污泥中含有大量微生物，

也可分泌有机酸，增加 Ca^{2+} 含量，同时污泥的添加也降低了土壤 Na^+ 含量。草末的添加不仅降低了土壤 Na^+ 含量，并且改善了土壤水、气、热的平衡，有利于微生物的繁殖和代谢，从而有利于 $CaCO_3$ 的溶解。因此添加造纸污泥和草末到重度退化盐碱湿地均可通过提高 Ca^{2+} 含量和降低 Na^+ 含量以降低土壤 SAR，Choudhary 等（2011）的研究表明，对钙质土壤灌溉钠质水的同时添加农肥、绿肥和麦秸可促进土壤中的 $CaCO_3$ 溶解。

图 9-17 中虚线为土壤碱化与否的分界线，结果表明，在 8 月，PE、PER、PES 和 PERS 这 4 种处理均将该实验样地改良为非碱化土壤；11 月，虽然各处理 SAR 均略有上升，但均低于 13。因此，翻耕、灌溉造纸废水、添加污泥和草末的综合使用可以有效地改善土壤碱度，并且以 4 种措施同时使用效果最好。

D. 对土壤养分的影响

表 9-4 为经过翻耕、造纸废水灌溉、添加污泥和草末的措施下土壤养分的变化情况。

a. 土壤有机质

CK 和 P 小区土壤有机质含量从实验前到实验结束均有下降趋势，但差异不显著。CK 有机质含量的下降表明该实验样地在自然条件下土壤有机质处于流失状态；P 的下降表明翻耕会造成土壤有机质在一定程度上的流失。PE、PER、PES 和 PERS 处理，土壤有机质含量均处于上升趋势，在 11 月（秋季）达到最高值，且均显著高于对照，分别比对照高 21.94%、33.72%、28.56% 和 37.38%。PE 处理有机质含量虽然持续升高，但是没有达到显著的效果；PER、PES 和 PERS 处理在 8 月和 11 月均表现出有机质含量显著高于实验前，分别比实验前提高了 31.30%、26.51% 和 33.20%。

造纸废水灌溉有助于土壤有机质的提高在前面章节已做讨论。造纸污泥同样含有大量有机物质，添加后可增加土壤有机质含量，这与其他研究结果一致（Rato et al.，2008；Simrd et al.，1998；Aitken et al.，1998）。造纸剩余草末是经腐熟后的植物纤维，添加到土壤后也可增加土壤有机质含量。Roca-Pérez 等（2009）也报道了将污泥和稻草一起堆肥添加到土壤中可提高土壤有机质含量。与 PES 处理相比，PER 对土壤有机质含量的提高更多，这是因为草末的有机质含量比污泥多（表 9-2）。实验结束后，虽然 PE、PER、PES 和 PERS 处理有机质含量均显著高于 CK，但各处理间差异不显著，表明污泥和草末的添加量可以有所增加。

b. 土壤碱解氮

温度对土壤碱解氮含量有一定的影响，从 CK 处理可以看出，3～11 月，碱解氮含量表现出先升高后降低的趋势，最大值出现在夏季的 8 月，8 月显著高于 3 月，但和 5 月、11 月差异不显著。其他所有处理和 CK 的碱解氮含量表现出相同的季节性变化趋势，最大值均出现在 8 月，这是因为 8 月温度最高，能促进微生物的繁殖，分泌更多的土壤脲酶，增加酶活性，从而促进土壤有机氮的矿化。实验开始前，各小区土壤碱解氮含量差异不显著，随着各修复技术的实施，小区间开始出现显著差异。5 月，所有处理的碱解氮含量均显著高于 CK，各处理间只有 PERS 和 P 差异显著；8 月，所有处理的碱解氮含量均显著高于 CK，并且 PERS 显著高于所有其他处理，PER 和 PES 也显著高于 P；11 月，各小区土壤碱解氮含量均有所降低，但仍显著高于 CK，分别比 CK 高 22.42%（P）、39.93%（PE）、40.10%（PER）、32.38%（PES）和 46.42%（PERS），表明对于土壤碱解氮而言，也是 4 种措施综合使用的效果最好。

表 9-4 不同修复技术对土壤养分的影响

土壤养分	月份	不同修复技术					
		对照	P	PE	PER	PES	PERS
有机质 (g/kg)	3	11.54±1.24Aa	11.79±0.88 Aa	11.86±1.59 Aa	10.92±1.01 Aa	10.89±0.94 Aa	11.06±0.68 Aa
	5	11.19±1.36 Aa	11.46±1.03 Aa	11.45±1.38 Aa	11.27±1.09 ABa	11.14±0.68 ABa	11.41±0.82 ABa
	8	11.03±1.25 Aa	10.92±0.95 Aa	12.71±1.36 Aa	13.44±0.79BCa	13.39±0.90Ba	14.59±0.85BCa
	11	10.72±0.94 Aa	10.82±0.74 Aa	13.07±0.59 Ab	14.34±1.38Cb	13.78±1.37Bb	14.73±1.68Cb
碱解氮 (g/kg)	3	26.30±1.59Aa	27.16±1.53Aa	27.37±0.71Aa	27.21±0.79Aa	27.96±1.75Aa	28.10±1.59Aa
	5	27.94±2.12ABa	31.26±0.40Bb	31.04±1.00Bb	32.49±1.33Bb	32.79±2.18Bb	36.25±2.15Bc
	8	30.46±2.58Ba	37.88±1.55Cb	40.10±1.75Cbc	42.84±1.76Cc	43.02±2.15Dc	46.47±1.05Dd
	11	28.32±1.32ABa	34.67±1.29Db	39.63±1.82Ccd	39.68±2.54Ccd	37.49±1.57Cbc	41.47±1.66Cd
速效磷 (g/kg)	3	9.57±1.46Aab	9.18±0.65Aa	9.25±1.09Aab	10.94±1.67ABb	10.00±0.20Aab	8.76±1.09Aa
	5	10.61±0.89Aa	11.57±1.13Ba	11.90±1.31Ba	12.03±1.56Ba	11.87±0.58Ba	12.24±1.44Ba
	8	10.82±0.80Aa	12.4±1.27Cab	13.25±1.06Bb	13.36±1.01Bb	13.84±0.64Cbc	15.11±0.63Cc
	11	8.99±1.04Aa	9.54±1.06ABa	9.09±1.67Aa	9.03±1.37Aa	9.25±0.35Aa	9.35±0.88ABa
速效钾 (mg/kg)	3	380±9Aa	378±15Aa	401±17Aa	373±21Aa	386±15Aa	396±18Aa
	5	416±13ABa	427±15Bab	446±13Bb	496±8Ccd	497±14Dc	506±12Bd
	8	363±6Ba	376±19Aab	445±20Bc	459±22Bc	398±11ABb	400±23Ab
	11	387±15Ca	381±15Aa	427±24ABb	440±18Bb	427±9BCb	429±18Ab

注: 数据为平均值±标准偏差 ($n=3$); 不同小写字母表示同一月份不同处理差异显著 ($P<0.05$), 不同大写字母表示同一处理不同月份差异显著 ($P<0.05$)

造纸废水灌溉可增加土壤碱解氮在前章节也已有讨论。污泥和草末含有丰富的有机氮（表9-2），使用后给土壤带来了大量的氮源，经矿化后转化为碱解氮。王德汉等（2003）报道，施加造纸污泥比同等量化肥对土壤碱解氮含量的提高多32.4%。草末的有机氮含量比污泥高，所以PER处理土壤碱解氮含量的增加比PES多。

c. 土壤速效磷

土壤速效磷含量和碱解氮类似，受温度的影响，夏季温度高，有利于土壤微生物的繁殖和磷酸酶活性的提高，从而促进有机磷矿化、转化为速效磷，因此，土壤速效磷含量的最大值也出现在8月。CK处理在不同月份土壤速效磷含量的差异不显著，而其他处理5月和8月均显著高于3月，表明各修复技术均显著提高了土壤速效磷含量。与土壤碱解氮类似，翻耕加强了土壤气体的流通，有助于有机磷的矿化；造纸废水、污泥和草末均含有大量有机磷（表7-2和表9-2），为土壤提供了大量有机磷来源。11月，各处理土壤速效磷含量均显著降低，与3月相比没有显著提高。从8～11月，土壤速效磷含量的降低程度远大于碱解氮，原因有待进一步研究。王德汉等（2003）的研究也表明，添加造纸污泥可增加土壤速效磷含量。

d. 土壤速效钾

土壤速效钾含量随时间变化表现出先升高后降低的趋势，最大值出现在5月。3月，各小区土壤速效钾含量差异不显著，之后显著差异开始显现出来，5月、8月、11月，PE、PER、PES和PERS处理土壤速效钾含量均显著高于CK。虽然草末的钾含量远高于污泥，但PER处理土壤速效钾含量却未显著高于PES处理，这是因为草末中的有机钾没能完全转化为速效钾。

E. 对土壤酶活性的影响

a. 土壤脲酶

从图9-18可知，土壤脲酶活性随时间的变化很明显，随着气温的上升，脲酶活性显著增强，从3～11月呈现出先上升后下降的趋势，最大值出现在8月（夏季），与土壤碱

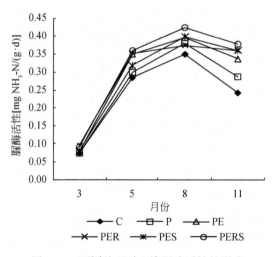

图9-18　不同处理对土壤脲酶活性的影响

解氮的变化其实一致。所有处理的脲酶活性都显著高于 CK，且在 11 月达到显著效果，分别比 CK 高 18.17%（P）、38.14%（PE）、47.92%（PER）、48.31%（PES）和 54.88%（PERS），表示所有处理均可显著提高土壤脲酶活性，且 PERS 处理的效果最好。

翻耕处理促进了土壤气体的循环，从而有助于脲酶活性的增强。其他处理土壤脲酶活性的提高，一方面是由于各处理为土壤提供了大量的脲酶反应基质有机氮，另一方面由于经过处理后土壤微生物的繁殖分泌了更多的脲酶。各处理脲酶活性的提高程度与对土壤有机氮的供给量一致，PERS 处理的有机氮供给量最大，从而脲酶活性最高；另外，PERS 处理土壤微生物量也最高，这是脲酶活性最高的另一个重要原因。

b. 土壤磷酸酶

土壤磷酸酶活性随季节的变化趋势和土壤速效磷一致：先升高后降低，在 8 月达到最大值（图 9-19）。与土壤脲酶类似，磷酸酶最大值出现在 8 月也是因为夏季温度高，有利于微生物的繁殖，可以分泌更多的磷酸酶。8 月，P、PE、PER、PES、PERS 处理分别比 CK 土壤磷酸酶活性高 7.67%、11.74%、18.33%、15.93% 和 32.01%，表明翻耕、造纸废水灌溉、添加污泥和草末可以提高土壤磷酸酶活性。翻耕促进了土壤气体的流通，有助于磷酸酶活性的提高；造纸废水、污泥和草末均含有大量有机磷，为土壤提供了磷酸酶的反应基质，从而可以提高磷酸酶活性；同时，各处理土壤微生物量增加，促进了磷酸酶的分泌。与 3 月相比，11 月 CK 小区土壤磷酸酶的活性降低了 19.65%，而其他处理 11 月土壤磷酸酶活性均高于 3 月。总体上，PERS 处理对土壤磷酸酶活性的提高最明显。

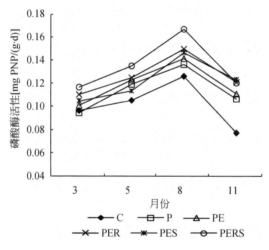

图 9-19　不同处理对土壤磷酸酶活性的影响

c. 土壤蔗糖酶

土壤蔗糖酶活性在不同处理下随时间的变化如图 9-20 所示。可以看出，CK 小区土壤蔗糖酶活性随时间变化不显著，而其他处理却表现出明显的季节性变化趋势，表明本实验样地自然条件下受温度、降水等因素的影响不大，而经过人为措施处理后情况迥然不同。这可能是由于没有经过处理的样地土壤蔗糖酶反应基质含量一直处于很低的水平，温度和降水等因素的变化不足以引起蔗糖酶活性的显著响应；而其他处理（P 除外）均给土壤提高了大量有机物质，丰富了土壤蔗糖酶的反应基质，有了足够的反应基质，土壤蔗糖酶活性对温度和降水的响应显现。

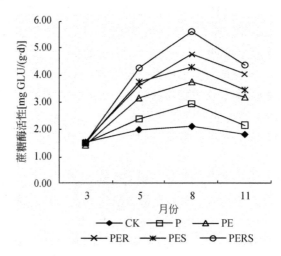

图 9-20　不同处理对土壤蔗糖酶活性的影响

前章节研究显示，翻耕处理不但没有外来有机物质的供给，而且还在一定程度上带来有机物质的流失；但和 CK 相比，土壤蔗糖酶活性却有所提高，表明翻耕所带来的充足的气体对土壤蔗糖酶活性的提高作用很大。

由于经处理后的小区土壤蔗糖酶反应基质的提高可以增强蔗糖酶活性对温度的响应，所以和其他酶一样，蔗糖酶活性也是先升高，在 8 月达到最大值，之后有所降低。11 月，P、PE、PER、PES、PERS 处理土壤蔗糖酶活性分别比 CK 高 18.56%、76.33%、122.74%、90.48% 和 140.71%。蔗糖酶活性的提高一方面得益于翻耕，另一方面由于各处理有机物质的供给；可以看出，有机物质提供得越多，土壤蔗糖酶活性提高得越多。

d. 土壤脱氢酶

土壤脱氢酶活性受温度和降水的影响很显著，3 ~ 8 月，所有小区土壤脱氢酶活性升高，之后下降（图 9-21）。5 月、8 月和 11 月，所有处理土壤脱氢酶活性均显著高于 CK；实验结

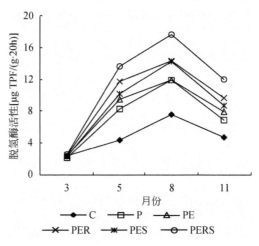

图 9-21　不同处理对土壤脱氢酶活性的影响

束后，P、PE、PER、PES、PERS 处理分别比 CK 高 46.76%、70.97%、107.10%、86.53% 和 158.93%，表明各处理均可显著提高土壤脱氢酶活性，且 PERS 处理的效果最好。

土壤脱氢酶主要是由厌氧微生物分泌，理论上翻耕不利于脱氢酶活性的提高，但是由于本实验土壤盐碱化程度很高，土壤盐分对脱氢酶活性的抑制作用很大，翻耕能促进盐分淋溶，所以综合作用之下，翻耕提高了本实验盐碱土壤脱氢酶活性。脱氢酶是氧化酶的一种，酶促反应主要发生在有机物质氧化过程的初级阶段作用，因此，酶活性对土壤有机物质含量的影响很大；从各处理对土壤脱氢酶活性的提高程度上也可证实这点，有机物质的供给得越多、酶活性提高越多。

e. 土壤过氧化氢酶

由于土壤过氧化氢酶受水分的影响显著，所以其活性在 8 月的雨季最高（图 9-22）。同时各处理土壤过氧化氢酶活性也均显著高于 CK，11 月，分别高 46.8%（P）、71.0%（PE）、107.1%（PER）、86.5%（PES）和 159.0%（PERS）。翻耕对土壤过氧化酶活性的提高同样是因为提高了土壤气体循环，造纸废水、污泥、草末均含有大量有机物质，输入土壤后均可提高土壤过氧化酶活性，有机物质输入得越多，活性提高的程度越大。

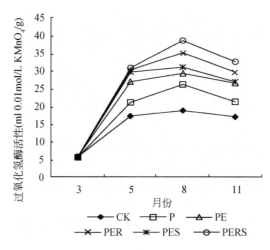

图 9-22　不同处理对土壤过氧化氢酶活性的影响

总之，P、PE、PER、PES 和 PERS 处理均可在不同程度上提高土壤酶活性，且总体上以 PERS 处理提高程度最大，表明翻耕、灌溉造纸废水、添加造纸污泥和草末综合作用对土壤酶活性的提高效果最好。国内外其他研究也表明，造纸污泥可提高土壤酶活性，如 Chantigny 等（2000）研究表明，脱墨造纸污泥可促进土壤碱性磷酸酯酶和水解酶活性；Baziramakenga 等（2001）研究表明，使用造纸污泥可提高土壤磷酸酯酶和脲酶活性；Gagnon 等（2000）也报道了造纸污泥的使用量和土壤酸性磷酸酯酶显著正相关。Rajashekhara 和 Siddaramappa（2008）研究也显示添加稻草和树木垃圾可以提高稻田土壤酶活性，如酸性磷酸酶和脲酶。

9.2.2.2　退化湿地恢复区芦苇生长状况

深翻破坏了芦苇地下的根，因此采用深翻措施后芦苇稀疏，致使当年各个处理区的芦苇密度都低于自然对照，如图 9-23 所示。

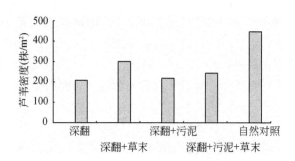

图 9-23　不同处理措施芦苇生长密度比较

4 月，芦苇生长初期未经任何处理自然对照区的芦苇株高明显高于其他处理区。后随时间推移，采取处理的小区优势开始显现。其中"深翻 + 污泥"处理方式芦苇株高最高，生长最快。仅采用深翻处理小区芦苇高度最低，如图 9-24 所示。

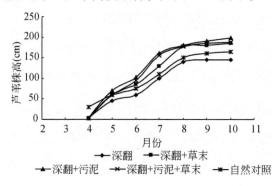

图 9-24　不同处理措施芦苇株高的月际情况

在深翻措施下，地下部分干重均低于自然对照区，但是"深翻 + 污泥 + 草末"与"深翻 + 草末"第一年地下部分干重与自然对照区接近，如图 9-25 所示。

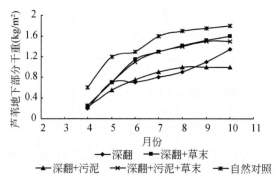

图 9-25　不同处理措施芦苇地下干重的月际情况

10 月，对芦苇地上部分干重进行统计分析表明，在 0.05 水平上，1 区与 4 区没有显著性差异，2 区芦苇地上部分干重高于其余各区，且达到了显著水平。"深翻 + 污泥 + 草末"与"深翻 + 草末"两种处理措施对芦苇地上部分的生长促进作用显著，在第一年就超过了自然对照区的产量（图 9-26）。

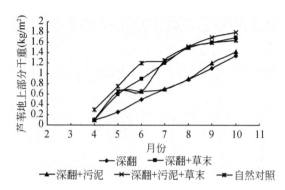

图9-26　不同处理措施芦苇生地上干重的月际情况

其他一些芦苇生长指标的比较见表9-5。

表9-5　不同处理措施对促进芦苇生长指标的比较

芦苇生长指标	不同处理措施	月份									
		1	2	3	4	5	6	7	8	9	10
地上部分鲜重 （kg/m²）	1 区泥＋耕	0	0	0	0	1.13	1.21	1.31	1.70	2.19	2.30
	2 区泥＋草＋耕	0	0	0	0	1.25	1.27	2.20	2.87	3.14	3.39
	3 区草＋耕	0	0	0	0	1.10	1.53	1.93	2.44	2.78	2.30
	4 区耕	0	0	0	0	0.48	0.70	1.36	1.68	2.04	2.21
	5 区自然对照	0	0	0	0.78	1.37	1.66	1.74	2.15	2.30	2.30
地下部分鲜重 （kg/m²）	1 区泥＋耕	—	—	—	0.50	1.16	1.34	1.71	1.93	2.10	2.10
	2 区泥＋草＋耕	—	—	—	0.64	1.46	2.13	2.81	3.00	3.11	3.18
	3 区草＋耕	—	—	—	0.72	1.65	2.19	2.90	3.09	3.18	3.20
	4 区耕	—	—	—	0.48	1.03	1.30	1.70	1.89	1.99	2.01
	5 区自然对照	—	—	—	0.90	1.87	2.45	2.97	3.10	3.19	3.20
平均叶面积 （cm²）	1 区泥＋耕	0	0	0	0	16.71	28.02	36.58	43.90	45.36	46.02
	2 区泥＋草＋耕	0	0	0	0	14.10	19.86	33.79	38.48	40.39	40.76
	3 区草＋耕	0	0	0	0	13.08	26.26	34.59	39.50	41.46	41.62
	4 区耕	0	0	0	0	11.50	13.89	17.65	22.41	25.94	28.31
	5 区自然对照	0	0	0	10.80	12.60	16.10	21.48	25.74	28.30	30.93
平均基茎 （cm）	1 区泥＋耕	0	0	0	0	0.22	0.48	0.51	0.57	0.58	0.58
	2 区泥＋草＋耕	0	0	0	0	0.32	0.43	0.48	0.52	0.54	0.54
	3 区草＋耕	0	0	0	0	0.30	0.45	0.50	0.52	0.52	0.53
	4 区耕	0	0	0	0	0.20	0.40	0.48	0.51	0.51	0.51
	5 区自然对照	0	0	0	0.20	0.20	0.31	0.41	0.46	0.47	0.48
叶鲜重 （kg/m²）	1 区泥＋耕	0	0	0	0	0.37	0.46	0.90	1.31	1.43	1.49
	2 区泥＋草＋耕	0	0	0	0	0.34	0.42	0.93	1.47	1.54	1.59
	3 区草＋耕	0	0	0	0	0.40	0.50	0.96	1.51	1.58	1.62
	4 区耕	0	0	0	0	0.31	0.35	0.64	1.11	1.22	1.29
	5 区自然对照	0	0	0	0	0.43	0.45	0.98	1.38	1.41	1.46

续表

芦苇生长指标	不同处理措施	月份									
		1	2	3	4	5	6	7	8	9	10
叶干重（kg/m²）	1 区泥＋耕	0	0	0	0	0.18	0.23	0.56	0.78	0.81	0.85
	2 区泥＋草＋耕	0	0	0	0	0.13	0.23	0.61	0.82	0.90	0.91
	3 区草＋耕	0	0	0	0	0.20	0.25	0.63	0.79	0.82	0.84
	4 区耕	0	0	0	0	0.11	0.14	0.43	0.61	0.69	0.71
	5 区自然对照	0	0	0	0	0.20	0.23	0.72	0.90	0.98	0.99

注："泥"为污泥；"草"为草末；"耕"为深翻

9.2.3 结论

1）从重度盐碱退化湿地重建芦苇后的成活率来看，在重度盐碱退化区采用"深翻＋污泥＋废水"处理的成活率高于其他方式，达到 43.4%。在芦苇植株高度方面"深翻＋草末＋废水"的方式最高，达 31.6 cm。"深翻＋污泥＋废水＋草末"处理方式，其芦苇的成活率为 41.4%，植株高度达 29.1 cm，重建恢复效果较好。从对土壤性质改善的方面看，总体上"深翻＋污泥＋草末＋废水"处理方式最佳，相对对照，土壤容重、土壤水溶性总盐和 SAR 分别降低了 10.99%、26.81% 和 33.27%，土壤有机质和碱解氮含量分别提高了 37.38% 和 46.42%，土壤脲酶、磷酸酶、蔗糖酶、脱氢酶和过氧化氢酶活性分别提高了 54.88%、55.17%、140.71%、158.93% 和 89.34%。在重度盐碱退化湿地区，土壤含盐量高是重要的限制因素，通过深翻破坏了土壤结构，再施加草末使土壤结构变得松散，有利于排水排盐，同时，草末、污泥的施用可增加土壤肥力。因此，利用造纸废弃物对于重度盐碱退化湿地重建效果显著。

2）虽然深翻可以改善土壤结构物理性能以及通透性，但是仅仅采用深翻处理，会破坏芦苇地下丰富的根系致使其在密度、高度、粗度以及地上生物量方面在当年都有明显降低。本研究的实验数据显示，深翻后当年芦苇湿地的地上生物量下降了 0.337 kg/m²，地下生物量下降了 0.701 kg/m²，这也符合多年的耕作经验：耕翻第一年减产、耕翻第 2 年平产、耕翻第 3～5 年高产，5 年后稳产，8～10 年为一个周期。

在深翻的基础上，利用造纸废弃物进行退化芦苇湿地恢复，使当年的芦苇在高度、生物量方面都有较大恢复，接近并超过了自然对照区。尤其是"污泥＋草末＋深翻"的处理方式，草末的施加对土壤的物理性状通透性的改善十分明显，对芦苇地下根系物因深翻受到破坏的恢复效果也很好。同时污泥为芦苇提供了养分，明显促进了芦苇的生长，此种处理方式下，芦苇地上干重为 2.298 kg/m²，株高为 227 cm，均达到了较好地促进恢复效果。

9.3 造纸废水灌溉对退化湿地植物的影响

9.3.1 试验设计

试验芦苇地位于造纸废水储存塘附近，选取规格为 50 m×7 m 的 5 块样地，中间以土坝分隔，土坝用防渗膜防护，防止 5 块湿地相互干扰（图 9-27）。按照表 9-6 设计参数运行，从淹水深度、水力负荷、干湿交替 3 个参数研究湿地处理工艺参数的角度，研究造纸废水灌溉对盐碱化芦苇湿地生态修复的效果。

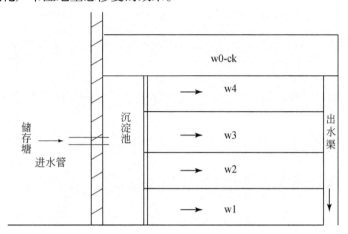

图 9-27　实验芦苇样地的平面布置

表 9-6　实验样地处理废水的工艺参数设计

灌溉模式	淹水深度（cm）	水力负荷（cm/d）	运行描述	运行时间（月）
w0-ck	0	0	不进水	4
w1-ck	8	2	等水深、等水力负荷	4
w2	8、15、20	2	变水深	每参数 1 个月
w3	8	2、4、6	变水力负荷	同 w2
w4	8	2	8 天运行 +2 天间歇、6 天运行 +4 天间歇、4 天运行 +6 天间歇	同 w2

9.3.2　结果与分析

9.3.2.1　芦苇平均株高和芦苇地上部分生物量

株高是反映植株生长的一个有效指标，从图 9-28 可见，废水灌溉对芦苇的生长起着

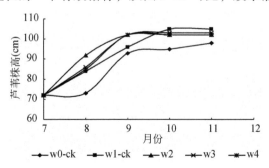

图 9-28　不同条件下的芦苇平均株高的变化

极大的促进作用，9~11月平均数据表明，灌溉后芦苇平均株高高出对照 w0-ck 达 6.34%~11.01%（5.91~10.26 cm），除 w2 湿地的芦苇株高 11 月测定偏低外，其他工艺灌溉后株高无明显差异；造纸废水灌溉湿地，在 7~9 月时株高一直上升，生长期过了之后开始稳定，灌溉过的芦苇地中的芦苇株高均低于未灌溉的芦苇地，9~11 月平均株高为对照的 1.11 倍。

从地上部分干生物量来看（图 9-29），以灌溉水量最大的 w2、w3 最高，但到 11 月后，w0、w1、w2、w3 芦苇停止生长，趋于稳定，而间歇操作模式的 w4 生物量继续增加，干物质量达到最大，为同期对照 w0-ck 的 1.6 倍，造纸废水灌溉提高了盐碱化湿地芦苇的产量。

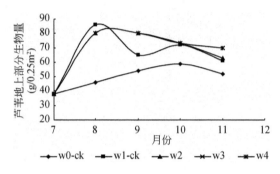

图 9-29　不同条件下的芦苇地上干生物量的变化

总体来看，w3、w4 模式分别由于水力负荷大和根部供气状况好，株高和干物质量最大。

9.3.2.2　芦苇生物量分配

在本研究尺度下，芦苇对各器官生物量分配格局均为根＞茎＞叶＞穗（表 9-7），但是经过造纸废水灌溉的芦苇对茎的生物量分配比未灌溉过的芦苇有所增加，说明芦苇在造纸废水灌溉的情况下，可增加地上部分生物量的分配，以增加整个植株的产量。

表 9-7　芦苇生物量分配表　　　　　　　　（单位:%）

处理	芦苇器官	7 月	8 月	9 月	10 月	11 月
对照	叶	16.15	10.83	6.33	5.31	2.68
	茎	30.53	30.28	23.23	34.36	32.91
	根	53.32	58.89	68.26	57.47	63.75
	穗	0	0	2.18	2.86	0.66
废水灌溉	叶	16.15	11.79	8.18	8.24	5.35
	茎	30.53	33.21	28.25	34.03	36.53
	根	53.32	55.00	59.66	53.32	55.96
	穗	0	0	3.90	4.41	2.16

这也能从根冠比（R/S）上反映出来（图 9-30）。变换淹水深度的湿地中，芦苇地上

部分生物量的分配明显大于其他几组实验。

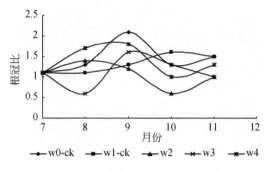

图 9-30　不同条件下芦苇根冠比的变化

叶片是植物进行光合作用积累物质的最重要器官，因此本研究重点考察了多项叶片指标。从叶生物量比（LMR，叶重/植株总重）可以看出，在本实验中，只有干湿交替间歇运行模式（w4）在 7~9 月，叶生物量分配低于对照样地（w0）以外，均都增加了对叶生物量的分配。变淹水深度（w2）和变水力负荷（w3）两块湿地叶生物量分配较为明显，尤其是水力负荷为 2~4 cm/d 时，当水力负荷增加到 6 cm/d 运行时，芦苇对叶生物量分配急剧降低，可能已超过了芦苇所能承受的极限（图 9-31）。

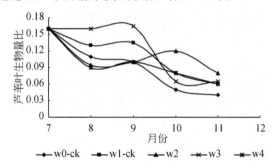

图 9-31　不同条件下芦苇叶生物量比的变化

同样，在图 9-32 芦苇的比叶面积（SLA，总叶面积/总叶重）参数中，7~8 月，未灌溉的芦苇比叶面积明显比实验样地芦苇高，说明植物在受到盐和水分不足双重胁迫时，叶片厚度较正常态的要薄，单位生物量的叶面积变大。而 4 块实验样地之间对比叶面积的影响不甚明显，表明造纸废水灌溉盐碱化湿地，有利于增加植物叶面积，提高光合作用能力。

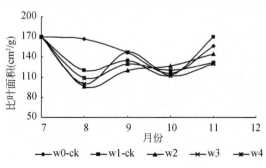

图 9-32　不同条件下芦苇比叶面积的变化

在叶重分数（LMF，图9-33）中，7~9月，叶干物质占植株总生物量的比重变化不明显，可能由于叶生物量所占植株总生物量的比重不大所致。但10~11月，经造纸废水灌溉的芦苇叶重分数明显高于对照样地，表明经造纸废水灌溉后，芦苇的生长期有所延长。

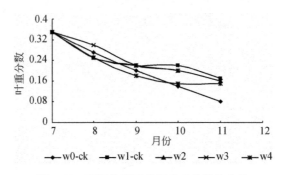

图9-33 不同条件下芦苇叶重分数的变化

另外，进入10月、11月，叶和穗占芦苇总生物量的比例有所下降。这可能是因为，此时部分芦苇的叶片开始凋零，穗中成熟的种子也开始随风飘落造成的。叶面积比（LAR）是总叶面积对整个植物干物质量之比，它代表植物体内光合物质和呼吸物质的比率。叶面积比说明植物体的多叶性。7~9月，灌溉的芦苇叶面积比和对照样地芦苇差别不大，9~11月，试验地芦苇的叶面积比均大于对照样地芦苇（图9-34），与叶重分数（LMF）反映的情况一致。

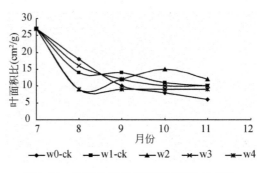

图9-34 不同条件下芦苇叶面积比的变化

9.3.2.3 盐碱化湿地植物群落数量特征

对试验小区植物群落进行调查，发现在所调查样地中，共有芦苇 [*Phragmites australis* (Cav.) Trin. ex Steud]、獐毛 [*A. littoralis* (Gouan) Parl. var. *sinensis* Debeaux]、马蔺 [*Iris lactea* Pall. var. *chinensis* (Fisch.) Koidz]、香附子 (*Cyperus rotundus* L.)、盐地碱蓬 [*Suaeda salsa* (L.) Pall.]、灰绿藜 (*Chenopodium glaucum* L.)、长芒野稗 [*Echinachloa crusgallii* (L.) Beauv. var. *caudata* (Roshev.) Kitag] 7 种植物出现，其中禾本科 3 种、藜科 2 种、鸢尾科 1 种、莎草科 1 种。群落物种组成、盖度、密度、生物量及季节变化情况见表 9-8 至表 9-12。

表 9-8 w0-ck 处理区植物群落组成

物种名称	种属	7月 株数	7月 干重(g)	7月 盖度(%)	8月 株数	8月 干重(g)	8月 盖度(%)	9月 株数	9月 干重(g)	9月 盖度(%)	10月 株数	10月 干重(g)	10月 盖度(%)	11月 株数	11月 干重(g)	11月 盖度(%)
芦苇 *australis* (Cav.) Trin. ex Steud	禾本科芦苇属	355	424.67	75	260	348	55	301	476	75	339	442.7	75	360	512	80
獐毛 *A. littoralis* (Gouan) Parl. var. *sinensis* Debeaux	禾本科獐毛属	132	44.28	20	439	118.70	25	105	33.77	10	200	53.94	15	76	6.66	5
马蔺 *Iris lactea* Pall. var. *chinensis* (Fisch.) Koidz	鸢尾科鸢尾属	10	0.51	5	9	0.68	2	41	7.35	5	33	7.95	7	11	7.33	5
香附子 *Cyperus rotundus* L.	莎草科湖瓜草属	7	0.77	3	7	1.95	2	9	1.82	2				2	0.99	1
盐地碱蓬 *Suaeda salsa* (L.) Pall.	藜科碱蓬属	9	0.78	5	177	80.96	15	25	2.22	3	3	0.78	1	1	0.50	1
灰绿藜 *Chenopodium glaucum* L.	藜科藜属	2	0.02	1												
长芒野稗 *Echinachloa crusgallii* (L.) Beauv. var. *caudata* (Roshev.) Kitag	禾本科稗属							3	1.86	1						

表 9-9 w1 处理区植物群落组成

物种名称	种属	7月 株数	7月 干重(g)	7月 盖度(%)	8月 株数	8月 干重(g)	8月 盖度(%)	9月 株数	9月 干重(g)	9月 盖度(%)	10月 株数	10月 干重(g)	10月 盖度(%)	11月 株数	11月 干重(g)	11月 盖度(%)
芦苇 *australis* (Cav.) Trin. ex Steud	禾本科芦苇属	355	424.67	75	471	690.6	80	361	617.3	80	319	546.7	75	337	398.7	80
獐毛 *A. littoralis* (Gouan) Parl. var. *sinensis* Debeaux	禾本科獐毛属	132	44.28	20	23	6.00	3	13	4.00	2	8	2.94	1			
马蔺 *Iris lactea* Pall. var. *chinensis* (Fisch.) Koidz	鸢尾科鸢尾属	10	0.51	5	5	0.99	5	9	0.51	2	2	0.30	1			
香附子 *Cyperus rotundus* L.	莎草科湖瓜草属	7	0.77	3	4	0.70	1	5	1.38	1	5	1.96	1	4	2.00	1
盐地碱蓬 *Suaeda salsa* (L.) Pall.	藜科碱蓬属	9	0.78	5				1	0.04	1						
灰绿藜 *Chenopodium glaucum* L.	藜科藜属	2	0.02	1												
长芒野稗 *Echinachloa crusgallii* (L.) Beauv. var. *caudata* (Roshev.) Kitag	禾本科稗属				35	10.50	8	44	30.00	6	9	1.70	2	2	3.00	1

表 9-10　w2 处理区植物群落组成

物种名称	种属	7月			8月			9月			10月			11月		
		株数	干重(g)	盖度(%)	株数	干重(g)	盖度(%)	株数	干重(g)	盖度(%)	株数	干重(g)	盖度(%)	株数	干重(g)	盖度(%)
芦苇 Phragmites australis (Cav.) Trin. ex Steud	禾本科芦苇属	355	424.67	75	369	636.0	75	406	718.7	80	312	513.3	80	339	457.3	85
獐毛 A. littoralis (Gouan) Parl. var. sinensis Debeaux	禾本科獐毛属	132	44.28	20	161	42.0	15	68	18.00	8	1	0.04	1	55	14.0	5
马蔺 Iris lactea Pall. var. chinensis (Fisch.) Koidz	鸢尾科鸢尾属	10	0.51	5	9	0.67	5	12	2.06	3	11	4.52	5	3	1.73	1
香附子 Cyperus rotundus L.	莎草科湖瓜草属	7	0.77	3				1	0.11	1				1	0.99	1
盐地碱蓬 Suaeda salsa (L.) Pall.	藜科碱蓬属	9	0.78	5	4	0.97	1							7	5.00	2
灰绿藜 Chenopodium glaucum L.	藜科藜属	2	0.02	1												
长芒野稗 Echinachloa crusgallii (L.) Beauv. var. caudata (Roshev.) Kitag	禾本科稗属				23	6.53	5	24	3.62	5	19	7.33	8			

表 9-11　w3 处理区植物群落组成

物种名称	种属	7月			8月			9月			10月			11月		
		株数	干重(g)	盖度(%)	株数	干重(g)	盖度(%)	株数	干重(g)	盖度(%)	株数	干重(g)	盖度(%)	株数	干重(g)	盖度(%)
芦苇 Phragmites australis (Cav.) Trin. ex Steud	禾本科芦苇属	355	424.67	75	240	410.7	50	292	617.3	75	272	529.3	75	264	416.0	70
獐毛 A. littoralis (Gouan) Parl. var. sinensis Debeaux	禾本科獐毛属	132	44.28	20	77	24.0	15	12	2.57	2	18	7.19	2	36	17.30	10
马蔺 Iris lactea Pall. var. chinensis (Fisch.) Koidz	鸢尾科鸢尾属	10	0.51	5	9	2.41	5	19	4.20	5	4	5.94	3	2	1.50	1
香附子 Cyperus rotundus L.	莎草科湖瓜草属	7	0.77	3	7	1.45	3	9	2.73	2	4	1.25	1	2	0.10	1
盐地碱蓬 Suaeda salsa (L.) Pall.	藜科碱蓬属	9	0.78	5	45	5.00	5	43	26.01	7	36	13.37	5			
灰绿藜 Chenopodium glaucum L.	藜科藜属	2	0.02	1												
长芒野稗 Echinachloa crusgallii (L.) Beauv. var. caudata (Roshev.) Kitag	禾本科稗属				5	0.53	1	16	6.95	3	7	4.42	2	1	0.50	1

表9-12 w4处理区植物群落组成

物种名称	种属	7月			8月			9月			10月			11月		
		株数	干重(g)	盖度(%)	株数	干重(g)	盖度(%)	株数	干重(g)	盖度(%)	株数	干重(g)	盖度(%)	株数	干重(g)	盖度(%)
芦苇 *australis* (Cav.) Trin. ex Steud	禾本科芦苇属	355	424.67	75	337	588.0	80	297	650.7	80	305	526.7	80	355	578.7	85
獐毛 A. *littoralis* (Gouan) Parl. var. *sinensis* Debeaux	禾本科獐毛属	132	44.28	20	46	16.00	5	28	6.99	5	19	3.59	3			
马蔺 *Iris lactea* Pall. var. *chinensis* (Fisch.) Koidz	鸢尾科鸢尾属	10	0.51	5	31	6.85	6	13	5.65	5	8	1.76	5	8	6.67	5
香附子 *Cyperus rotundus* L.	莎草科湖瓜草属	7	0.77	3	9	1.30	2	15	7.63	3	16	7.05	3	3	1.00	1
盐地碱蓬 *Suaeda salsa* (L.) Pall.	藜科碱蓬属	9	0.78	5	2	0.26	1									
灰绿藜 *Chenopodium glaucum* L.	藜科藜属	2	0.02	1												
长芒稗 *Echinochloa crusgallii* (L.) Beauv. var. *caudata* (Roshev.) Kitag	禾本科稗属				71	26.67	9	36	14.81	8	39	17.08	7	1	0.50	1

7~11月中，芦苇、獐毛、马蔺3种植物在w0样地中均有出现，芦苇、香附子2种植物在w1样地中均有出现，芦苇、獐毛、马蔺3种植物在w2样地中均有出现，芦苇、獐毛、马蔺、香附子4种植物在w3样地中均有出现，芦苇、马蔺、香附子3种植物在w4样地中均有出现。在w0、w1、w2、w3、w4 5块样地中，芦苇为优势种群，生物量比重较大。除w3处理外，造纸废水灌溉处理的芦苇盖度随灌溉时间延长有所增加，盐地碱蓬盖度大大降低，甚至消失。这可能是造纸废水灌溉降低了土壤含盐量，促进了芦苇生长，由此导致生物种群结构发生变化的一个反映。

9.3.3 结论

造纸废水灌溉有利于增加芦苇叶面积，提高光合作用，促进光合产物向地上部转移。对盐碱化湿地植物芦苇的增产效果显著，产量最高可提高1.6倍。造纸废水灌溉后，芦苇的生长期有所延长，小区湿地植物结构有一定变化，基本表现为芦苇盖度有所增加，盐地碱蓬盖度降低，甚至消失。各灌溉模式中，以间歇运行模式芦苇生物量增加最大，是退化芦苇湿地恢复的一种推荐灌溉模式。

9.4 造纸废弃物与再生水联合修复重度盐碱化土壤中营养元素迁移规律及修复机制研究

9.4.1 联合修复重度盐碱化土壤营养元素迁移实验设计与方法

土壤取自实验室楼外的土壤，对土壤进行人工喷盐配成含盐量为1.5%左右的重度盐碱化土壤，在70%田间持水量下培养2周后风干，过2mm筛，备用。供试土壤pH为8.2，含盐量为1.5%，有机质含量为13.3 g/kg，有效氮为55.2 mg/kg，有效磷为15.3 mg/kg。根据土壤养分含量分级，供试土壤的碱解氮处于缺乏的级别，有效磷处于中等的营养级别，有机质处于较缺的营养级别。实验所用添加物为造纸废弃物秸秆和腐熟秸秆，两种有机物料均经剪碎后过2mm筛，备用。

实验所用装置是直径20cm、高80cm的有机玻璃柱，沿着柱纵向每隔10cm设置一个采样口，共设置5个采样口，分别表示0~10cm、10~20cm、20~30cm、30~40cm和40~50cm深度的土层中各营养元素的动态变化情况。柱底层放置约5cm深的碎石，以1.4 g/cm³的容重逐层装土，压实，装土高度为50cm，土柱表层0~10cm添加秸秆和腐熟秸秆两种有机物料，添加量为15 g/kg。装好后，大约2周系统稳定后，取样测本底值。然后以再生水灌溉，灌水量依据田间最大持水量的70%计算，灌水深度为10cm，分别于灌溉后1天、7天、14天、28天取土样进行测定，再生水水质COD为54 mg/L，TN为4.31 mg/L、TP为0.88 mg/L，pH=7.0。

分别测定土壤中pH、DOM含量、有效氮含量和有效磷含量随灌溉时间延长的空间变化情况。DOM采用重铬酸钾容量法测定；碱解氮采用碱解扩散法测定；有效磷采用

NaHCO₃浸提钼锑抗比色法测定。溶解性有机物质（DOM）按土水比为1∶5浸提离心后，取上清液过0.45 μm滤膜，定容后测定其总有机碳的含量即为DOM含量。

9.4.2　联合修复重度盐碱化土壤营养元素迁移实验结果与讨论

9.4.2.1　DOM含量的变化

如图9-35所示，添加有机物料1天后，各土层深度的DOM含量均表现出快速大幅度增加，并且随土层深度增加其提升幅度减小，灌溉7天后10～20 cm、20～30 cm土壤的DOM含量增加迅速并超过了0～10 cm土壤层，随后各土层DOM含量开始下降，但是0～10 cm以及10～20 cm土层的DOM含量一直高于其他各层。在灌溉后的第28天施加了干秸秆的土壤在0～10 cm和10～20 cm土层的DOM含量分别是对照的1.5倍和1.2倍。

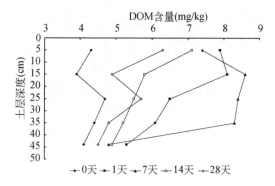

图9-35　添加秸秆土壤DOM含量变化

添加腐熟秸秆的土柱实验结果与秸秆相近，如图9-36所示，而添加腐熟秸秆土柱的DOM含量升高幅度要高于添加秸秆土柱，灌溉后第1天以0～10 cm和20～30 cm土层DOM含量上升幅度最大，第7天时10～20 cm、20～30 cm和30～40 cm土层的DOM含量均有大幅度提高，随后缓慢下降，到第28天时，0～10 cm、30～40 cm土层的DOM含量基本接近，但仍高于对照组，分别是对照组的1.24倍和1.17倍，40～50 cm土层与对照DOM含量相同，但10～20 cm和20～30 cm土层的DOM含量仍然相对于对照有显著提高，分别是对照的1.67倍和1.88倍。

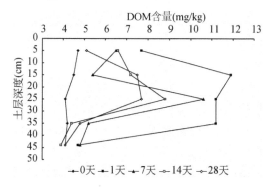

图9-36　添加腐熟秸秆土壤DOM含量变化

土壤不同土层深度 DOM 含量的变化规律基本相同，在灌溉初期，表层土壤 DOM 的含量迅速增加达到最大值，随着水分的下渗和有机物料中溶解性物质的向下溶出，中间层土壤有机质含量增加，而最底层 40～50 cm 土层基本没有变化，说明在实验设计的过程中，灌溉水量为 80 m³/hm² 的条件下，并不会对 50 cm 以下土层的 DOM 造成影响。

向土壤施入有机物料后，最直接且快速的效应是给土壤带入大量的水溶性有机物质，同时引起原有土壤有机质的分解并释放出 DOM。随着有机物料的分解，水溶性有机碳溶出量减少，秸秆在施入土壤后，1 天内开始溶出，并在 7～14 天出现溶出最大峰，随后逐渐降低。腐熟秸秆施入土壤后，1 天内开始溶出，在 1～7 天出现溶出最大峰，根据对有机物料 DOM 的实验结果，在 5 天时腐熟秸秆释放率为 36%。有机物料的分解过程大致如下：溶解性有机物快速溶出使土壤中溶解性有机质迅速增加，当溶解性有机物量达到最大值时，土壤溶解性有机质出现最高峰，随着这些物质被微生物分解利用，土壤中 DOM 含量逐渐减少，只剩下难于分解的物质进入缓慢分解阶段。

土壤有机质影响和制约着土壤性质，保持或提高土壤有机质含量可以促进团聚体的形成并保持其稳定性，降低压实或其他物理性损害的风险，以及改善持水能力等。此外，有机质可以提高微生物的多样性及其活动性，从而有助于改良、保持土壤的物理、化学和生物学性质。盐碱土有机质含量极少，含有较高 Na⁺，添加有机物料后，有机物料中的 Ca²⁺与 Na⁺ 发生交换，促进了 Na⁺ 从土壤胶体表面交换出来，从而改善了表层土壤的结构，降低了表层土壤的碱化度。土壤结构改善，孔隙度增大后，加速了代换出来的 Na⁺ 向下淋溶，从而降低盐土表层的含盐量。

9.4.2.2 碱解氮含量的空间变化规律

从图 9-37 可以看出，施加了干秸秆后，土壤不同土层深度的碱解氮含量都有明显的增加趋势，尤其是表层 0～30 cm 深的土壤碱解氮含量呈现持续上升的趋势，而 30～50 cm 土层深度变化不大。从图 9-38 可以看出，施加了腐熟秸秆后土壤不同土层深度碱解氮含量呈现出与施加秸秆土壤相同的变化趋势，浇水后第 28 天，施加干秸秆土壤 0～10 cm、10～20 cm 和 20～30 cm 土层的碱解氮含量分别达到 69.25 mg/kg 干土、66.25 mg/kg 干土和 64.6 mg/kg 干土，分别较实验初期提高了 25%、20% 和 18%。同样，施用腐熟秸秆土壤的碱解氮含量达到 73.5 mg/kg 干土、70.9 mg/kg 和 668.75 mg/kg 干土，分别提高了 33%、28% 和 25%，均从缺乏的营养级别上升到较缺的营养级别，说明施加的两种有机物料均能提高 0～30 cm 深土壤碱解氮的含量。而土层深度大于 30 cm 的土壤的碱解氮含量均没有明显的变化，在该实验条件下，较深的土层基本没有受到施加有机物料的影响，所以变化不大，依然处于缺乏的营养级别。

碱解氮能够较灵敏地反映土壤氮素动态和供氮水平，是土壤中可利用的氮素部分，能够反映土壤中近期内氮素供应情况及其在土壤中的含量。许多研究表明，农田土壤表层有机质、全氮、碱解氮均存在极显著的相关性。因此，土壤碱解氮可在一定程度反映农田土壤肥力状况。干秸秆和腐熟秸秆都含有较丰富的碳、氮、磷和钾等营养元素，施加到土壤后，其中易水解的有机态氮部分发生水解，增加了土壤中碱解氮的含量。易水解的有机态氮首先分解成氨态氮，氨态氮氧化成亚硝酸盐氮和硝酸盐氮，而氨态氮易随水发生淋溶而向下转移，虽然在 0 ~ 10 cm 土层添加了有机物料，但是从实验结果上看，0 ~ 30 cm 土层土壤的碱解氮含量都有一定程度的提高。

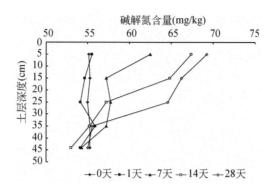

图 9-37 添加秸秆土壤碱解氮含量变化

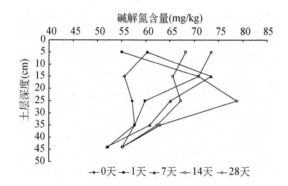

图 9-38 添加腐熟秸秆土壤碱解氮含量变化

腐熟秸秆中有机氮化合物比干秸秆更易发生水解，实验结果也证明了这一点。本实验中，只有在第 1 天两种有机物料的 0 ~ 10 cm 土层有效氮低于对照处理组，出现了对原土氮素的净消耗，而其余土层都没有出现负增长的现象。本实验中通过对第 28 天各深度土层碱解氮含量的比较，发现施用腐熟秸秆的土壤碱解氮含量均高于对应施用秸秆的土壤，说明在添加秸秆处理组第 28 天时，仍出现了有效氮的负增长，生物固持作用大于有机氮的矿化作用，但是没有显著性差异，这可能与秸秆腐熟水平有关。

9.4.2.3 有效磷含量的空间变化规律

与碱解氮相比，土壤有效磷的变化不显著，如图 9-39 和图 9-40 所示，在实验过程中无论是施用干秸秆还是施用腐熟秸秆的土壤有效磷含量都为 13 ~ 17 mg/kg 干土，均处于中等的营养级别，与实验初期差异不大。添加了两种有机物料的 0 ~ 10 cm 土层在灌水后第 1 天有效磷含量均出现了快速显著的上升，然后下降并基本保持在 15 mg/kg 干土左右。但实验期间，施用两种有机物料的土柱中，0 ~ 10 cm 深土层有效磷含量一直高于其他土层，有效磷的含量基本上是随着土层深度的增加而出现下降的趋势，但差异不显著。

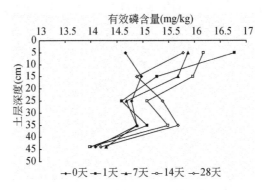

图9-39　添加秸秆土壤有效磷含量变化

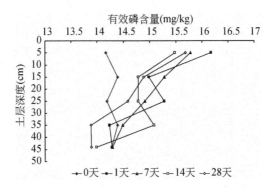

图9-40　添加腐熟秸秆土壤有效磷含量变化

添加两种有机物的土壤中不同土层深度有效磷含量的变化出现相同的趋势，但与未添加的对照组差异不显著，有机物料在含水状态下释放部分有效磷主要在土壤表层被截留、吸收，因此在土壤深层，有效磷基本没有变化。

9.4.2.4　土壤 pH、含盐量变化规律

表9-13 为添加秸秆处理组土柱 pH 与含盐量的空间变化规律，可以看出，在灌溉初期，土壤表层 0～10 cm 土层的 pH 就开始下降，但是在第 7 天后开始上升，而此时 10～20 cm土层的 pH 开始下降，说明有机物料释放出的 DOM 主要存在于土层的 10～20 cm 处，其中含有较多的有机酸等酸性物质中和了土壤溶液中的碱性物质，而使溶液 pH 有所下降，同时 20～30 cm 土层也出现了下降的趋势并一直持续到第 14 天，而后开始升高，但依然低于对照组。土层深度 0～10 cm 时，添加秸秆的土壤 pH 和对照处理组都表现先下降后上升的规律，但是对照组上升速率较快，一直高于有机物料处理组；添加秸秆的 10～20 cm土层 pH 先上升，在 0～10 cm 土层 pH 上升的时期开始下降，秸秆处理组土柱 pH 下降幅度较大；添加秸秆处理组 20～30 cm 土层有波动，没有单一的变化趋势，土层深度 >30 cm时，土壤 pH 没有明显变化。

表 9-13　土壤 pH 空间变化情况

土层（cm）	添加秸秆的土柱					未添加秸秆的土柱				
	1 天	3 天	7 天	14 天	28 天	1 天	3 天	7 天	14 天	28 天
0 ~ 10	7.81	7.7	8.14	8.29	8.33	7.99	7.9	8.55	8.33	8.33
10 ~ 20	7.78	7.91	7.38	7.49	7.72	7.73	8.11	8.0	7.42	7.81
20 ~ 30	7.68	7.63	7.28	7.39	7.45	7.41	7.49	7.19	6.83	7.48
30 ~ 40	7.71	7.68	7.68	7.67	7.69	7.71	7.68	7.68	7.12	7.67
40 ~ 50	7.69	7.7	7.69	7.69	7.71	7.69	7.68	7.68	7.67	7.69

表 9-14 为土壤含盐量空间变化规律，可以看出，灌溉后，表层添加了秸秆的土柱 0 ~ 10 cm 土层含盐量先缓慢降低，到 28 天时开始回升，10 ~ 20 cm 土层在第 1 天就迅速增至最大，而后出现波动性变化，20 ~ 30 cm 土层的最高峰值出现在第 14 天，次高峰值出现在第 3 天，30 ~ 40 cm 土层最高峰值出现在第 7 天，而 40 ~ 50 cm 土层基本没有明显变化。表层未添加秸秆的土柱，其表层土壤含盐量先缓慢下降到第 7 天后开始缓慢上升，14 天时超过了秸秆处理组的表层含盐量，10 ~ 20 cm 土层含盐量变化同添加了秸秆的土层变化一样，先迅速下降，而后上下波动，20 ~ 30 cm 土层的含盐量初期增加，到第 3 天时达到最高峰值，随后开始下降，但到了第 28 天时依然高于初始状态值，30 ~ 40 cm 土层最高峰值出现在第 7 天，40 ~ 50 cm 基本没有变化。

表 9-14　土壤含盐量空间变化情况　　　　　　　　　　（单位:%）

土层（cm）	添加秸秆的土柱					未添加秸秆的土柱				
	1 天	3 天	7 天	14 天	28 天	1 天	3 天	7 天	14 天	28 天
0 ~ 10	1.18	1.04	1.01	1.05	1.17	1.19	0.96	0.99	1.13	1.24
10 ~ 20	2.11	0.63	1.30	0.87	1.14	1.75	1.27	0.40	0.97	1.14
20 ~ 30	2.01	2.43	1.39	2.75	1.96	1.99	2.88	2.65	2.76	1.86
30 ~ 40	1.23	1.25	1.39	1.41	1.42	1.67	1.63	2.01	1.91	1.76
40 ~ 50	1.24	1.25	1.27	1.25	1.26	1.24	1.22	1.25	1.22	1.31

与表层未添加有机物料的对照组相比，添加了有机物料的土壤不仅在表层土壤，而且在心土其含盐量都得到改善。一次灌溉后 28 天时表层开始出现返盐，可以设定 28 天为一个灌溉周期，其盐分下渗的深度也明显高于对照组；在 30 ~ 40 cm 土层，其含盐量显著高于对照组，说明添加有机物料改善了土壤团聚体结构，促进可溶性盐分的下渗作用，可溶性盐分下渗深度和速率都有所增加。但 40 ~ 50 cm 土壤含盐量没有明显变化，说明有机物料与再生水联合修复盐土的有效影响深度为 40 cm 以内。

9.4.3　有机物料修复盐土的机制探讨

盐渍土是盐土和碱土以及各种盐化、碱化土壤的统称。盐土是指土壤中可溶盐含量达到对作物生长有显著危害的程度的土类。碱土则含有危害植物生长和改变土壤性质的大量交换性钠，又称为钠质土。盐化过程是指地表水、地下水以及母质中含有的盐分，在强烈的蒸发作用下，通过土体毛管水的垂直和水平移动逐渐向地表积聚的过程。碱化过程是指交换性钠不断进入土壤吸收性复合体的过程，又称为钠质化过程。碱土的形成必须具备两个条件（黄昌勇，2008）：一是有显著数量的钠离子进入土壤胶体；二是土壤胶体上交换性钠的水解。阳离子交换作用在碱化过程中起重要作用，特别是 Na-Ca 离子交换是碱化过程的核心。

9.4.3.1　盐渍土团聚体形成

土壤胶体是一种分散系统，由胶体微粒（分散相）和微粒间溶液（分散介质）两大部分构成（邵明安等，2006），图 9-41 为土壤胶体分散系结构组成。土壤胶体的带电性对土壤肥力性质有重要影响，胶体的凝聚或分散取决于动电电位的高低，电位越高，则排斥力越强，土壤胶体就呈溶胶状态，而电位越低则吸引力大于排斥力，土壤胶体就呈凝胶状态。土壤团聚体的形成，必须具备一定的条件。①需要有足够的细小土粒，细小的土粒包括微团聚体和单粒。土粒越细其黏结力越大，越有利于复粒的形成。②胶结作用，指土粒通过有机和矿质胶体而结合在一起的过程。土壤中胶结物质有两大类：一类是有机胶物质如，有机质中的多糖、胡敏酸、蛋白质等；一类是矿质胶结物质，如硅酸，含水氧化铁、铝及黏土矿物等。腐殖质是最理想的胶结剂（主要是胡敏酸）与钙结合形成不可逆凝聚状态，其团聚体疏松多孔，水稳性强。含水氧化铁、铝、黏粒形成的团聚体是非水稳性团聚体。③凝聚作用，指土粒通过反电荷离子等作用而紧固的过程。带负电荷的土壤胶粒相互排斥呈溶胶状态，但在异性电子 Ca^{2+}、Fe^{3+} 等的作用下，使胶粒相互靠近凝聚而形成复粒，这是形成团聚体的基础。④团聚作用，指由于各种力的作用使土粒团聚在一起的过程。主要的外力有植物根系及掘土动物对土粒的穿插、切割、挤压而促使土块破裂，根系、掘土动物在土壤中的活动，微生物、菌丝体对土粒的缠绕起到成型动力的作用，土壤耕作的作用以及干湿交替、冻融交替作用等。

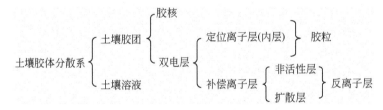

图 9-41　土壤胶体分散系

9.4.3.2　盐土土壤团聚体结构动态平衡影响因素

土壤成土过程、土壤性质、地形和气候等外源性因素是影响土壤结构动态平衡的主要因素，如图 9-42 所示。土壤大团聚体结构的形成包括微团聚体土粒的胶结、反离子的凝聚以及外力的团聚等一系列作用，因此，受到多种因素的影响。土壤有机质活性影响土壤中碳的停留时间和周转，而碳在土壤中的周转和停留时间又反过来影响碳的稳定性。有机碳的分解受到土壤有机体活性、土壤特性、温度、气体浓度、可利用的营养元素以及水分含量等外部环境条件等因素的影响。虽然对于不易分解的碳源和内部结合碳来说,用木质素/N 值或者其他的更难分解的化合物可能是更合适的,但是大多数人习惯用 C/N 值来表征土壤有机碳转换程度。在土壤团聚体系统结构中(Bronick et al.,2005)系统中的反馈说明,土壤有机物质的分解受到土壤孔隙度、土壤与空气的气体交换、土壤水分状况以及碳在土壤中结合的物理位置等土壤结构的影响。当土壤有机碳转化动力学速率下降时(如在作物的生长季晚期,微团聚体向大颗粒团聚体转化的速率也随之下降),无机化合物、低活性的黏土和难于降解有机物之间的胶结作用都有利于土壤大颗粒团聚体的稳定。而当加入新的基质后,土壤原有的大颗粒团聚体就容易解体,同时新的大颗粒团聚体随之形成。当黏土发生膨胀、大量降水或人为翻动等会破坏土壤大颗粒团聚体使其分散为微团聚体,土壤结构系统松散。

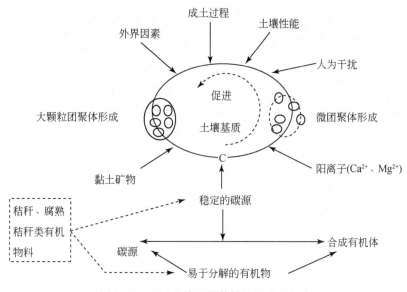

图 9-42 影响土壤团聚体结构形成的因素

本实验过程中添加的再生水中的 COD、TN 和 TP 的量很少,并且是间歇式浇灌,因此只起到了提供水分,解决水分胁迫的作用,这也是实验设计最初的目的之一,尽量减少任何有可能提高盐土含盐量的外来源,从实验结果上看并没有带来盐土 pH 和盐分的增加,也未对地下水造成影响。改善盐土土壤结构和功能、提供有机质和营养元素的主要来源是有机物料,有机物料中的碳源可以分成 3 种类型,分别是水溶性碳源、难降解碳源、惰性碳源。水溶性碳源即来源于有机物料中的 DOM,进入土壤后迅速被微生物利用合成生物有机体,并且快速地消耗掉,从而导致有机物料施入土壤后一段时间,土壤的有机质先增加,随着时间的延长而出现降低的原因。而有机物料中难降解碳源和惰性碳源则与土壤矿物黏粒形成无机 – 有机团聚体,在有机物料带入的二价阳离子(主要是 Ca^{2+} 及 Mg^{2+})的桥联作用下凝聚形成大颗粒团聚体,具有较强的水稳定性,这部分碳源在后续缓慢地释放,更有利于长久地提高土壤有机质含量。因此,有机物料的总碳中溶解性碳源部分含量越少,则对土壤水稳性团聚体形成、持久修复盐土越有利。

从实验的结果上看,各有机物料 DOM 含量依次是鸡粪 > 秸秆 > 腐熟秸秆,DOM 占有机物料中总碳的比例依次是鸡粪（17.51%）＞秸秆（5.29%）＞腐熟秸秆（2.58%），可以看出腐熟秸秆的难降解碳与惰性碳所占比例最高，其次是秸秆，都没有超过6%，这对盐土水稳性团聚体的形成非常有利。

9.4.3.3 Na$^+$对土壤胶体凝聚作用影响

土粒通过反荷离子等作用而紧固的过程称为土壤胶体的凝聚作用，阳离子这种凝聚作用有的可逆，有的不可逆，与土壤结构的稳定性有关，腐殖质与Ca^{2+}胶结的结构具有稳定性，而与Na$^+$胶结的结构不具有稳定性。土壤阳离子交换吸附作用对土壤中养分的保持和供应起着重要作用，但土壤吸附较多阳离子时，可起到对阳离子的保留作用，实际上是保肥作用，影响阳离子交换作用的主要因素是阳离子的交换能力，一般Fe^{3+}＞Al^{3+}＞Ca^{2+}＞Mg^{2+}＞H$^+$＞NH$_4^+$＞K$^+$＞Na$^+$，在正常情况下，土壤胶体吸附的Na$^+$比较少，但是阳离子交换作用也受质量作用定律所支配，如果溶液中某种离子的浓度较大，虽其交换能力弱，但也能把交换能力大的离子代换下来，当生成了不溶性物质时，这种代换速率会加快。苏打型盐碱土主要含有的阴离子是CO$_3^{2-}$和HCO^{3-}，发生阳离子交换后生成了CaCO$_3$沉淀，因而加速了土壤钠质化的进程。发生的离子交换过程为胶粒＝Ca＋Na$_2$CO$_3$→胶粒$_{-Na}^{-Na}$＋CaCO$_3$。滨海盐碱化土壤中主要的阴离子是Cl$^-$和SO$_4^{2-}$，因此，发生的离子交换过程为

$$胶粒 = Ca + 2NaCl \leftrightarrow 胶粒_{-Na}^{-Na} + Ca^{2+} + 2Cl^-$$

这种滨海盐渍土在治理过程中，只要增加Ca^{2+}浓度就能使离子交换作用发生逆转，把代换性钠从土壤胶体上置换下来，从而达到改善盐碱土的目的。土壤中较多的代换性钠置换了土壤胶体表面上吸附的阳离子后，土壤胶团结构也发生了变化。由于Na$^+$胶结的胶团不具有水稳定性，土壤胶团外层扩散层增厚，胶粒互相排斥而形成溶胶状，土壤胶体凝聚性变差，土壤胶体呈分散状体，结果是土粒变松散，土壤湿度过大时，土壤团粒结构受到破坏，盐分不能渗透到土壤深层，同时加剧了毛管水的提升，水分蒸发后便在土壤表层积累下来。因此盐渍土整体表现为湿时土壤黏渗透性差，干时土壤板结，大量返盐。

9.4.3.4 有机物料修复盐碱土壤结构的过程

有机物料施入土壤后，提高土壤理化性能和微生物及酶活性，促进作物的生长，在这些作用中，最为重要的是有机物料对土壤结构的改变，表现为土壤水稳定团聚体数量增加，加速土壤大颗粒团聚体的形成，从而改善土壤的结构和性能，改善微生物生存外部环境，加速微生物的生长繁殖，促进作物对营养元素的吸收和利用，使土壤－作物系统朝着良性循环的方向发展。有机物料改善土壤性能依赖于土壤结构和土壤水分条件，以及有机物料性质。在盐碱土中，Na$^+$的分散性导致土壤团聚体结构破散，土壤胶体呈分散的水溶胶状态。在土壤胶体表面上吸附的交换性Na$^+$具有排斥性，导致土壤胶团距离增大，而使土壤团聚体结构解体（Abdelbasset et al.，2009）。如图9-43（a）所示，这种土壤表层结构致密，心土被压实导致土壤渗透性很低，阻挡了水分的下渗，水分被截留，可溶性盐分随着毛管水向上迁移，表层和心土含盐量明显高于其他土层，植物根系短小、不发达。盐碱土中施加有机物料可促进土壤微团聚体絮凝、团聚为大颗粒团聚体，提高土壤孔隙，改

善土壤空气循环，为土壤微生物和植物体系提供充足的氧气。土壤表层土首先团聚成大颗粒，而后心土土壤结构得到进一步改善，土壤充氧状况得到改善，植物根系变长、发达，如图9-43（b）所示。

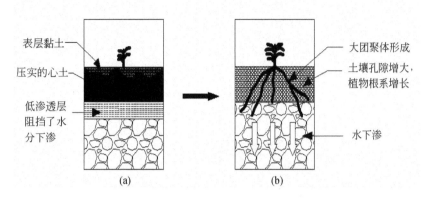

图9-43　施入有机物料前后盐土结构的变化

有机物料改善盐土土壤团聚体结构主要有以下几个步骤和原因：①有机物料中含有大量的水溶性易分解的有机物，能有效促进土粒之间的胶结作用；②有机物料里含有的大量的钙离子、镁离子等阳离子将土壤胶体表面上吸附的钠离子置换下来，减小了土壤胶团扩散层的厚度，土壤胶团之间的分散性减弱，加速土壤胶体的絮凝；③有机物料呈酸性，促进盐碱土中的碳酸钙、碳酸镁等沉淀溶解，这些沉淀溶解后向土壤溶液中释放更多的钙离子和镁离子，从而加速土壤胶团的絮凝作用；④土壤系统中植物根系及掘土动物对土粒穿插、切割和挤压等外力作用促进微团聚体形成大颗粒团聚体，同时土壤系统中微生物活性的增强促进土壤团聚体的形成；⑤土壤大颗粒团聚体形成后，土壤孔隙加大，既改善了土壤表层充氧状况，又促进植物根系生长；⑥在干湿交替灌溉的条件下，土壤溶液中的水溶性盐以及溶液中的钠离子，在水分向下运动的过程中随水流下行迁移，表层以及心土土壤的含盐量和pH得到进一步改善。

9.4.3.5　有机物料促进盐碱土团聚体形成的影响因素分析

图9-44为添加不同有机物料土壤粒径分析，对照土壤中大颗粒团聚体（>250 μm）的数量为零，秸秆和腐熟秸秆土壤的颗粒结构中水稳性团聚体的数量明显增加，土壤结构得到显著的改善。添加了有机物料后土壤大颗粒团聚体数量在<1 mm粒径内所占的比例依次为，腐熟秸秆15.67%＞秸秆14.64%＞对照组0.00。因此从土壤水稳性团聚体形成的角度上讲，最好的是腐熟秸秆，秸秆也具有较好的形成效果。

秸秆的主要成分是纤维素和半纤维素，其有机质含量较高，但是DOM比其他两种有机物料都小，说明其中碳主要以不易水解和惰性状态存在，其可水解利用的时间相应就长，而这部分不易利用的有机质是构成土壤团聚体重要组成部分，因此有利于土壤水稳性团聚体的形成。有机物料中所含有的易于水解可被生物利用的有机质（碳）越多，则土壤中有机质（碳）被消耗的就越快，越不利于土壤大颗粒团聚的长久形成。

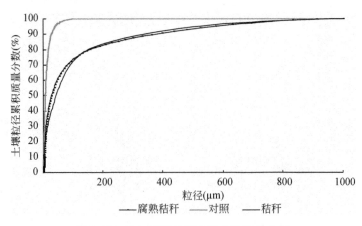

图 9-44　添加不同有机物料土壤粒径分析

9.4.4　结论

1）浇灌再生水后，土壤各层有机质含量先增加然后缓慢下降，添加腐熟秸秆各土层有机质含量最大值出现在灌溉后第 1 天，以 10～20 cm 土层为最高；添加秸秆土柱各层有机质含量最大值出现在第 7 天，以 10～20 cm 土层为最高，出现最大值后开始下降，但是在 28 天之内，添加秸秆土壤的 0～40 cm 土壤，以及添加腐熟秸秆土壤的 0～30 cm 土壤有机质含量均显著高于初始状态值。无论是添加秸秆还是添加腐熟秸秆的土柱，在灌溉后的 28 天内，40～50 cm 深土层的有机质含量都没有明显的变化。

2）添加秸秆的土壤在再生水灌溉的初期 10～30 cm 土层有效氮含量出现负增长，其他土层基本维持在初始状态，然后开始缓慢增加，7 天后，各层有效氮含量开始迅速增加，以 0～10 cm 土层增加最大，30～50 cm 土层基本没有变化。添加腐熟秸秆土壤，初期 0～10 cm 土层有效氮含量出现负增长，但是 10～20 cm 土层有效氮含量在 7 天之内快速增加然后开始下降，20～30 cm 土层有效氮含量在 7 天后出现最大值，而后开始降低，但依然高于各层初始状态值，40～50 cm 土层有效氮含量基本没有变化。

3）添加秸秆和腐熟秸秆土柱中有效磷含量并没有明显的规律性，均表现为各土层先增加后降低的趋势，但都高于初始状态值，增加幅度最大的土层依次为 0～10 cm > 10～20 cm > 20～30 cm > 30～40 cm，40～50 cm 土层有效磷含量没有明显的变化，添加秸秆和添加腐熟秸秆土柱没有明显的区别。

4）实验期间，添加秸秆和腐熟秸秆土柱各层盐分运行规律基本一致。0～10 cm 土层含盐量先下降，7 天后开始缓慢增加，28 天时基本接近初始状态值，10～30 cm 土层先增加，7 天后开始下降，但有波动，基本维持在初始状态值附近，30～40 cm 土层含盐量持续缓慢上升，但与初始状态值差异不明显，40～50 cm 土柱含盐量基本没有变化。

5）再生水与有机物料联合修复盐土过程中，再生水对土壤系统修复贡献率较小，有机物料贡献率较大。

6）土壤大颗粒团聚体（> 250 μm）所占比例由高到低依次为添加腐熟秸秆 > 秸秆 > 对照处理组。

　　7）有机物料中碳源可能分为水溶性碳源、难降解碳源及惰性碳源三部分，其中水溶性碳迅速被土壤微生物所利用，并随着时间的延长而消耗掉。难降解碳与惰性碳则主要参与土壤团聚体的形成过程，在修复的过程中缓慢释放碳，有利于土壤大团聚体的形成和长久稳定。秸秆和腐熟秸秆中有大量的惰性和难以生物降解的有机质，在施入土壤后作为土壤胶体团粒结构形成的有机质与无机矿物黏粒形成无机－有机胶粒，在二价阳离子的桥联下凝集，形成大颗粒团聚体，促进土壤水稳性团聚体的形成，改善土壤结构，从而改良盐碱化土壤。

第10章 黄河三角洲滨海湿地生态安全评价

生态安全研究起源于国外，最初的生态安全研究着眼于生态环境安全状况与国家安全的关系。1977年，美国世界观察研究所主任莱斯特·布朗（Lester Brouh）发表了《重新界定国家安全》一文，首次将环境安全与国家安全联系到一起；同年，世界环境与发展委员会发表的《我们共同的未来》首次使用了"环境安全"一词。到20世纪80年代，环境安全的概念开始纳入联合国的考虑当中。1982年世界裁军和安全问题委员会发表的《共同安全》报告和1987年世界环境与发展委员会发表的《我们共同的未来》报告都明确提出，在全球生态环境遭遇严重破坏的威胁下，安全的定义必须囊括环境安全。1998年，伦敦国际战略研究所出版了《亚太环境与安全》一书，特意对亚太地区环境和国际安全的关系进行了探讨；目前国内外关于生态安全方面的研究主要有以下几个方面：①资源匮乏所引起的生态安全问题；②环境污染引起的生态安全问题；③土地利用引起的生态安全问题；④生物入侵和转基因作物引起的生态安全问题。

我国学者从20世纪90年代开始关注生态安全问题。目前，生态安全研究主要集中在以下几个方面。①生态安全概念的探讨。生态安全可从两个方面解释：一是防止生态环境的退化对经济基础构成威胁，主要指环境质量状况恶化和资源短缺削弱了经济可持续发展的支撑能力；二是防止环境问题引发公众的不满，特别是导致环境难民的大量产生，影响社会稳定。②生态安全评价方法和技术的研究。马克明等（2004）对生态安全评价的方法、模型和指标体系进行了多方面的研究和探讨。③典型区域的生态安全评价。马克明等（2004）从景观学的角度对区域生态安全进行了深入的研究，突出了概念和理论基础，建立了区域生态安全格局评价的框架并进行了相关应用研究。湿地生态安全评价是以湿地为研究主体的生态安全评价，目前的湿地生态安全评价主要致力于探讨评价标准和指标以及定级。关于湿地生态安全评价研究，目前尚无公认的标准和定级。吴江天（1994）从土壤、水文、生物组成和系统功能等方面对鄱阳湖湿地生态系统进行了评价；付在毅和许学工（2001）通过对辽河三角洲湿地的研究，建立了一套科学的湿地生态风险评价方法；崔保山等（2002）给出了较为完善的湿地生态系统健康评价方法和指标体系。

本研究的目的是通过建立一套科学的湿地生态安全评价指标体系，对黄河三角洲地区的湿地生态系统条件、湿地生态系统面临的压力以及湿地生态系统的反应做出分析，来揭示该地区湿地生态系统的安全状况，并提出有关的湿地生态环境保护的若干建议，为这一区域湿地生态系统保护和恢复提供理论支持。

10.1 黄河三角洲滨海湿地概况

10.1.1 地理位置

黄河三角洲滨海湿地主要位于东营和滨州两市所属的东营区、垦利县、河口区、沾化县和无棣县 5 个县区，地理坐标为 117°41′~119°19′E、37°14′~38°16′N，总面积 9938.13 km²。其位置及范围如图 10-1 所示。

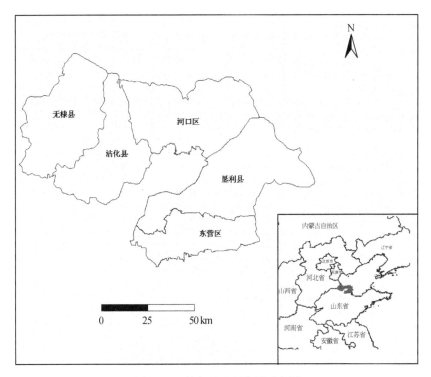

图 10-1 研究区地理位置示意图

10.1.2 自然环境

黄河三角洲地处渤海之滨的黄河入海口，是由黄河携带的大量泥沙在入海口处沉积所形成，为全国最大的三角洲，也是我国温带最广阔、最完整、最年轻的湿地。该地区属于北温带半湿润大陆季风型气候。区内降水量不均匀，平均降水量为 400~600 mm；年平均气温 12~15℃，全年 1 月平均气温最低，平均气温为 -4.2~-3.4℃，7 月平均气温最高，平均气温为 25.8~26.8℃；年平均日照 2100~2500 h，非常适合农作物生长；平均海拔 3~4 m，绝大部分是平原区，陆地带地势宽阔低洼，面积逐年扩大。生态类型独特，海河相会处有大面积天然湿地，是东北亚内陆和环西太平洋鸟类迁徙的重要"中转站"和越冬繁殖地。区内湿地生物资源和水生生物资源丰富,其中属国家重点保护的有文昌鱼、江豚、松江鲈鱼等,有野生植物上百种,属国家重点保护的濒危植物野大豆分布广泛,各种鸟类约187种,列为中日候鸟保护协议受保护的达108种,其中国家重点保护野生动物有丹顶鹤、白头鹤、白鹳、金雕等32种,各种鹭类、雁鸭类水禽不但种类多,数量也极为丰富。区内河流众多,有小清河、徒骇河、广利河、溢洪河等大小10多条河流。土地盐碱化程度较高,面积较大,森林覆盖率低于山东省平均水平。该地区处于海洋、河流和陆地的交汇带上,常有风暴潮等自然灾害,生态环境较为脆弱。

10.1.3 社会经济

根据2008年东营和滨州两市年鉴资料可知,研究区(东营区、垦利县、河口区、沾化县和无棣县)2007年总人口约为191万,其中东营区615 600人、垦利县220 000、河口区247 497人、沾化县386 878人、无棣县442 823人。区内平均人口密度为192人/km²,其中东营区人口密度533人/km²、垦利县人口密度100人/km²、河口区人口密度105人/km²、沾化县人口密度175人/km²、无棣县人口密度222人/km²。研究人口密度专题图如图10-2(见彩图)所示。

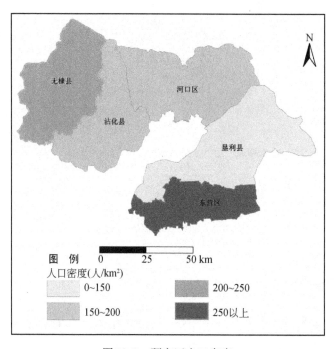

图10-2 研究区人口密度

研究区国民经济在黄河三角洲地区具有重要作用。根据2008年东营和滨州两市年鉴资料,2007年研究区国内生产总值为536亿元,其中东营区141亿元、垦利县130亿元、河口区63亿元、沾化县80亿元、无棣县122亿元。2007年研究区人均国内生产总值为31 145元,其中东营区22 892元/人、垦利县58 978元/人、河口区25 558元/人、沾化县

20 802元/人、无棣县 27 499 元/人。研究区人均国内生产总值专题图如图 10-3（见彩图）所示。

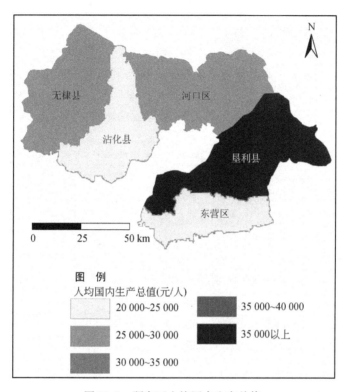

图 10-3　研究区人均国内生产总值

10.2　生态安全评价指标体系

本研究采取了联合国经济合作与发展组织（OCED）在 1990 年创立的"压力－状态－响应"（pressure-state-response，PSR）模型作为选取指标的基本方法，从压力、状态和响应 3 个层面来构建黄河三角洲湿地生态安全评价指标体系。

10.2.1　压力－状态－响应模型简介

压力－状态－响应模型是生态环境评价学科中较为常用的一种评价模型，广泛应用于环境质量、生态安全和生态风险等评价研究。最初由加拿大统计学家 David J. Rapport 和 Tony Friend 于 1979 年提出，后由联合国经济合作与发展组织和联合国环境规划署（UNEP）于 1990 年正式发布此模型。压力－状态－响应模型以人类与环境之间的相互作用关系为基础，旨在分析人类活动与环境变化之间的因果关系。生存在地球上的人类通过各种活动从自然环境中获取其生存与发展所必需的资源，同时又向环境排放废弃物，从而改变了周边的自然环境，而环境变化又反过来影响人类的社会经济活动。为了能减少或消除人类活动对自然环境的影响，人类会采取各种技术和政策，以维持自然环境的良好状态。如此循环往复，构成了人类与环境之间的压力－状态－响应关系（王晓峰，2007）。

10.2.2　指标选取原则

指标是整个生态安全评价指标体系的基础，指标的好坏直接影响评价结果的准确性。不同区域、不同类型的生态安全评价所选取的指标差异很大。根据黄河三角洲以及湿地生态安全评价的特点，以压力－状态－响应模型为基础，遵循以下三条原则选取评价指标（林茂昌，2005）：

1）代表性。所选取的指标要能代表黄河三角洲的特点，并且能反映该区域的湿地生态安全的状况。

2）可行性。所选取的指标要具有数据获取方便、数据准确等特点。

3）全面性。所选取的指标能够全面地反映出黄河三角洲湿地生态环境问题，并且各个指标所反映的内容不能有重叠。

10.2.3　湿地生态安全评价指标体系

以压力－状态－响应模型为基础，遵循指标选取的三个原则，选取了 14 个能够充分反映研究区 20 年来的景观格局变化和湿地生态安全状态的指标，进而得出了以下评价指标体系，见表 10-1。

表 10-1　湿地生态安全评价指标体系

压力－状态－响应指标	评价指标
压力指标	人口密度
	人均国内生产总值
	城镇化压力
	湿地退化指数（海滩、河滩和草本沼泽地的平均退化指数）
状态指标	归一化植被指数
	景观破碎指数
	景观多样性指数
	湿地密度指数
	最大斑块指数
	景观形状指数
	水文调节指数
响应指标	第三产业比例
	环保投入比例
	盐碱地治理面积

10.2.3.1　压力指标

研究区内各个县区城市化进程很快，经济发展迅速，人类活动对环境干扰剧烈，破坏了湿地生态系统的完整性。在压力指标系统中，选取了人口、经济和环境三方面的指标作为压力指标。

1）人口密度。人口密度 = 人口总量/总面积。

2）人均国内生产总值。人均国内生产总值 = 国内生产总值/人口总量。

3）城镇化压力。城镇化压力 = 居民工矿用地面积/总面积。

4）湿地退化指数。包括海滩、河滩和草本沼泽三类湿地的退化指数。

湿地退化指数 = 湿地减少的面积/1987 年湿地面积。

10.2.3.2　状态指标

选取能够反映研究区景观格局状态的指标，以反映研究区各时段的景观格局和生态安全状态。

1）归一化植被指数。归一化植被指数能够从一定程度上反映植被的生长状态和盖度。计算公式为

$$\text{NDVI} = (\text{NIR} - R) / (\text{NIR} + R) \tag{10-1}$$

式中，NDVI 为归一化植被指数；NIR 为近红外波段的反射值；R 为红光波段的反射值。在 Landsat TM 影像中，NIR 为第 4 波段，R 为第 3 波段。用 NDVI 的均值作为该指标的指标值。

2）景观破碎度。景观破碎度反映了一个大面积连续的生境在外力干扰下被分割的程度，该指数能够反映生境的稳定性和人类干扰活动的强弱。计算公式为

$$c = \sum ni/A \tag{10-2}$$

式中，c 为景观破碎度；$\sum ni$ 为研究区内所有景观类型斑块的总个数；A 为研究区总面积。

3）景观多样性指数。一个景观系统中，土地利用越丰富，破碎化程度越高，其不定性的信息含量也越大，计算出的景观多样性指数值也就越高。景观多样性指数采取的是修正辛普森景观多样性指数（modified Simpson's diversity index，MSIDI），计算公式为

$$\text{MSIDI} = - \ln \sum_{i=1}^{m} p_i^2 \tag{10-3}$$

式中，P_i 为景观类型 i 所占的比例；m 为景观类型的数目。

4）湿地密度指数。计算公式为

$$\text{WD} = (P1 + P2 + P3 + P4) /A \tag{10-4}$$

式中，WD 为湿地密度；$P1$ 为湖泊水库斑块数量；$P2$ 为海滩斑块数量；$P3$ 为河滩斑块数量；$P4$ 为草本沼泽斑块数量；A 为研究区总面积。

5）最大斑块指数。由于城市化进程引起的居民工矿用地日益集中，因此选取研究区内所属 5 个县区的居民工矿用地来计算最大斑块指数，计算出每个县区的居民工矿用地的最大斑块指数后，再将 5 个指数相加，用来反映整个研究区的城镇建设集中程度。计算公式为

$$\text{LPI} = \sum_{i=1}^{n} \frac{\max(P_i)}{A_i} \tag{10-5}$$

式中，LPI 为居民工矿用地最大斑块指数；P_i 为居民工矿用地斑块面积；A_i 为居民工矿用地总面积。

6）景观形状指数。计算公式为

$$\text{LSI} = \frac{E}{2\sqrt{\pi - A}} \tag{10-6}$$

式中，LSI 为景观形状指数；E 为整个景观的总周长，包括基质的周长；A 为总面积。

7）水文调节指数。计算公式为

$$\text{HAI} = (S1 + S2)/A \tag{10-7}$$

式中，HAI 为水文调节指数；$S1$ 为湖泊水库总面积；$S2$ 为河流总面积；A 为研究区总面积。

10.2.3.3 响应指标

黄河三角洲地区经济发展和城市化进程都在加快，且石油开采、化工等高污染行业占工业比重较大。此外，该地区盐碱地面积较大，湿地退化严重，生态系统较为脆弱。针对当地的环境特点，研究区内各级政府积极调整产业结构，投入资金治理高污染、高能耗、高排放的行业。另外，与科研单位加强合作，研究高效可行的盐碱地治理和湿地恢复技术。因此，选取了以下指标作为响应指标。

1）第三产业比例。第三产业比例 = 第三产业国内生产总值/国内生产总值。

2）环保投入比例。环保投入比例 = 污染治理项目投入资金/国内生产总值。

3）盐碱地治理面积。盐碱地治理面积 = 盐碱地转变为苇草地、林地、湿地地类的面积。

10.3 生态安全评价方法

采用单项指标评价与指标权重相结合的评价方法，单项指标评价的目的在于将各个指标的实际值换算为 0~1 的评价值，统一评价标准；指标权重则是将某个评价指标对研究区生态安全评价重要程度的量化。最后，通过标准统一后的评价值和指标权重计算出生态安全评价指数。

10.3.1 单项指标评价值计算

由于各个指标的统计单位不同，为了能够统一地反映生态安全状况，必须将各个数据归一化。对于统计指标，通过专家分级法将评价指标的实际值换算为评价值；对于景观生态学指标，并不能依靠简单的直线模型将实际值换算为评价值，因此采用生态学较为常用的逻辑斯蒂增长曲线模型作为单项指标评价值的计算方法（林茂昌，2005）。公式如下：

当生态安全状况与评价值成正比时，采取以下公式：

$$P = 1 / [1 + \exp(a - b \times R)] \tag{10-8}$$

当生态安全状况与评价值成反比时，采取以下公式：

$$P = 1 - 1 / [1 + \exp(a - b \times R)] \tag{10-9}$$

式中，P 为评价值；R 为实际值；a 和 b 为两个常数，常数可以通过各个评价指标的最低标准值、理想值、极值等已知数据确定。

10.3.2　确定指标权重

采用层次分析法（analytical hierar chy process，AHP）来确定评价指标的权重。美国运筹学家 A. L. Saaty 于 20 世纪 70 年代提出层次分析法，是一种定性与定量相结合的决策分析方法。它是一种将决策者对复杂系统的决策思维过程模型化、数量化的过程。应用这种方法，决策者通过将复杂问题分解为若干层次和若干因素，在各因素之间进行简单的比较和计算，就可以得出不同方案的权重，为最佳方案的选择提供依据（李崧等，2006）。

10.3.2.1　层次分析法的基本原理

AHP 法首先把问题层次化，按问题性质和总目标将此问题分解成不同层次，构成一个多层次的分析结构模型，分为最低层（供决策的方案、措施等）、相对于最高层（总目标）的相对重要性权值的确定或相对优劣次序的排序问题。本研究按问题性质和总目标将此问题分解成 3 个层次，构建层次分析模型。将黄河三角洲的"生态安全指数"作为总目标层，将压力–状态–响应模型中的压力、状态、响应三个指标作为准则层，将所有指标作为指标层，再根据层次间的关系和层次分析法的权重确定规则计算得出各个指标权重。

10.3.2.2　层次分析法的特点

层次分析法的分析思路清楚，可将系统分析人员的思维过程系统化、定量化和模型化；分析时需要的定量数据不多，但要求问题所包含的因素及其关系具体而明确；这种方法适用于多准则、多目标的复杂问题的决策分析，广泛用于地区经济发展方案比较、科学技术成果评比、资源规划和分析以及企业人员素质测评。

10.3.2.3　层次分析法的步骤

（1）明确问题

在分析经济发展以及科学管理等领域的问题时，首先要对问题有清楚的认识，弄清问题的条例思路，了解问题所包含的因素，确定出因素之间的隶属关系和关联关系。例如，有些指标与目标层是正向关系，有些指标与目标层是反向关系。

（2）建立递阶层次结构

根据对问题的分析和了解，将问题所包含的因素，按照是否共有某些特征进行归纳成组，并把它们之间的共同特性看成是系统中新的层次中的一些因素，而这些因素本身也按照另外的特性组合起来，形成一个完整的层次分析结构。

（3）建立两两比较的判断矩阵

判断矩阵表示针对上一层次某单元（元素），本层次与它有关单元之间相对重要性的比较。判断矩阵见表 10-2。

表 10-2　判断矩阵

CS	P1	P2	...	...	Pn
P1	b11	b12	...	...	b1n
P2	b21	b22	...	...	b2n
...	...	...	...	...	...
...	...	...	...	...	...
Pn	bn1	bn2	...	...	bnn

表 10-2 中，P 表示元素（评价指标），b 表示元素（指标）间的关系，也就是判定值，目的在于将判断定量化。

（4）指标关系定量化

使判断定量化，关键在于设法使任意两个方案对于某一准则的相对优越程度得到定量描述。一般对单一准则来说，两个方案进行比较总能判断出优劣，层次分析法采用 1～9 标度方法，对不同情况的评比给出数量标度。量度值的确定方法见表 10-3，根据指标间的关系不同，量度值也不同，当两个指标的位置互调时，量度值为互调前量度值的倒数。

表 10-3　量度值判定方法

标度值	定义与说明
1	两个指标同等重要
3	两个指标对某个属性具有同样重要性
5	两个指标比较，一指标比另一指标明显重要
7	两个指标比较，一指标比另一指标重要得多
9	两个指标比较，一指标比另一指标极端重要
2、4、6、8	表示需要在上述两个标准之间折中时的标度
$1/b_{ij}$	两个指标的反比较

（5）判断矩阵一致性指标

一致性指标（consistency index，CI）的值越大，表明判断矩阵偏离完全一致性的程度越大，CI 的值越小，表明判断矩阵越接近于完全一致性。一般判断矩阵的阶数 n 越大，人为造成的偏离完全一致性指标 CI 的值便越大；n 越小，人为造成的偏离完全一致性指标 CI 的值便越小。

判断矩阵一致性指标的计算公式如下：

$$CI = （\lambda_{max} - n）／（n - 1） \tag{10-10}$$

式中，λ_{max} 为最大特征值。

对于多阶判断矩阵，引入平均随机一致性指标（random index，RI），表 10-4 给出了 1～15 阶正互反矩阵计算 1000 次得到的平均随机一致性指标。

表 10-4　平均随机一致性指标

n	1	2	3	4	5	6	7	8
RI	0	0	0.58	0.90	1.12	1.24	1.32	1.41
n	9	10	11	12	13	14	15	
RI	1.46	1.49	1.52	1.54	1.56	1.58	1.59	

当 $n \leqslant 2$ 时，判断矩阵永远具有完全一致性。判断矩阵一致性指标 CI 与同阶平均随机一致性指标 RI 之比称为随机一致性比率（consistency ratio，CR），CR 的计算公式如下：

$$CR = CI/RI \tag{10-11}$$

当 CR < 0.10 时，便认为判断矩阵具有可以接受的一致性。当 CR ≥ 0.10 时，就需要调整和修正判断矩阵，使其满足 CR < 0.10，从而具有满意的一致性。

通过以上步骤，可以得到黄河三角洲湿地生态安全评价指标体系的指标权重，见表10-5。

表 10-5　评价指标权重

目标层 A	准则层 B	指标层 C	指标层权重
生态安全	压力指标 B1	人口密度 C1	0.0824
		人均国内生产总值 C2	0.1006
		城镇化压力 C3	0.1928
		湿地退化指数 C4	0.1744
	状态指标 B2	归一化植被指数 C5	0.0310
		景观破碎指数 C6	0.0401
		景观多样性指数 C7	0.0462
		斑块密度 C8	0.0276
		最大斑块指数 C9	0.0276
		形状指数 C10	0.0379
		水文调节指数 C11	0.0368
	响应指标 B3	第三产业比例 C12	0.0724
		环保投入比例 C13	0.0720
		盐碱地治理面积 C14	0.0580

10.3.3　综合评价

综合各个指标的评价值与指标权重，对黄河三角洲的生态安全评价采用下面的加权模型计算得出研究区的生态安全评价指数 CEI：

$$CEI = \sum_{i=1}^{14} W_i \cdot P_i \tag{10-12}$$

式中，W_i 为单项指标的权重；P_i 为该指标的评价值。

10.4 评价指标获取

10.4.1 黄河三角洲遥感影像解译

本研究中的景观生态学指标数据以及湿地面积变化数据都是通过解译遥感影像获得的，遥感影像是本研究的基础之一，所使用的遥感影像为美国 Landsat TM 影像数据。遥感影像解译的目的是为了能更为直观、快捷的从遥感影像中获得想要的信息，解译过程简单来说就是根据原始图像和地物之间的关系，通过某些数学方法将类似的影像归类。

10.4.1.1 遥感技术简介

遥感（remote sensing，RS），顾名思义，就是遥远的感知，广义上的遥感就是在较远的距离通过光谱绘仪器感应测试某个物体，狭义上的遥感是指通过人造卫星或飞机上的光谱测绘仪器对地球或其他物体表面实施感应遥测。遥感科学起源于 20 世纪 60 年代，是一种综合性的观测技术，进入 80 年代，遥感技术得到了长足方法，应用也日趋广泛，大规模应用于资源管理和农林地矿资源调查。

遥感技术主要具有以下几个特点。

（1）获取信息的速度快、周期短

卫星遥感图像由围绕地球旋转的卫星拍摄，拍摄周期因卫星不同而不同。例如，Landsat 7 的拍摄周期为 17 天。有些航空遥感拍摄周期更短，基本能做到随用随拍，实现了数据的实时性。

（2）可获取数据的范围大

遥感拍摄的卫星飞行高度为 910 km 左右，航空遥感所用的飞机飞行高度一般也在 10 km 左右，由于高度较高，拍摄范围也比较大。例如，EOS 系列卫星的拍摄高度为 700 km 左右，拍摄一张影像的宽度大约为 2330 km。

（3）获取信息容易

在地球上的某些地方，自然条件十分恶劣，不适合人类亲自到现场采集数据，此时遥感就能起到良好的辅助作用，帮助完成一些数据采集工作。现在，包括一些外星球探测任务也主要由遥感卫星来负责拍摄影像。例如，美国的哈勃望远镜就是一种遥感技术。

（4）获取的信息丰富

根据用途不同，遥感所获取的数据也具有不同特点，有些遥感数据波段丰富，有些遥感数据空间分辨率高。不同波段的数据有利于解译不同类型的地物信息，高分辨率的图像则能够分清楚更为细小的地物。

10.4.1.2 遥感影像数据来源

一般的遥感影像都来自遥感卫星或航拍飞机，本研究中应用的美国 Landsat TM 影像数据，获取自中国科学院遥感卫星地面站。所获取 TM 影像的轨道号为 12134（覆盖研究区内东营区、河口区和垦利县)、12234 (覆盖研究区内的沾化县和无棣县),拍摄年份为 1987 年、1997 年和 2007 年。

10.4.1.3 遥感影像处理软件

在整个处理过程中,主要用到 ENVI、ArcGIS 和 Photoshop 三个软件。ENVI 是美国 ITT Visual Information Solutions 公司开发的遥感影像处理软件,能够快速、便捷、准确地解译遥感影像并且从影像中提取信息,广泛应用于科研、环境保护、气象、石油矿产勘探、农业、林业、医学、国防和安全、地球科学、公用设施管理、遥感工程、水利、海洋,测绘勘察和城市与区域规划等行业。ArcGIS 是由美国环境系统研究所公司 (Environmental Systems Research Institute, Inc. 简称 ESRI 公司) 开发的地理信息系统软件,该软件提供全套地理信息系统数据提取、维护、运行和管理等服务,能够科学管理和综合分析具有空间内涵的地理数据。Photoshop 是 Adobe 公司旗下最为出名的图像处理软件之一,是集图像扫描、编辑修改、图像制作、图像输入与输出于一体的图形图像处理软件。

10.4.1.4 遥感影像校正

选用经过辐射校正和系统级几何校正处理的 Landsat TM 影像产品,其地理定位精度误差为 150～250 m。如果用确定的星历数据代替卫星下行数据中的星历数据来进行几何校正处理,其地理定位精度将大大提高。买来图像后结合对应的地形图对遥感影像进行精校正,从而大大提高产品的几何精度,其地理定位精度可达一个象元以内,即 30 m。

遥感影像的精校正是通过选取控制点 (control point) 来实现的,选取好控制点后通过多项式函数计算、缩放、平移等方法来实现遥感影像的校正。

(1) 控制点选取

在 ENVI 4.4 中,通过 Map 菜单中 Image to Image 选项实现交互式选取遥感影像中的控制点,控制点一般选取公路交叉口、河流汇合处等较为明显地物。选取足够的控制点之后,ENVI 软件能够自动识别控制点的位置,方便用户操作。应该注意的是,在选取好控制点后,有些控制点的误差较大,为了减小误差,一般情况下要删除误差较大的控制,尽量使 RMS 误差最小化。

(2) 图像纠正与重采样

控制点选取完成后,需要通过相应的函数计算方法对遥感影像就行校正和重采样。ENVI 提供了三种校正方法:RST (旋转、缩放和平移)、多项式和 Delaunay 三角测量。RST 是最为简单的校正方法,需要 3 个以上控制点。多项式方法可以得到一个 1～n 次多项式校正,次数取决于控制点的数量。Delaunay 三角测量适用于三角形不规则空间的控制点和内插数值到输出格网中。本研究中,选取的是 RST 校正方法。

(3) 评价校正精度

要评价校正的精度,需要先把校正影像加载到一个新的现实窗口中,将原图像与校正图像通过 Tools 菜单下的 Link 工具连接起来,使用动态覆盖图,拖动或者点击两个窗口,就能看到两幅图像之间的差别,以判断校正精度是否合乎标准。

完成以上步骤后,为遥感影像指定坐标系统 (包括球面坐标和平面坐标),选取的是投影坐标系统为 UTM，大地基准面是 WGS-84。至此，遥感影像精校正工作完成。

10.4.1.5　遥感影像裁剪

在 ENVI 中，裁剪图像需要用到感兴趣区域（region of interest，ROI），所谓感兴趣区域就是使用者想要截取的部分影像，本研究中是要把 12134 和 12234 这两幅遥感影像上的东营区、垦利县、河口区、无棣县和沾化县裁剪下来，即这 5 个县区就是本研究中的 ROI。

在截取之前，需要有这个 5 个县区的行政区域图，且地理坐标必须与遥感影像的地理坐标相同，如果地理坐标不同，可以使用 ArcGIS 通过选取控制点的方法将行政区域的矢量图进行校正和坐标系转换。然后，在 ENVI4.4 的 File 菜单中通过 Open vector file 打开行政区域图的矢量文件（ArcGIS 的矢量图一般为 shp 格式），并将 shp 格式转换为 ENVI 软件所特有的 evf 矢量图。完成转换后，就可以把此 evf 文件定义为 ROI，方便截取我们需要的区域。

ENVI 中截取所用到的工具是 Basic Tools 菜单下的 Subset data via ROIs 工具，打开工具后选择要截取的图像和 ROI，限定好必需的参数（尤其注意要限定非感兴趣区域为 0 值），点击确定即可得到符合要求的研究区遥感影像。

10.4.1.6　遥感影像镶嵌

不同的县区截取自不同的遥感影像，截取下来后需要将几个县区的图拼合到一起。拼合用到 ENVI4.4 中的镶嵌功能。镶嵌功能有基于像素和地理坐标两种方式，因为本研究中的遥感影像已经确定了坐标系统，故选取基于地理坐标的镶嵌（卢玉东等，2005）。

在 Basic Tools 菜单下找到 Mosaicking，选择要镶嵌的遥感影像，选择图像后需要进行设定一些参数，如背景透视值、羽化值以及显示波段等。将 TM 影像的 band7、band5 和 band3 按 RGB 的序列组合，构成最为接近真彩色遥感影像，方便影像解译。参数设定过程中，还应注意颜色平衡这个参数，选定一个影像为基准值，其他影像都以其为基准调整。

此处，需要对羽化功能特意做一下简单介绍。在进行基于像素或者地理坐标的镶嵌时，有时会有部分重叠区域，在重叠区域往往会有非常明显的衔接痕迹，可以使用羽化功能对边缘进行融合，消除该衔接痕迹。ENVI4.4 提供了边缘羽化和切割线羽化两种羽化方法。使用边缘羽化可以根据指定的距离对图像的边缘进行融合，指定距离被用于生成一个线性的阶梯性过度方式，从而按指定的距离来对遥感影像进行均衡化处理以消除衔接痕迹。切割线羽化是基于用户定义的切割线将两个重叠的图像边缘融合，指定的距离被用于沿着切割线融合遥感影像，指定的距离生成线性的阶梯性渐变混合，在距切割线特定的距离范围内，对图像进行均衡化处理，以消除衔接的痕迹。总之，两种方法都是为了消除衔接的痕迹，只是处理方式略有不同。羽化效果的对比如图 10-4（见彩图）所示，其中左侧为羽化后的效果，右侧为羽化前的效果，可见羽化能使遥感图像看上去颜色更为均匀平滑，羽化之前的色阶明显有偏差。

图 10-4 羽化效果对比图

10.4.1.7 遥感影像分类

遥感影像分类技术主要分为监督分类和非监督分类，监督分类是指遥感影像解译人员指定像素分类的过程，这些指定的方法是计算机的算法、影像中所出现各种土地类型的数字描述。在分类之前，用已知地类作为代表样区，通过计算机完成其余土地的分类计算，已知地类我们通常称为"训练区"（training area）。非监督分类则是将遥感影像首先根据光谱的自然特征来分类，然后影像解译人员通过比较分类的影像数据和地面参考数据来判定土地分类是否正确。其中监督分类方法众多，常用有以下几种分类方法。

（1）平行六面体法

平行六面体将用一条简单的判定规则对多光谱数据进行分类。判定边界在影像数据空间中是否行成了一个 N 维平行六面体。

（2）最大似然法

假定每个波段中的每类的统计都呈现正态分布，并将计算出给定像元都被归到概率最大的哪一类里。

（3）最小距离法

使用了每个感兴趣区的均值矢量来计算每个未知像元到每一类均值矢量的欧氏距离，除非用户指定了标准差和距离的阈值，否则所有像元都将分类到感兴趣区中最接近的那一类。

（4）马氏距离法

马氏距离法是一个方向灵敏的距离分类器，分类时将使用到统计信息，与最大似然法有些类似，但是它假定了所有类的协方差都相等，所以是一种较快的分类方法。

（5）支持向量机法

支持向量机法是通过对特定训练样本进行分析得到样本特点，建立在统计学习理论基础上的机器学习方法，通过学习算法，支持向量机可以自动寻找那些对分类有较大区分能力的支持向量，由此构造分类器，结合特点对遥感影像进行分析，此分类方法较为智能化。

ENVI4.4 中的非监督分类包括 Isodata 分类法和 K-means 分类法。Isodata 分类计算数据空间中均匀分布的像素值，然后用最小距离技术将剩余像素迭代聚集，每次迭代都将重新计算均值，并用这一新的均值对像素进行再分类。K-means 则是计算数据空间上均匀分布的初始类别均值，然后用最短距离技术对像素进行迭代，把它们聚集到最近的类中。

本研究中，采取了人工分类与机器分类相结合的方法，以提高解译精度，机器分类所选取的方法是监督分类中的支持向量机法。打开 Classification 菜单下的 Supervised 选项，选中其中的支持向量机（support vector machine，SVM），打开要分类的遥感影像，选取样本，设定好参数，开始对遥感影像进行分类。参数的确定需要用不同参数经过多次分类，选用效果最好的分类影像，然后确定参数。支持向量机分类后的遥感影像和原图对比如图 10-5（见彩图）所示。

图 10-5　支持向量机分类法效果对比图

可见，支持向量机分类法的准确率较高，基本能把具有相同特征地物归为一类，能够充分利用各个像素值之间的关系。

机器解译的工作做完后，需要根据野外采样数据纠正解译影像。在研究过程中，共野外采样 6 次，采集样点 200 个，第一次采样范围广、面积大，涉及滨州和东营两市共 12个县区，第二、第三、第四次采样区域则是针对不确定地类所在的县区，第五、第六次采样均在滨城区，主要是采集棉花地、玉米地、草地、林地和居民工矿用地的土样数据。采样点分布图如图 10-6 所示。

根据研究需要并结合黄河三角洲地区实际，将土地利用类型分为以下 12 类：农田、居民工矿用地、林地、草地、盐碱地、河流、裸地、虾池盐田、坑塘湖泊、河滩、海滩和草本沼泽地。

遥感影像分类看似是对遥感影像分类，实质是将不同的光谱数据分类；看上去一个连续色调的遥感影像，实际上是由离散的像元组成，每个像元又有一个特定的数值，反映该点的色阶和辐射度等信息。如图 10-7 所示，可以完全反映出数字图像的特征，左侧是截取自研究区的部分遥感影像，TM 影像第 4 波段，右侧是遥感影像像元的数值，遥感影像和数字阵列均为 8×8。

图 10-6　采样点分布示意图

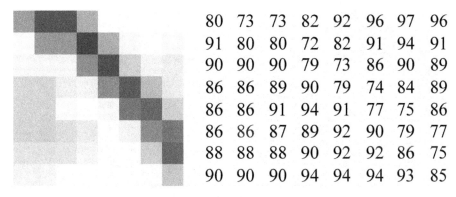

图 10-7　数字图像的基本特征

　　从图 10-7 中可以看出，影像较为一致的区域，像元值也较为接近，我们提取信息正是根据遥感影像的这个特点才能把来自卫星传感器上的遥感影像转变为我们所要的信息。

　　不同的像元值代表着不同的地类信息，由于光谱辐射受自然环境影像较大，同一物体的像元值可能略有偏差，分类正是要去掉这些偏差，提取出我们想要的地类信息。在 TM 影像中，为了方便土地利用类型分类，特意选取了最为接近真彩色的波段组合（band7、band4 和 band3 的组合）。在选取样本时，还应注意以下几点：①充分利用地物的综合信息，如地物大小、形状、阴影大小、纹理、颜色、图案、位置及其与周边地物的关系；②对各类地物尽量考虑建立多种解译标志，综合考虑"同谱不同物，同物不同谱"，不过分依赖于单项指标；③解译标志的建立应便于解译人员掌握和应用，使之有效地进行定性分析。波段组合后的 12 种地类遥感影像见表 10-6（见彩图）。

表 10-6　12 种地类遥感影像图

地类	居民工矿用地	农田	坑塘湖泊	河流	河滩	海滩
地类图示						
地类	盐碱地	林地	草地	虾池盐田	草本沼泽地	裸地
地类图示						

　　根据以上方法对 1987 年、1997 年和 2007 年研究区遥感影像进行处理，得到研究区三年的遥感影像解译图，如图 10-8（见彩图）、图 10-9（见彩图）和图 10-10（见彩图）所示。

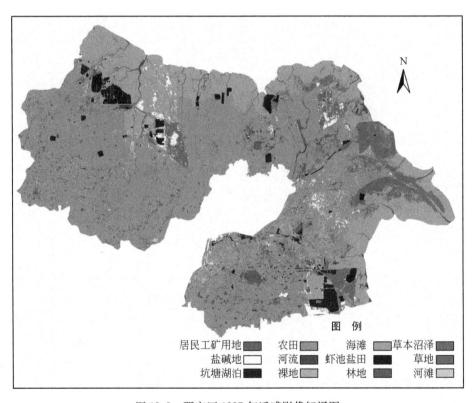

图 10-8　研究区 1987 年遥感影像解译图

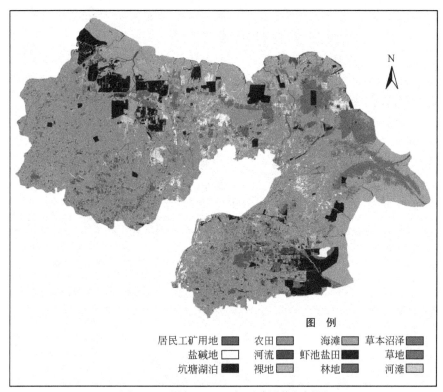

图 10-9 研究区 1997 年遥感影像解译图

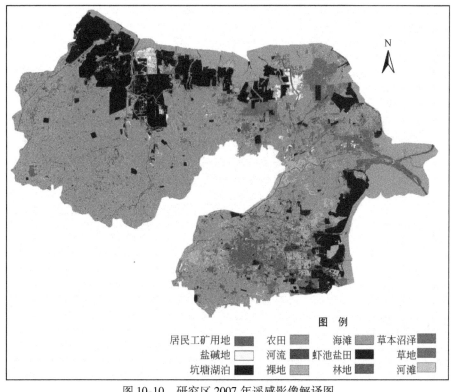

图 10-10 研究区 2007 年遥感影像解译图

10.4.2 黄河三角洲遥感信息提取

在完成遥感影像的校正、裁剪、镶嵌和解译之后，根据研究需要，对遥感影像进行进一步的数据挖掘，提取相关数据。

10.4.2.1 地类面积提取

对遥感影像分类之后，ENVI4.4 会以自己独有的格式存储分类文件，该文件无扩展名，主要存储遥感影像的像元数值信息，与之相对应的还有以 hdr 后缀结尾的头文件，存储分类信息和坐标信息等。分类文件中的像元值就是分类时的序列号。例如，农田在分类列表中排在首位的话，那么农田地类的像元值就是 1，此处的像元值只是代表地类，不含有光谱信息。

有了分类文件之后，可以通过 Basic tools 下的 Statistics 选项对分类图进行统计，分类之后得到各个像元值的数量及所占比例，利用此信息和遥感影像的像元的分辨率（本研究所采取的 TM 影像分辨率为 30 m）可以得到地类面积，进行统计分析得到分类各地类的像元数量和比例（表 10-7）。

表 10-7　分类图像元值数量和比例列表

像元值	某个像元值的个数	各个像元值累加的个数	某个像元值占总数的比例	累加的比例
1	1	1	0.003 2	0.003 2
2	1 523	1 524	4.905 0	4.908 2
3	1 868	3 392	6.016 1	10.924 3
4	8 020	11 412	25.829 3	36.753 6
5	0	11 412	0.000 0	36.753 6
6	721	12 133	2.322 1	39.075 7
7	18 851	30 984	60.711 8	99.787 4
8	1	30 985	0.003 2	99.790 7
9	10	30 995	0.032 2	99.822 9
10	55	31 050	0.177 1	100.000 0

依据此方法，得到研究区所属县区 1987 年、1997 年和 2007 年各地类面积，见表 10-8 ~ 表 10-12。

表 10-8　东营区各地类面积　　　　　　　　　　　（单位：km²）

地类	1987 年	1997 年	2007 年
居民工矿用地	81.97	121.88	275.82
农田	578.87	546.21	458.48
坑塘湖泊	52.99	74.00	42.76

续表

地类	1987 年	1997 年	2007 年
河流	22.52	10.35	10.95
河滩	1.38	2.01	2.00
海滩	134.58	122.84	52.05
盐碱地	32.57	24.17	9.20
林地	18.62	34.15	50.06
草地	99.97	53.19	68.64
虾池盐田	72.42	124.38	154.72
草本沼泽地	40.82	18.62	6.32
裸地	3.76	8.93	9.51

表 10-9　河口区各地类面积　　　　　　　　　　　　　　（单位：km²）

地类	1987 年	1997 年	2007 年
居民工矿用地	42.48	78.22	131.23
农田	700.03	687.46	803.55
坑塘湖泊	39.16	78.92	44.47
河流	54.28	52.75	48.33
河滩	3.33	3.27	3.16
海滩	837.38	779.42	432.02
盐碱地	72.38	69.68	48.29
林地	27.63	38.11	46.33
草地	218.42	200.07	197.01
虾池盐田	46.22	83.38	345.53
草本沼泽地	112.14	76.12	42.00
裸地	19.84	25.61	30.98

表 10-10　垦利县各地类面积　　　　　　　　　　　　　　（单位：km²）

地类	1987 年	1997 年	2007 年
居民工矿用地	87.62	129.37	170.22
农田	1028.48	1097.28	1014.96
坑塘湖泊	92.36	73.91	50.80
河流	31.82	27.50	32.65
河滩	2.86	3.32	2.04
海滩	587.84	521.73	490.40
盐碱地	36.17	33.34	7.99
林地	123.48	147.49	126.50

续表

地类	1987 年	1997 年	2007 年
草地	156.44	135.71	118.03
虾池盐田	9.62	33.10	211.68
草本沼泽地	150.88	110.23	60.02
裸地	21.62	25.44	42.80

表 10-11　无棣县各地类面积　　　　　　　　（单位：km²）

地类	1987 年	1997 年	2007 年
居民工矿用地	107.42	139.97	149.22
农田	1097.34	1097.34	1069.52
坑塘湖泊	24.67	21.58	23.95
河流	26.02	25.05	23.04
河滩	2.14	2.12	2.08
海滩	454.57	337.22	157.07
盐碱地	23.74	20.97	21.51
林地	4.88	5.05	6.26
草地	42.16	38.64	30.18
虾池盐田	115.09	220.58	460.54
草本沼泽地	41.77	32.12	10.11
裸地	25.48	24.67	11.83

表 10-12　沾化县各地类面积　　　　　　　　（单位：km²）

地类	1987 年	1997 年	2007 年
居民工矿用地	52.44	101.64	127.88
农田	1104.54	984.89	1094.60
坑塘湖泊	17.70	21.59	18.97
河流	36.22	9.17	13.58
河滩	2.57	2.11	1.74
海滩	230.00	176.67	62.18
盐碱地	53.83	54.15	23.73
林地	2.71	7.45	9.53
草地	50.31	47.28	11.76
虾池盐田	22.66	108.58	228.48
草本沼泽地	51.22	55.62	10.68
裸地	15.68	55.94	36.52

10.4.2.2　归一化植被指数的提取

遥感应用的主要目的之一就是研究陆地植被覆盖情况，植被指数（vegetation index，VI）是对地表植被覆盖的简单有效的度量，将两个（或两个以上）波段组合可以得到植被指数，这一指数在一定程度上可反映植被的演替信息。通常采用红色可见光通道（波长 0.6~0.7 μm）和近红外光谱通道（波长 0.7~1.1 μm）的组合来计算植被指数（郭凯等，2005）。

归一化植被指数（NDVI）是植被指数中较为常用的一种指数。比值形式的 NIDV 可以使某些与波段正相关的噪声及辐射发生变化，云、太阳角度、地形和大气辐射等影响降低到最小，还可以在一定程度上消除定标和仪器误差的影响。

NDVI 的值在 −1 和 1 之间，负值表示地面辐射较强，一般为云、水、雪等物质；0 表示岩石或裸地，NIR 和 R 近似相等；正值表示有植被覆盖，且随盖度增大而增大。对 TM 影像而言，一般有植被区域的 NDVI 值在 0.3 左右。

在 ENVI4.4 的 Transform 菜单下选择 NDVI 选项，就可调出来 ENVI 的 NDVI 计算功能，然后选定要计算的图像（TM 影像要确保含有 band3 和 band4），指定波段就可计算 NDVI。计算得到 NDVI 之后，每一个像元都有一个 NDVI，不便于我们作为指标数据，所以通常使用 NDVI 的均值来反映植被覆盖情况。本研究中计算 NDVI 是去掉了沿海滩涂，因为滩涂的 NDVI 均为负值，且沿海滩涂面积大，会导致 NDVI 均值不能准确反映该地区的植被覆盖情况。

研究区所属县区 1987 年、1997 年和 2007 年的 NDVI 均值见表 10-13。

表 10-13　研究区归一化植被指数均值

研究区	1987 年	1997 年	2007 年
东营区	0.029 196	0.011 936	0.006 923
河口区	0.016 205	0.011 526	0.006 619
垦利县	0.019 907	0.007 204	−0.000 719
无棣县	0.024 728	0.022 986	0.016 916
沾化县	0.027 483	0.027 959	0.010 837

10.4.2.3　景观生态学指数提取

景观生态学是一门研究景观空间格局与生态过程的学科，分析各种景观现象在不同时空尺度上的演变规律、分布特征、空间分布关系以及对不同景观格局的模拟研究是景观生态学的研究核心。遥感技术与景观生态学相结合，既扩展了遥感技术的应用范围，又使景观生态学研究的数据获取更为快捷方便。由于遥感资料具有覆盖范围广，资料更新速度快的特点，在景观格局和景观动态过程研究中起到了重要的作用（傅伯杰等，2001）。

依靠遥感技术提取出景观类型之后，通过地理信息系统的操作运算对景观的面积、周长、斑块关系等进行计算分析。

（1）景观单元数量关系分析

景观单元的数量关系分析主要是指对不同景观单元（廊道、斑块和基质）的周长、面积、个数等基本数量特征进行分析。通过对景观单元中三者关系的分析，可以获得一个地区景观基本结构和基本信息，同时可以计算一个特定景观地区的景观多样性指数、分维数和景观破碎度等一系列指标。

（2）景观空间格局分析

GIS 具有强大的空间图形处理和分析功能，这种功能不仅仅限于对不同类型影像的叠加和分类，而且还可以分析不同地类（或者斑块）在空间的分布关系，如斑块之间的距离、连通性和边缘效应等。

对景观生态学指数的提取主要是用由马萨诸塞大学（University of Massachusetts Amherst，UMASS）开发的 Fragstats 软件。Fragstats 是一款优秀的景观生态学分析软件，能够计算数十种景观生态学指数。

由于 Fragstats 并不支持 ENVI 的分类文件，所以在使用 Fragstats 对影像进行景观生态学指数提取之前，需要通过 ENVI 和 ArcGIS 将 ENVI 的分类文件转换为 Fragstats 支持的GRID 文件（GRID 是 ArcGIS 的栅格文件格式）。由于 ENVI 的文件转换功能漏洞较多，转换出的 GRID 文件在 Fragstats 中无法完成分析处理，所以必须通过 ENVI 将分类文件转换成 ArcGIS 支持矢量图 shp 格式，然后再通过 ArcGIS 将 shp 格式的分类文件转换为 Fragstats所支持的 GRID 栅格文件。

完成格式转换后，打开 Fragstats，选择 Fragstats 菜单下的 Set Run Parameters，进入后可以看到 Run Parameters 的界面。首先，在 Input Data Type 中选择文件格式，即之前转换好的 GRID 格式，然后点击 GRID Name 选择要分析处理的影像文件，Fragstats 可以提取类别单元、斑块单元和景观单元三个级别的景观生态学指数，根据需要选择相应的单元就可以开始景观生态学指数的分析提取。

通过以上步骤，得到研究区所属 5 县区 1987 年、1997 年和 2007 年的景观生态学指数，见表 10-14 ~ 表 10-18。

表 10-14　东营区景观生态学指数

景观生态指数	1987 年	1997 年	2007 年
景观破碎指数	4.48	6.31	12.02
景观多样性指数	1.4757	1.3307	1.2451
湿地密度指数	1.32	0.98	0.61
最大斑块指数	1.1370	1.8692	9.0429
景观形状指数	31.5428	37.6438	54.2402
水文调节指数	0.0902	0.0977	0.0715

表 10-15 河口区景观生态学指数

景观生态指数	1987 年	1997 年	2007 年
景观破碎指数	3.34	4.32	6.02
景观多样性指数	1.4887	1.4182	1.3998
湿地密度指数	2.11	1.87	1.05
最大斑块指数	0.3911	0.6271	1.6713
景观形状指数	27.8364	31.0214	51.0507
水文调节指数	0.0430	0.0606	0.0339

表 10-16 垦利县景观生态学指数

景观生态指数	1987 年	1997 年	2007 年
景观破碎指数	4.57	6.34	10.64
景观多样性指数	1.7433	1.6177	1.3744
湿地密度指数	3.92	3.43	1.80
最大斑块指数	0.5872	0.7222	1.1912
景观形状指数	22.6632	31.3886	70.5783
水文调节指数	0.0533	0.0435	0.0358

表 10-17 无棣县景观生态学指数

景观生态指数	1987 年	1997 年	2007 年
景观破碎指数	5.52	6.48	8.16
景观多样性指数	1.1243	1.0618	1.0093
湿地密度指数	2.32	2.03	1.11
最大斑块指数	0.3102	0.3511	0.6812
景观形状指数	29.8762	33.7243	41.0898
水文调节指数	0.0258	0.0237	0.0239

表 10-18 沾化县景观生态学指数

景观生态指数	1987 年	1997 年	2007 年
景观破碎指数	13.88	14.32	16.02
景观多样性指数	1.3468	1.0009	0.7470
湿地密度指数	3.57	3.14	1.97
最大斑块指数	0.3364	0.4051	0.4463
景观形状指数	32.8243	44.2473	60.43
水文调节指数	0.0325	0.0270	0.0196

10.4.2.4 土地利用类型转化矩阵

1987~2007 年，黄河三角洲地区的土地利用空间格局发生了剧烈变化，总体趋势是居民工矿用地、虾池盐田和林地面积在不断增加，而草本沼泽地、沿海滩涂和湖泊的面积在减少。本小节通过对研究区 5 县区的土地利用变化进行分析，得到土地利用类型的变化矩阵见表 10-19～表 10-23。

表 10-19　1987～2007 年东营区土地利用类型转化矩阵　（单位：km²）

土地利用类型	居民地	农田	坑塘	海滩	盐碱地	林地	草地	盐田	沼泽	裸地
居民地	76.16	161.8	6.17	18.05	3.62	0.28	6.64	0	1.82	1.28
农田	0	394.6	1.03	23.49	16.08	1.66	11.32	0	8.10	2.20
坑塘	0.84	0	42.76	0	0	0	0	0	0	0
海滩	0	0	0	52.05	0	0	0	0	0	0
盐碱地	0	0	0	0	9.20	0	0	0	0	0
林地	0.62	0.48	3.03	0	1.77	16.68	1.08	0	6.32	0.28
草地	0	0	0	0	0.84	0	67.8	0	0	0
盐田	1.68	12.73	0	40.99	0	0	9.02	72.42	24.08	
沼泽	0	1.62	0	0	0	0	2.07	0	0	0
裸地	2.67	3.74	0	0	1.06	0	2.04	0	0	0

表 10-20　1987～2007 年河口区土地利用类型转化矩阵　（单位：km²）

土地利用类型	居民地	农田	坑塘	海滩	盐碱地	林地	草地	盐田	沼泽	裸地
居民地	41.36	18.34	2.16	44.36	3.37	2.37	6.64	4.03	8.6	0
农田	0	655.48	0.78	91.84	12.68	0	11.82	0	30.62	0
坑塘	0	0	31.04	0	0	0	0	0	12.72	0
海滩	0	0	0	425.85	0	0	0	0	6.17	0
盐碱地	0	0.31	0	0	41.19	0	0	0	6.79	0
林地	0.65	3.22	1.03	0	6.14	25.26	4.35	0	1.17	4.48
草地	0	2.14	1.12	0	9.00	0	184.75	0	0	0
盐田	0	12.77	0	275.33	0	0	11.00	42.19	4.24	0
沼泽	0	0	0	0	0	0	0	0	42	0
裸地	0.47	7.64	3.03	0	0	0	0	0	0	19.84

表 10-21　1987～2007 年垦利县土地利用类型转化矩阵　（单位：km²）

土地利用类型	居民地	农田	坑塘	海滩	盐碱地	林地	草地	盐田	沼泽	裸地
居民地	81.45	21.35	22.68	31.74	2.96	0.21	5.01	1.38	2.50	0.85
农田	0	1004.2	2.48	4.75	1.02	0.11	0.37	0	1.13	0.87
坑塘	0	0	42.76	0	0	0	7.24	0	0	0

土地利用类型	居民地	农田	坑塘	海滩	盐碱地	林地	草地	盐田	沼泽	裸地
海滩	0	0	0	473.35	4.32	0	4.73	0	1.67	6.33
盐碱地	0	0	0	0	7.99	0	0	0	0	0
林地	0.98	0.42	0	0	0	122.16	0	0	0	1.9
草地	0	0	0	0	2.31	0	107.36	0	8.33	0
盐田	2.97	2.51	0	78.00	15.22	0	15.97	8.24	88.77	0
沼泽	0	0	0	0	2.35	0	9.67	0	48.00	0
裸地	2.22	0	3.03	0	0	1.00	1.4	1.4	0	12.57

表 10-22　1987～2007 年无棣县土地利用类型转化矩阵　　（单位：km^2）

土地利用类型	居民地	农田	坑塘	海滩	盐碱地	林地	草地	盐田	沼泽	裸地
居民地	103.62	21.03	1.47	7.67	0	1.58	6.64	1.35	4.18	1.66
农田	0	1011.4	0.85	29.30	0.76	0.48	10.66	2.08	3.08	11.18
坑塘	0	0	21.38	0	0	0	0	0	0	0
海滩	0	0	0	131.27	0	0	0	0	18.24	3.65
盐碱地	0	1.61	0	0	21.51	0	0	2.38	0	0
林地	0	2.17	0.97	0	0.45	2.67	0	0	0	0
草地	0	0	0	0	1.02	0.15	24.86	0	4.15	0
盐田	0	58.94	0	286.33	0	0	0	109.28	3.63	2.36
沼泽	0	1.62	0	0	0	0	0	0	8.49	0
裸地	3.8	1.22	0	0	0	0	0	0	0	0

表 10-23　1987～2007 年沾化县土地利用类型转化矩阵　　（单位：km^2）

土地利用类型	居民地	农田	坑塘	海滩	盐碱地	林地	草地	盐田	沼泽	裸地
居民地	52.44	63.68	2.32	1.66	0	0.33	6.64	0	0	0.67
农田	0	960.52	0	0	13.22	0.48	43.67	42.64	34.36	0
坑塘	0	0	15.38	0	0	0	0	1.27	0	0
海滩	0	0	0	59.42	0	0	0	0	2.76	0
盐碱地	0	0.31	0	0	21.21	0	0	0	2.21	0
林地	0	3.22	0	1.64	2.74	0.93	0	0	0	1.00
草地	0	0	0	0	0	0.70	5.79	0	1.21	3.06
盐田	0	75.13	0	115.3	16.66	0	0	21.39	0	0
沼泽	0	0	0	28.36	0	0	0	0	10.68	0
裸地	0	1.68	0	23.62	0	0.27	0	0	0	10.95

把 1987 年和 2007 年两期解译完的遥感影像转换成 shp 文件，在 ArcGIS 中，选择 arc-toolbox → overlay → union 将 1987 年和 2007 年的两个 shp 文件中叠加，注意：两个文件不能用同一个字段名。例如，一个用 1987nongtian，另一个时相则用 2007nongtian，叠加后的文件在 Arcmap 中打开，选中文件，然后点右键 → Property → 空间查询，输入条件语句，如 1987nongtian = 1 And 2007nongtian = 2；查询结果即为第一种类型转化为第二种类型的图形，统计出面积，依次进行，就可以得到土地利用类型转移矩阵。

由于地类较多，且河流等地类变化不大，故选取了变化较大的居民工矿用地、农田、坑塘湖泊、海滩、盐碱地、林地、草地、虾池盐田、草本沼泽地和裸地，共 10 种地类构建转化矩阵。

10.5　生态安全评价结果

依据 10.4 节提到的专家分级法和逻辑斯蒂增长曲线模型将评价指标的实际值换算为评价值，得到研究区所属县区 1987 年、1997 年和 2007 年各个评价指标的评价值，见表 10-24 ~ 表10-29。

表 10-24　1987 年各评价指标实际值

评价指标	东营区	河口区	垦利县	无棣县	沾化县
人口密度（人/km²）	397	66	87	194	177
人均国内生产总值（元/人）	988	604	785	1179	1031
城镇化压力（%）	7.19	1.95	3.76	5.47	3.20
湿地退化指数	0	0	0	0	0
归一化植被指数	0.0291	0.0162	0.0199	0.0247	0.0274
景观破碎指数	4.48	3.34	4.57	5.52	13.88
景观多样性指数	1.4757	1.4887	1.7433	1.1243	1.3468
湿地密度指数	1.32	2.11	3.92	2.32	3.57
最大斑块指数	1.1370	0.3911	0.5872	0.3102	0.3364
景观形状指数	31.5428	27.8364	22.6632	29.8762	32.8243
水文调节指数	0.0902	0.0430	0.0533	0.0258	0.0325
第三产业比例（%）	33.35	11.67	19.86	13.64	10.55
环保投入比例（%）	2.48	3.34	3.97	1.02	1.48
盐碱地治理面积（km²）	0	0	0	0	0

表 10-25　1987 年各评价指标评价值

评价指标	东营区	河口区	垦利县	无棣县	沾化县
人口密度（人/km²）	0.73	0.96	0.94	0.87	0.88
人均国内生产总值（元/人）	0.97	0.98	0.97	0.96	0.97
城镇化压力（%）	0.93	0.98	0.96	0.95	0.97
湿地退化指数	0.99	0.99	0.99	0.99	0.99
归一化植被指数	0.93	0.52	0.64	0.80	0.88
景观破碎指数	0.90	0.92	0.89	0.87	0.68
景观多样性指数	0.83	0.84	0.98	0.63	0.76
湿地密度指数	0.64	0.74	0.96	0.76	0.92
最大斑块指数	0.89	0.94	0.93	0.94	0.94
景观形状指数	0.83	0.85	0.88	0.84	0.82
水文调节指数	0.90	0.64	0.69	0.54	0.58
第三产业比例（%）	0.74	0.46	0.56	0.48	0.44
环保投入比例（%）	0.27	0.37	0.44	0.11	0.16
盐碱地治理面积（km²）	0.01	0.01	0.01	0.01	0.01

表 10-26　1997 年各评价指标实际值

评价指标	东营区	河口区	垦利县	无棣县	沾化县
人口密度（人/km²）	465	78	95	207	171
人均国内生产总值（元/人）	3513	2580	7150	5331	4497
城镇化压力（%）	10.69	3.60	5.53	7.12	6.20
湿地退化指数	5.35	5.54	14.96	24.87	15.09
归一化植被指数	0.0119	0.0115	0.0072	0.0229	0.0279
景观破碎指数	6.31	4.32	6.34	6.48	14.32
景观多样性指数	1.3307	1.4182	1.6177	1.0618	1.0009
湿地密度指数	0.98	1.87	3.43	2.03	3.14
最大斑块指数	1.8692	0.6271	0.7222	0.3511	0.4051
景观形状指数	37.6438	31.0214	31.3886	33.7243	44.2473
水文调节指数	0.0977	0.0606	0.0435	0.0237	0.0270
第三产业比例（%）	41.27	33.26	17.52	24.38	29.41
环保投入比例（%）	2.37	2.95	1.64	0.96	1.35
盐碱地治理面积（km²）	—	—	—	—	—

表 10-27 1997 年各评价指标评价值

评价指标	东营区	河口区	垦利县	无棣县	沾化县
人口密度（人/km²）	0.69	0.95	0.94	0.86	0.89
人均国内生产总值（元/人）	0.89	0.92	0.77	0.83	0.85
城镇化压力（%）	0.90	0.94	0.93	0.93	0.94
湿地退化指数	0.95	0.95	0.87	0.78	0.87
归一化植被指数	0.38	0.37	0.23	0.73	0.90
景观破碎指数	0.85	0.90	0.85	0.85	0.67
景观多样性指数	0.75	0.80	0.91	0.60	0.56
湿地密度指数	0.59	0.71	0.90	0.72	0.87
最大斑块指数	0.85	0.92	0.92	0.94	0.94
景观形状指数	0.80	0.83	0.83	0.82	0.76
水文调节指数	0.94	0.74	0.64	0.53	0.55
第三产业比例（%）	0.85	0.74	0.53	0.62	0.69
环保投入比例（%）	0.26	0.33	0.18	0.11	0.15
盐碱地治理面积（km²）	—	—	—	—	—

表 10-28 2007 年各评价指标实际值

评价指标	东营区	河口区	垦利县	无棣县	沾化县
人口密度（人/km²）	533	105	100	222	175
人均国内生产总值（元/人）	22 892	25 558	58 978	27 499	20 802
城镇化压力（%）	24.19	6.04	7.31	7.59	7.80
湿地退化指数	55.12	47.41	27.67	63.07	68.96
归一化植被指数	0.006 9	0.006 6	−0.000 7	0.016 9	0.010 8
景观破碎指数	12.02	6.02	10.64	8.16	16.02
景观多样性指数	1.245 1	1.399 8	1.374 4	1.009 3	0.747 0
湿地密度指数	0.61	1.05	1.80	1.11	1.97
最大斑块指数	9.0429	1.6713	1.1912	0.6812	0.4463
景观形状指数	54.2402	51.0507	70.5783	41.0898	60.43
水文调节指数	0.0715	0.0339	0.0358	0.0239	0.0196
第三产业比例（%）	40.31	26.95	15.68	17.61	28.29
环保投入比例（%）	4.72	3.14	7.85	2.21	2.96
盐碱地治理面积（km²）	18.69	27.82	10	2.23	15.96

表 10-29　2007 年各评价指标评价值

评价指标	东营区	河口区	垦利县	无棣县	沾化县
人口密度（人/km²）	0.64	0.93	0.93	0.85	0.88
人均国内生产总值（元/人）	0.25	0.16	0.57	0.10	0.32
城镇化压力（%）	0.78	0.94	0.93	0.93	0.93
湿地退化指数	0.52	0.59	0.76	0.45	0.40
归一化植被指数	0.23	0.21	0.23	0.54	0.35
景观破碎指数	0.72	0.86	0.75	0.81	0.63
景观多样性指数	0.70	0.79	0.77	0.57	0.42
湿地密度指数	0.55	0.60	0.70	0.61	0.72
最大斑块指数	0.43	0.86	0.89	0.92	0.93
景观形状指数	0.71	0.72	0.62	0.78	0.67
水文调节指数	0.80	0.59	0.60	0.53	0.51
第三产业比例（%）	0.84	0.66	0.51	0.53	0.68
环保投入比例（%）	0.52	0.35	0.87	0.25	0.33
盐碱地治理面积（km²）	0.65	0.82	0.49	0.34	0.60

　　结合各指标权重，通过公式 $CEI = \sum_{i=1}^{14} W_i \cdot P_i$ 计算得到各县区 1987 年、1997 年和 2007 年的湿地生态安全指数（表 10-30）。

表 10-30　研究区 1987 年、1997 年和 2007 年的湿地生态安全指数

研究区	1987 年	1997 年	2007 年
东营区	0.79	0.75	0.61
河口区	0.79	0.78	0.66
垦利县	0.82	0.73	0.74
无棣县	0.75	0.69	0.58
沾化县	0.77	0.73	0.61

　　根据计算出的生态安全指数、行业专家的意见和研究区特点，设计了一个 5 级生态安全分级标准（表 10-31），以便更为直观地表达黄河三角洲地区的湿地生态安全状况。

表 10-31　研究区湿地生态安全分级标准

生态安全指数	0≤CEI<0.5	0.5≤CEI<0.6	0.6≤CEI<0.7	0.7≤CEI<0.8	0.8≤CEI≤1
生态安全状态	非常不安全	不安全	预警	安全	非常安全

　　结合表 10-30 和表 10-31，绘制研究区 1987 年、1997 年和 2007 年的湿地生态安全等级图（图 10-11，见彩图）。图中深绿色代表非常安全，浅绿色代表安全，黄色代表预警，橘黄色代表不安全，红色代表非常不安全。

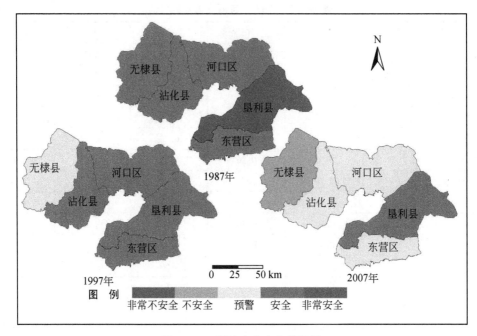

图 10-11　湿地生态安全等级图

10.6　黄河三角洲滨海湿地保护对策

黄河三角洲是我国最后一个待开发的大河三角洲，是山东省区域经济发展"一体两翼"整体布局中北翼的主体，是整个山东省拓展发展空间、保持可持续发展的潜力和优势所在，发展黄河三角洲高效生态经济区先后列入国家"十五"计划和"十一五"规划纲要。国务院 2009 年 11 月 23 日正式批复《黄河三角洲高效生态经济区发展规划》，标志着我国最后一个三角洲——"黄河三角洲"在被提出 21 年后，正式上升为国家战略，成为国家区域协调发展战略的重要组成部分。

滨海湿地生态系统作为黄河三角洲的重要组成部分，湿地环境恶化的趋势没有得到有效遏制，河流断流，湖泊萎缩，生物多样性锐减，虾池盐田建设和资源开发对湿地破坏严重。在黄河三角洲湿地生态系统的保护工作中，应坚持理论和实践相结合的基本原则，以理论为指导，实施科学而有效的湿地保护和恢复措施。

（1）坚持可持续发展的原则，合理开发黄河三角洲

黄河三角洲高效生态经济区建设要以维系自然生态系统的完整性、促进人与自然和谐为目标，要把建设资源节约型、环境友好型社会放在经济发展战略的重要位置。湿地生态系统作为黄河三角洲生态环境的重要组成部分，应坚持开发与保护并重，保护优先的原则。对于有利于黄河三角洲地区可持续发展的项目，政策上和经济上都给予充分支持，以促进黄河三角洲湿地的可持续发展。

（2）转变经济增长模式，淘汰高能耗、高污染的工业项目

减少环境污染的重要途径就是积极调整产业结构，发展循环经济。按照减量化、再利用、资源化的原则，积极支持资源循环利用，加快构筑循环经济体系。加强高效能、零排放、可循环技术研发，推广循环生产模式，加快化工、电力、建材、轻工等行业技术改造，构筑行业生态产业链。在全社会层面上，积极发展生态农业，推广复合立体、动植物共生等效益较高、良性循环的先进模式，推进秸秆、农膜、禽畜粪便等循环利用；加快推进产业园区循环经济试点，建设生态工业示范园区，构筑环境友好型产业群；科学布局城市供水、供热、供气、交通和绿化，加强城市生活垃圾和废旧物资的回收、加工、利用，提高资源回收和循环利用水平，建设生态城市。培植环保品牌，大力发展环保产业。

（3）建立湿地生态系统保护区，提高保护区的建设质量

黄河三角洲湿地生态系统对保障本地区的经济发展和生态环境质量都具有重要的意义，应积极扶持各级政府尽快建设更多的湿地生态自然保护区。根据黄河入海口环境保护规划的构想，应积极推进黄河入海口湿地保护区的建设工作，保护面临威胁的各种水禽和其栖息地。同时，对分布在东部和北部的沿海滩涂、草本沼泽地，应根据其不同的生态系统特性和功能，湿地的天然性、物种的丰富性、环境性质，将其建立成集保护和旅游为一体的湿地保护小区，进行保护性开发利用。这些措施对保护闽江河口湿地的生态环境、维护生物多样性、促进社会经济的可持续发展都具有重要的意义。

（4）加强退化湿地生态恢复

投入资金大力恢复退化湿地，完善湿地生态系统的自我恢复能力，以促进湿地生态系统的可持续发展。积极投入人力、物力、财力，研究湿地恢复的方法和理论，建立湿地恢复示范区，用实践检验湿地恢复的科研成果，并大力推广经济高效的湿地修复技术。

（5）遏制人为破坏，保护湿地生态系统

区域经济快速发展致使居民工矿用地面积急剧上升，天然湿地面积急剧下降，是黄河三角洲区域生态安全下降的主要驱动因素。同时，沿海滩涂、苇草地被大量开垦为农田也是该区域生态安全下降的原因。因此，应积极采取措施恢复湿地、合理规划海水养殖及盐业生产，制订科学的城镇发展规划，遏制人为因素的环境破坏和湿地退化。

第11章 黄河三角洲湿地生态安全格局
与生态管理

11.1 黄河三角洲湿地生态安全格局设计

黄河三角洲沿海滩涂区土壤盐碱化现象严重，淡水水源不足。生态系统的空间配置就是在考虑各种生态要素的基础上，根据各种生态系统的功能和作用，合理地将不同生态系统分配到空间区域上。在分配过程中，不仅需要考虑各种生态系统对地貌、土壤等下垫面因素的适宜状态，同时还要考虑各种生态系统在空间上的配置可能对生态过程的影响，通过生态系统的空间优化配置，达到区域生态过程的良性运行。从某种意义上，生态系统空间配置与生态安全格局设计就是要根据区域地貌、土壤、气候和水文特征，从区域生态安全的角度，选择适宜不同生态单元的植被类型以及实现的措施和途径，建立立地对位配置的技术体系。

11.1.1 需要恢复区域及恢复目标

11.1.1.1 恢复区域的确定

将沼泽、草地、林地、河流视为有利于物种生存的环境，而城镇用地、建设用地、油田、耕地等视为无法改变的土地利用类型，所以可以恢复为物种生境的土地类型主要包括盐碱地、滩涂、裸地，虾池盐田在需要恢复时再考虑恢复，需要恢复的区域分布如图11-1（见彩图）所示。

11.1.1.2 恢复目标确定

虽然植物多样性较多的生境类型为草地和林地，但三角洲主要为提供各种鸟类生境的保护区，以丹顶鹤、白头鹤、白鹤、大鸨、东方白鹳等为代表的鸟类需要的生境包括滩涂以及生长柽柳、碱蓬等物种的盐碱地、沼泽地和草地等。以黄河三角洲保护区河口地区的土地资源组合类型及格局为恢复目标，将三角洲可以恢复的地区进行恢复。在河口地区，草地占20%、沼泽占25%、盐碱地占24%、滩涂占13%，各种类型详见表11-1。

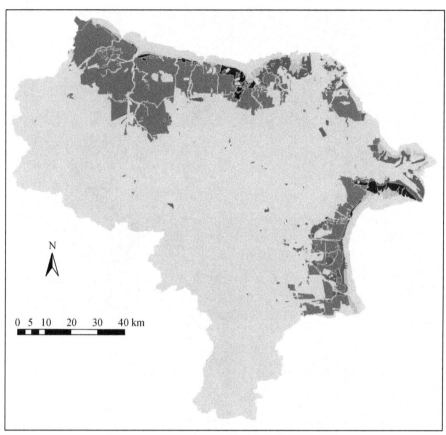

图 11-1　需要恢复的区域（灰色以外的区域）

表 11-1　河口区域各土地类型所占比例

类型	面积（km²）	所占比例（%）
草地	32.56	20.44
河流渠	11.29	7.09
滩地	1.44	0.90
滩涂	21.02	13.19
盐碱地	38.93	24.44
沼泽	40.24	25.26
其他	13.82	8.68

　　根据黄河三角洲内可恢复湿地性质（保护区与非保护区）、整体完整性及水资源分布现状等因素，将该大区域分为 4 个小区域（zone1、zone2、zone3、zone4）（图 11-2，见彩图）。各区域恢复前后区域内草地、沼泽、盐碱地、滩涂所占比例见表 11-2。

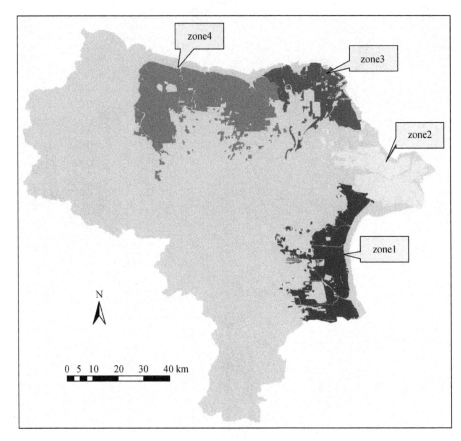

图 11-2　黄河三角洲湿地恢复 4 个亚区域

表 11-2　黄河三角洲 4 个亚区恢复前后各湿地类型所占比例

区域编号	类型	面积（km²）		所占比例（%）	
		恢复前	恢复后	恢复前	恢复后
1	草地	85.3	85.3	32.6	32.6
	滩涂	26.5	26.5	10.2	10.2
	盐碱地	119.6	81.7	45.8	31.2
	沼泽	18.1	68.0	6.9	26.0
	裸地	11.9	0.0	4.6	0.0
2	草地	153.2	153.2	32.1	32.1
	滩涂	53.2	53.2	11.2	11.2
	盐碱地	119.0	119.0	25.0	25.0
	沼泽	92.6	151.2	19.4	31.7
	裸地	58.6	0.0	12.3	0.0
3	草地	131.8	131.8	41.8	41.8
	滩涂	21.2	21.2	6.7	6.7
	盐碱地	126.5	87.0	40.1	27.6
	沼泽	33.0	75.3	10.5	23.9
	裸地	2.9	0.0	0.9	0.0

区域编号	类型	面积（km²）		所占比例（%）	
		恢复前	恢复后	恢复前	恢复后
4	草地	146.8	146.8	41.4	41.4
	滩涂	36.1	36.1	10.2	10.2
	盐碱地	54.9	89.2	15.5	25.2
	沼泽	21.2	82.1	6.0	23.2
	裸地	95.2	0.0	26.9	0.0

11.1.2　恢复最优格局

根据所需要恢复的地区，寻找所有河流到达该地区的最小成本路线。废水可利用量以河流径流量的 40% 为依据（表 11-3），如果该河流流量不能达到要求，去除该河流，再寻找最优路径，直到满足为止。

表 11-3　达到恢复目标各河流的需水量

水源	需水量（亿 m³/a）
草桥沟	1.181
潮河	0.598
二三河并	0.804
黄河故道	0.322
沾利河	1.596
神仙沟	0.877
套儿河	0.337
小岛河	0.418
小清河	0.156
永丰河	1.334
张镇河	0.678
支脉河	0.960
黄河	2.812
海水	1.046

最小成本即从水源地到需要修复的地区花费最少的路径，本研究中由水源地到恢复地之间土地利用类型、河流、道路（大坝）决定，这三个因素视为同等重要。每个因素中的值都设为 0 ~ 10，1 表示水容易经过，花费少；10 为不容易通过，花费多。分析最小单元格都设为 30 m。道路（大坝）图层中，有道路的地区设为 10，没道路的地区设为 0。河流图层中，有河流的地区设为 1，没河流的地区设为 10（图 11-3，见彩图）。土地利用图层中，各类型赋值见表 11-4。恢复最优格局如图 11-4（见彩图）所示。

表 11-4　各土地利用类型赋值

赋值	类型
1	河流、滩地、滩涂、潮间带
2	沼泽、裸地
3	盐碱地、草地、林地
5	旱地、水田
8	湖泊、坑塘、水库
9	虾蟹池
10	城镇用地、农村居民点、其他建设用地、油井

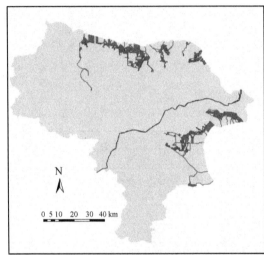

(a) 海水恢复花费最少路径

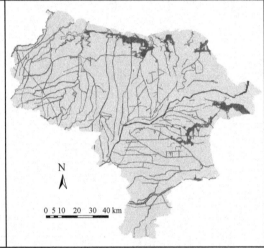

(b) 废水恢复花费最少路径

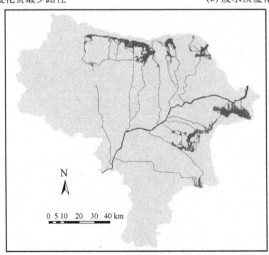

(c) 淡水(黄河水)恢复花费最少路径

图 11-3　不同水源恢复最短路径分析备注

图中红色为需要恢复区域，绿色为恢复花费最少的路径

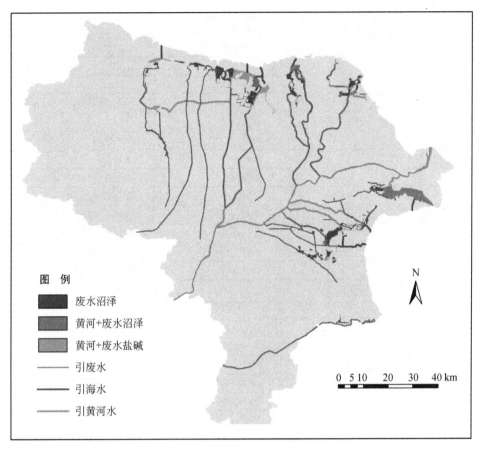

图 11-4　黄河三角洲湿地恢复最优格局

11.1.3　效果评价

11.1.3.1　恢复前后景观格局变化

恢复前和恢复后主要变动在盐碱地、沼泽地、裸地上,其他类型基本不变。恢复后,沼泽地面积增加,盐碱地减少,裸地减少最多 [表 11-5、表 11-6、图 11-5(见彩图)、图 11-6(见彩图)]。

表 11-5　各土地利用类型赋值

代码	土地类型	描述
3	草地	
11	水田	
12	旱地	
31	林地	主要为刺槐林
41	河流渠	包括河流和主要沟渠

续表

代码	土地类型	描述
42	湖泊坑塘	包括湖泊、坑塘
43	水库	
45	滩地	
46	滩涂	主要是沿海地区无植被的区域
47	潮间带	
51	城镇	城镇区域
52	农村	农村居民点
53	建设地	其他建设用地
54	虾池盐田	包括虾蟹池、盐田
55	油井	油田较多的区域
63	盐碱地	植被覆盖度不高的区域
64	沼泽	包括淡水沼泽和盐沼
65	裸地	

表 11-6　黄河三角洲恢复后面积变化

恢复前、后	类型	面积（hm²）	面积（%）	景观形状指数
恢复前	盐碱地	43 980.03	3.740 1	22.520 4
恢复后	盐碱地	39 711.15	3.377 1	22.065 5
恢复前	沼泽	17 544.87	1.492 0	15.791 9
恢复后	沼泽	36 883.26	3.136 6	22.653 4
恢复前	裸地	15 676.83	1.333 2	14.825 1
恢复后	裸地	615.24	0.052 3	26.241 0

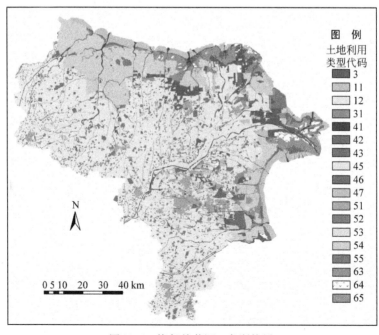

图 11-5　恢复前黄河三角洲格局

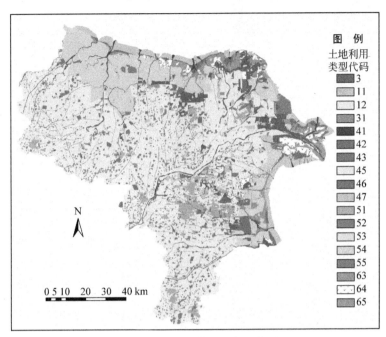

图 11-6　恢复后黄河三角洲格局

11.1.3.2　经济效益及生态效益评价

恢复后总效益为 711.49 亿元/a，比恢复前效益 678.12 亿元/a 高 33.37 亿元/a。在以上的计算中，没有包括修复后各种措施能够供给的水源的效益，所以恢复后效益更高（表 11-7 和表 11-8）。

表 11-7　黄河三角洲恢复前效益　　　　　　　（单位：亿元/a）

土地利用类型	物质生产	生物栖息地	气体调节	涵养水源	净化水质	改良土壤	旅游
草地	4.00	7.61	38.04	5.61	11.44	13.61	22.88
旱地	53.52	53.52	81.82	44.91	6.15	109.51	0.62
林地	0.04	0.46	0.22	0.42	0.21	0.62	0.17
裸地	0.00	0.66	0.00	0.06	0.00	0.03	0.02
水田	1.16	1.17	2.38	0.81	2.02	2.39	0.01
滩地	0.03	0.17	0.06	0.29	0.29	0.58	1.84
滩涂	0.39	3.23	0.32	1.46	1.46	2.21	9.32
虾蟹池	20.08	13.39	0.00	50.20	0.00	0.00	0.17
盐碱地	1.63	9.68	19.48	4.40	7.92	8.80	17.59
沼泽	0.53	3.86	9.33	5.26	4.39	4.39	9.30
合计	81.38	93.75	151.65	113.42	33.88	142.14	61.92

表 11-8　黄河三角洲恢复后效益　　　　　　　（单位：亿元／a）

土地利用类型	物质生产	生物栖息地	气体调节	涵养水源	净化水质	改良土壤	旅游
草地	4.00	7.61	38.04	5.61	11.44	13.62	22.88
旱地	53.52	53.52	81.82	44.91	6.15	109.51	0.62
林地	0.04	0.46	0.22	0.42	0.21	0.62	0.17
裸地	0.00	0.03	0.00	0.00	0.00	0.00	0.00
水田	1.16	1.17	2.38	0.81	2.02	2.39	0.01
滩地	0.03	0.17	0.06	0.29	0.29	0.58	1.84
滩涂	0.39	3.23	0.32	1.46	1.46	2.20	9.32
虾蟹池	20.08	13.39	0.00	50.20	0.00	0.00	0.17
盐碱地	1.47	8.74	17.59	3.97	7.15	7.94	15.88
沼泽	1.11	8.11	19.62	11.06	9.22	9.22	19.55
合计	81.80	96.43	160.05	118.73	37.94	146.08	70.44

11.2　黄河三角洲湿地生态系统管理

11.2.1　生态系统管理的概念

随着社会经济的快速发展，人类开始意识到日益枯竭的地球资源、不断退化的生态系统对人类生存和经济的持续发展构成了严重威胁，过去片面追求生态系统产出量最大和单纯的资源管理模式不再适应未来的发展需要，必须转变为生态系统可持续性的经营与管理模式。在这样的背景下，科学家提出了生态系统管理的概念。

目前，不同学者或研究群体对生态系统管理的概念有不同的定义。Agee 和 Johnson（1988）认为：生态系统管理涉及调控生态系统内部结构及功能的输入和输出，并获得社会渴望的条件。Overbay（1992）认为：利用生态学、经济学、社会学和管理学原理仔细地及专业地管理生态系统的生产、恢复或长期维持生态系统的整体性和理想的条件、利用、产品、价值和服务。美国林学会定义生态系统管理是强调生态系统诸方面的状态，主要目标是维持土壤生产力、遗传特性、生物多样性、景观格局和生态过程（SAF Task Force，1992）。美国内务部和土地管理局指出：生态系统管理要求考虑总体环境过程，利用生态学、社会学和管理学原理来管理生态系统的生产、恢复或维持生态系统整体性和长期的功益和价值。它将人类、社会需求、经济需求整合到生态系统中（USDOIBLM，1993）。Wood（1994）提出生态系统管理是综合利用生态学、经济学和社会学原理管理生物学和物理学系统，以保证生态系统的可持续性、自然界多样性和景观的生产力。美国生态学会提出生态系统管理有明确的管理目标，并执行一定的政策和规划，基于实践和研究并根据实际情况作调整，基于对生态系统作用和过程的最佳理解，管理过程必须维持生态系统组成、结构和功能的可持续性（Christensen et al.，1996）。生态系统管理是考虑了组成生态系统的所有生物体及生态过程，并基于对生态系统的最佳理解的土地利用决策和土地管理实践过程。其包括维持生态系统结构、功能的可持续性，认识生态系统的时空动态，生态系统功能依赖于生态系统的结构和多样性，土地利用决策必须考虑整个生态系统。

上述定义虽然有所不同，但多数将生态系统与社会经济系统之间的协调发展作为生态系统管理的核心，将实现生态系统可持续性作为生态系统管理的根本目标，将对生态系统的组成、结构和功能的最佳理解作为实现生态系统管理目标的基础。因此，生态系统管理要求我们主要关注自然系统与社会经济系统重叠区的问题。这些问题包括：①生态系统管理要求融合生态学的知识和社会科学的技术，并把人类、社会价值整合进生态系统；②生态系统管理的对象包括自然和人类干扰的系统，生态系统功能可用生物多样性和生产力潜力来衡量；③生态系统管理要求科学家与管理者定义生态系统退化的阈值；④生态系统管理要求人类以生态系统的影响方面的系统的科学研究结果作为指导；⑤由于利用生态系统某一方面的功能会损害其他的功能，因而生态系统管理要求我们理解和接受生态系统功能的部分损失，并利用科学知识作出最小损害生态系统整体性的管理选择；⑥生态系统管理的时空尺度应与管理目标相适应；⑦生态系统管理要求发现生态系统退化的根源，并在其退化前采取措施（Chapin，1996；Grumbine，1994）。

11.2.2　国内外生态系统管理研究进展

11.2.2.1　国外生态系统管理研究进展

生态系统管理理论是以生态学理论发展为基础逐步形成并发展起来的，是生态学、环境学、资源学、管理学、社会学等领域的交叉科学。生态系统管理的理论形成与发展经历了三个阶段。

（1）思想萌芽阶段

生态系统管理思想萌芽于对自然资源的合理利用，最早可以追溯到 1864 年，Marsh 在《人与自然》一书中的建议"如果合理管理森林资源，可以减少土壤侵蚀"。此后，直到 20 世纪 60 年代末的 100 年，一些非政府组织和科学家提出了一些具体的资源管理计划，如 1932 年美国生态学会的植物与动物委员会提出的"综合自然圣地计划"、1935 年 Wright 提出扩大黄石国家公园规模的计划等（Overbay，1992）。随着生态学理论体系在 60 年代基本形成，自然资源管理和利用的思想开始更多的加入生态学的理论和理念。但这些早期的将资源管理与生态学、景观尺度相联系的系统管理萌芽思想未能在实践中得到应用，自然资源的管理仍以传统管理方式为主（Edward et al.，2003；郑博福，2006）。

（2）早期研究阶段

20 世纪 70 年代，随着生态系统生态学迅速发展，科学家们意识到传统的资源管理方法不仅不能起到预期效果，甚至还有可能会影响生态系统的结构和功能，用生态系统的理论和方法进行资源管理的思想得到了许多科学家、经营者的支持（Keiter，1989；Vogt et al.，1997）。大量关于生态系统管理的研究开始出现，生态学研究开始强调长期定位、大尺度和网络研究，生态系统管理与保育生态学、生态系统健康、恢复生态学相互促进和发展（Wagner et al.，1998）。

1980 年，"世界自然资源保护大纲"建议：要建立全球保护区网和划分保护区类型。1984 年，国际自然与自然资源保护联盟（IUCN）制定了保护生物资源目标和建立全球保护区网络计划。至 1988 年，全世界已有面积超过 4.25×10^7 hm^2 的自然保护区，占地球面积的 3%。IUCN 还将保护区划分为科学保护区、国家公园、自然纪念物（自然的大地标志、国家自然历史文物）、自然资源保护区、需要保护的陆地和自然景观、资源保护区、自然生物区（人类学保护区）、多种用途经营区、生物圈保护区、世界自然遗产地和原野区等类型（Edward et al.，2003）。

1988 年，首部关于生态系统管理学的专著《公园和野生地生态系统管理》出版，作者在书中提出了生态系统管理的理论框架，强调生态系统管理的边界划定、目标确立、管理机构间的合作、管理效果的监测以及政府决策层的参与等方面的问题，标志着生态系统管理学的诞生（郑博福，2006）。

（3）生态系统管理的发展阶段

20 世纪 90 年代以后，生态系统管理越来越受到关注，许多机构、组织和学者们就生态系统多目标管理、生态学研究领域、生态学基础研究地位、科学研究后制定的管理措施对维持生态系统可持续发展的有效性、以大尺度生态系统可持续发展为研究对象时生态学研究的局限性、科学与可持续发展关系等问题展开讨论（Edward et al.，2003）。

1994 年，Grumhine 在"*What is Ecosystem Management*"一文中，对生态系统管理概念的产生背景、历史发展、结构、框架等做了全面论述，同时总结了当时生态系统管理研究人员关注的主要议题：生物多样性的等级关系、生态学的边界、生态学的完整性、生态系统监测、生态系统的数据收集、生态系统的适应性管理、管理组织变化、管理者的协作、人类与自然关系、人的价值观等（Overbay，1992）。

1996 年，美国生态学会（ESA）的"关于生态系统管理的科学基础的报告"就生态系统管理的基本问题做了系统和详细论述，这些基本问题包括：生态系统管理的定义、原则、基本科学观点、行动步骤、生态学基础、人在生态系统管理中的作用等（Wood，1994）。至此，生态系统管理的理论框架基本形成。此后，在生态系统管理的理论框架下，许多学者开始研究在实践中应用生态系统管理的具体问题，包括生态经济学与可持续发展问题、特定生态系统的管理专题以及生态系统服务价值评估等（Alison and Janssen，1998；Moberg and Folke，1999）。

11.2.2.2 国内生态系统管理研究进展

（1）生态系统管理基本理论的研究

20 世纪 90 年代后期，我国学者开始探讨生态系统管理的概念和理论。赵士洞和汪业勖（1997）首先论述了生态系统管理的基本问题。任海等（2000）讨论了生态系统管理的概念及其要素。于贵瑞（2001）对生态系统管理学的概念框架及其生态学基础进行了讨论。李茂（2003）论述了可应用于生态系统管理和可持续发展的 8 项原则。王伟和陆健健（2005）从研究实践提出了区域生态系统管理研究的主要内容，并分析了生态系统服务在生态系统管理研究中的重要作用。2006 年，赵绘宇讨论了生态系统管理的经济价值。2009 年，张永民等在介绍生态系统管理概念的基础上，列出了生态系统管理的框架，并为改善我国生态系统管理状况提出了一些合理的建议。

（2）生态系统管理的应用性研究

随着生态系统管理理论框架的建立，我国研究者逐渐在生态系统管理方面开展应用性研究。杨理和杨持（2004）根据生态系统管理理论的发展和草地生态系统动态研究指出适应性生态系统管理是解决草地资源保护问题的长远和根本之计。赵云龙等（2004）以怀来盆地为例，分析生态系统现状的可持续性、系统的生态和经济问题，以及系统优化方案的制订和区域生态系统管理的实际应用。鲜骏仁（2007）以区域森林生态系统为研究对象，评估生态系统服务价值，分析生态系统变迁的驱动力，提出森林生态系统管理对策。唐伟等（2010）在分析我国海岛生态系统管理现状的基础上，提出我国海岛生态系统管理对策。郭怀成等（2007）从生态系统管理的角度出发，结合河岸带生态系统特征，界定了河岸带生态系统管理的概念及其要素，提出了河岸带生态系统管理的概念框架。

11.2.3 黄河三角洲湿地生态系统管理研究

2009年11月23日，国务院批复《黄河三角洲高效生态经济区发展规划》；2011年1月4日，国务院批复《山东半岛蓝色经济区发展规划》。这标志着黄河三角洲高效生态经济区和山东半岛蓝色经济区都成为国家发展战略。黄河三角洲湿地处于黄河三角洲高效生态经济区和山东半岛蓝色经济区的两区叠加区域内，在"黄蓝"两区建设中如何实现黄河三角洲湿地资源的保护同时满足经济社会发展需要成为生态系统管理需要解决的主要矛盾。在高强度开发背景下要减轻人类活动对湿地的各种负面影响，需要在掌握湿地生态系统基本状况和演变趋势的前提下制订可持续利用对策，并建立完善的生态监测系统才是对黄河三角洲湿地生态系统管理的有效途径。黄河三角洲湿地生态系统管理研究应着重以下几个方面。

11.2.3.1 湿地生态系统现状研究

以海量遥感数据和GPS的精确定位数据，通过GIS技术进行空间分析与数据管理分析黄河三角洲湿地生态系统现状。对黄河三角洲湿地生态系统现状分析主要进行以下内容。①生态系统结构分析：湿地生态系统结构分析可以从生态系统的生物组分和非生物组分两个方面入手。生物组分包括动物、植物、微生物；非生物组分包括土壤、大气、水文。在多种监测技术和手段的基础上，结合实地调研与"3S"数据，对比历史资料，系统分析其生态系统结构，并找出生态环境因子。②生态系统过程分析：对湿地生态系统过程分析包括三个方面，即物质循环过程（化学过程）、系统演化过程（生物过程）和能量流动过程及其水文过程（物理过程）的分析。在生态系统结构分析基础上，掌握整个系统的过程现状和演化趋势。③生态系统问题诊断：通过以上的全面调研，定位黄河三角洲湿地类型，分析湿地生态系统结构、过程及健康状况，并定位湿地演化趋势。找出黄河三角洲湿地目前面临的主要问题，定位亟待保护、修复与发展的要素。

11.2.3.2 湿地生态系统服务功能研究

科学地评价黄河三角洲湿地所具有的生态服务功能，科学比较湿地保护与开发建设之间的价值以确保湿地及其资源的可持续利用。首先，要对黄河三角洲湿地生态系统服务功能进行分类。黄河三角洲湿地生态系统的服务功能多种多样，既提供直接产品与服务，又发挥生态环境功能，并有独特的湿地属性。在生态环境方面它具有巨大的调节功能和生态效益，发挥着水源涵养、蓄洪防旱、调节气候、控制土壤侵蚀、降解环境污染等重要作用。黄河三角洲湿地拥有大量矿产资源和丰富的生物资源。然后，要对黄河三角洲湿地进行价值化评估。根据黄河三角洲湿地的规模、资源、生态特征对其生态系统服务功能进行分类后，对于可以交易的自然资源和环境功能通过市场价值法来估算其价值；对于不可交易的自然资源和环境功能采用替代成本法进行近似估价。

11.2.3.3 湿地可持续发展对策研究

黄河三角洲区域生态环境脆弱，因此在开发建设中要以维系自然生态系统的完整性、促进人与自然和谐为目标，要把建设资源节约型、环境友好型社会放在经济发展战略的重要位置。湿地生态系统作为黄河三角洲生态环境的重要组成部分，应坚持开发与保护并重，保护优先的原则，以促进黄河三角洲湿地的可持续发展。首先，开展湿地生态系统恢复与重建研究。开展典型湿地污染与退化机制分析，湿地恢复与重建的关键生态过程与技术研究及湿地生态环境需水量研究等。其次，开展黄河三角洲湿地开发环境影响评价。收集黄河三角洲地区历年来湿地的变化情况及人类活动的干预程度，分析湿地的历史演变，以湿地学、生态经济学、生物工程学、地理学的理论和方法为指导，进行黄河三角洲湿地开发前后环境影响对比研究，对开发建设项目的湿地环境影响进行预测。最后，开展湿地服务功能拓展研究。在保持现有湿地生态系统服务功能和生物多样性的前提下，寻求湿地的非资源消耗型利用模式。例如，开发黄河三角洲湿地生态旅游。确定湿地旅游业可能带来的影响，进行生态旅游环境容量测定，以确定湿地发展旅游业的可行性。通过制订相关旅游规则，修建适当服务设施，控制旅游活动零排污，平衡湿地经济发展和环境保护之间的关系。

11.2.3.4 湿地专家管理系统建设

逐步建立湿地生态资源数据库、动态变化预测模型、GIS 与多媒体技术结合的现代化专家管理系统，实现监测资料、管理决策的可视化。首先，建设黄河三角洲湿地动态监测体系。利用"3S"技术将自动化连续观测技术应用到湿地监测中，在时间和空间上对特定地域范围内的湿地信息进行定期测定和观察，掌握黄河三角洲湿地资源的动态数据，为湿地管理和合理开发利用提供及时准确的科学依据。其次，建设黄河三角洲湿地动态模拟预测体系。将湿地动态监测体系与生态变化预测技术有机地结合，建立动态模拟预测体系。利用生态变化预测技术做出定量评价，分析湿地保护、开发建设活动的环境与经济效益，从而选择最佳的湿地招标项目。

11.2.4 黄河三角洲湿地生态系统管理对策

11.2.4.1 湿地生态系统管理的组织体系

从黄河三角洲高效生态经济区行政区域范围上看，黄河三角洲包括了东营、滨州、潍坊、淄博、德州、烟台等 19 个县（市、区）。不同县（市、区）对湿地管理的区域范围各异，同一县（市、区）内对湿地管理可能有农业、林业、环保、水利、旅游、国土资源等多个执法主体，管理体制不顺。而生态系统结构和功能的多元性决定了生态系统的管理必须采取一体化的方法综合管理黄河三角洲湿地资源，建立湿地资源保护管理的多部门协调机制，以达到政令畅通和良性互动目的。生态系统结构和功能的多元性也要求通过跨区域管理来保护生态系统，整合生态系统保护和区域综合管理，如黄河流域、长江流域、珠江流域等的跨区域管理方式。

湿地保护跨部门、跨区域管理就是在生态系统管理思想的指导下的具体管理制度安排。根据生态系统管理的基本理念，结合我国的政治体制、区域政行政能力、文化历史背景、湿地习惯利用方式和传统管理模式等政治、经济、社会和文化因素进行管理体系建设。因此，根据黄河三角洲湿地管理的现状，可考虑设立专门的管理机构，该机构由副省级领导牵头，由农业、林业、环保、水利、旅游、国土资源等相关职能部门人员组成，统一执法，对黄河三角洲的水资源、渔业资源及湿地环境等实施综合管理，有利于实现黄河三角洲湿地资源保护与开发建设的统筹兼顾，有序渐进，有利于其生态环境的永续保护。

11.2.4.2　湿地生态系统管理的法律法规

制定和完善与湿地有关的法律法规和政策体系是有效保护湿地和实现湿地资源可持续利用的关键，是理顺黄河三角洲湿地生态系统管理的前提（潘世钦，2004）。当前，应针对黄河三角洲湿地生态系统管理的现状，组织有关力量，制定《黄河三角洲湿地保护条例》、《黄河三角洲自然保护区保护条例》等法律法规，制定促进循环经济发展的政策和法律法规，以规范黄河三角洲湿地的保护和合理利用。对现有的法律法规中与黄河三角洲湿地保护相抵触的条文进行修改，使黄河三角洲湿地保护和合理利用有法可依，同时还在广大干部和群众中进行法制宣传教育，加大执法力度，切实保护生态环境，合理开发资源。

11.2.4.3　湿地生态系统管理的监控体系

黄河三角洲湿地生态系统管理监控体系可以从两个方面加以完善：①成立黄河三角洲生态环境监测总站，整合环保、农业、林业、水利、气象、测绘等部门及有关研究机构生态环境监测系统的优势，统一规划和管理，实现一站多点的湿地生态环境监测网络。②建立以"3S"技术为基础的黄河三角洲湿地生态环境信息网络共享平台。运用"3S"技术开展黄河三角洲湿地生态环境监测和管理研究，及时准确掌握湿地生态环境变化状况，促进湿地生态资源和土地资源的合理利用。实现数据共享，为自然灾害防治和灾情评估、生态环境研究、资源利用和管理、生态环境监测和预警等工作，提供快速、准确、动态的数据资料。

11.2.4.4　湿地生态系统管理生态补偿机制

湿地保护是一项建立在复杂利益关系调整基础上的事业，既涉及私人利益与公共利益关系的平衡，也关系到国家短期利益与长期利益的取舍，这就客观要求湿地保护政策具有综合协调功能。生态补偿制度作为生态系统管理理论与实践上重要方面，是通过经济手段消除湿地保护与利用中的经济外部性，遏制湿地资源锐减趋势；协调湿地保护与利用的关系，促成保护成本与利用收益的对等。在当前我国湿地生态系统状况整体恶化的严峻背景下将会成为湿地资源保护的有效手段。

目前，湿地生态补偿制度在我国现行法律法规中还是一个相对薄弱的环节。由于立法上的缺失，导致现实生活中出现了大批"生态难民"。因此，在保障社会利益的同时最大限度地保障当地居民的权益是十分重要的。湿地生态补偿制度就是一项平衡社会公益与相关权益人私益的有效制度，保证利益均衡和公平，缓解和消除湿地保护与发展间的矛盾。

现在，我国尚没有明确的湿地生态补偿的标准。但可以参照国家重点公益林生态补偿基金的标准（每公顷 75 元），或按湿地保护区面积标准，对 15 万 hm^2 以上的湿地自然保护区，每年每处投入湿地生态补偿基金 95 万元。也可以根据湿地保护中资源利用和破坏行为的差异性，对补偿标准予以分别考虑。例如，对于造成湿地野生动、植物资源破坏的补偿标准的确定，就可以参照《野生动物保护法》、《野生植物保护条例》等法律条款中行政处罚的相关规定来确定；对于湿地生态系统服务功能造成破坏的，则可依据《环境影响评估法》，在充分进行生态影响评估的基础上，确定补偿标准。

由于不同湿地所面临的区域环境复杂多样，湿地破坏形式多种多样，除了资金补偿，还可采取实物补偿、政策补偿、智力补偿等多种补偿形式。对于黄河三角洲湿地保护管理工作中的相关利益者进行补偿可以采取实物和资金两种方式，如参照退耕还湿、退耕还林的做法进行生态移民、粮食补偿。对于生态环境状况较好的区域，可以在湿地生态承载力范围内进行特许利用补偿。山东省已经确定了湿地生态补偿对象和标准，有效地解决了上述两个问题。规定对退耕（渔）还湿的农（渔）民，在湿地发挥经济效益前，按农（渔）民的实际损失给予两个年度的补偿，原则上按上年度同等地块纯收入的 100% 予以补偿，第二年度按纯收入的 60% 进行补偿，第三年后不再补偿。生态补偿资金由山东省与试点市、县（市、区）共同筹集，各市安排补偿资金的额度，根据当地排污总量和国家环保总局公布的污染物治理成本测算，原则上按上年度辖区内试点县（市、区）所排放化学需氧量、氨氮治理成本的 20% 安排补偿资金。

11.2.4.5 湿地生态系统管理的投资保障与激励机制

当前黄河三角洲湿地保护和开发的经费严重不足，已经成为制约湿地保护和利用的瓶颈。湿地保护恢复工程是社会公益性项目，在目前国家财力有限的情况下，要推动湿地保护和合理利用的社会化进程，争取社会各方面的投资、捐赠和国际资金的融入。在不改变湿地功能的情况下，积极开展湿地生态环境保护与可持续利用的工作。坚持"谁受益，谁补偿"，"谁污染，谁治理"的原则（赵云龙等，2004），调动全社会重视和参与湿地生态环境保护的积极性。同时，制定鼓励节约利用湿地自然资源和在部门发展中优先注意保护湿地生物多样性的政策，在投资、信贷、项目立项、技术帮助等方面解决相关政策问题，为黄河三角洲湿地生态系统保护，维护黄河三角洲湿地和生态系统安全提供足够的资金保障。黄河三角洲湿地是我国重要生态安全屏障，长期以来黄河三角洲湿地生态系统服务的价值并未得到应有的重视，湿地保护资金投入不足，受益者和破坏者没有付出相应的代价，而受害者和保护者也没有得到补偿，致使湿地遭到破坏，生态功能下降。

11.2.4.6　湿地生态系统管理的公众参与机制

公众参与是综合生态系统管理方法的重要实施机制，是现代环境与资源的重要调整机制，是克服市场失灵和政府失灵的重要举措，是各级各类生态保护法的重要制度。公众、团体和组织的参与方式和参与程度，将决定可持续发展目标实现的进程。在湿地生态保护与利用中，公众参与同样有着不可忽视的作用。对湿地生态保护与管理的认识，如果仅局限于打击、防范不仅不能阻止周边社区村民对资源的破坏，如果处理不当还会引发当地社区村民对湿地保护与管理的抵触情绪，这会进一步恶化湿地生态的破坏程度，也无法达到保护湿地的目标。但引入湿地公众参与模式，则能提高公众对湿地资源保护的环保意识和参与能力，积极、正确引导周边社区经济发展，改善周边社区经济环境，使得湿地资源得到有效保护。目前我国已经在福建、江西、湖北、云南、陕西等省的武夷山、鄱阳湖等 9个国家级自然保护区实施了这种管理模式。

湿地具有多重功能，对湿地资源的开发、利用、保护等企业生产经营活动或政府公益行为，均会对湿地区域范围内或周边居民，特别是对依靠湿地资源生存的当地居民的生产、生活带来不同程度的影响。因此，当政府管理部门在对上述行为进行决策时，应听取社会公众的意见，接受社会公众的监督。湿地保护政策的实施不能完全依靠呆板的行政手段，而是要建立起磋商机制，重视并以制度保证公众参与，加强湿地政策执行中的灵活性。

11.3　黄河三角洲多源数据库建设与管理

11.3.1　多源数据整合与融合

在多源数据集成技术的基础上，以黄河三角洲基础地理数据为本底，以湿地的多年连续跟踪监测数据为核心建立黄河三角洲湿地动态监测数据库，使 GPS、GIS、RS 紧密结合，实现湿地环境与资源信息集成与共享，为黄河三角洲湿地生态系统退化过程监测、机制分析及趋势评价提供可靠有力的数据支持。

由于数据的多源性和互补性，为提高数据分类精度和分析结果的可靠性，增强解译和动态监测能力，需要对收集的数据进行整合和融合。通常所说的多源数据融合技术是指遥感影像数据的融合，包括同一传感器所接受到的不同分辨率数据的融合、不同传感器所接受数据的融合以及遥感数据与非遥感数据的融合，这个过程包括影像数据的空间配准和影像融合。

对于大量的非遥感数据（水文气象数据和社会经济数据、野外考察数据），以测站位置或行政位置的经纬度坐标为关键词对其进行同一标准下的整合，使其规范化和统一化，并将其转化为矢量数据。

对于专题图件，首先扫描黄河三角洲地区 1∶10 000 或 1∶50 000 地形图，再用遥感图像处理软件对其进行配准，误差精度控制在 0.5 个像元以下，作为其他图像数据的参考数据（masterdata）。其他所有图件，先用 300dpi 的精度进行扫描，然后用地形图进行配准，并用目视解译的方式对它们进行分层数字化，建立各种类型的专题要素矢量数据。

对于遥感影像数据，首先用地形图来配准 2001 年的 ETM 影像，地面控制点（GCP）数量不少于 20 个，尽可能均匀分布在整个影像平面上，以道路交叉点、居民地等建筑物为标志，误差精度要求小于 0.5 个像元，并将该景配准影像作为参考影像，其他各时段的遥感数据分别用该景来进行配准，精度及误差要求同上。

11.3.2　基于 ArcSDE 的多源数据存储模型

地理信息系统（GIS）的空间数据库中数据存储经历了三个阶段：拓扑关系数据存储模式、Oracle Spatial 模式和 ArcSDE 模式。拓扑关系数据存储模式将空间数据存在文件中，而将属性数据存在数据库系统中，二者以一个关键字相连。这样分离存储的方式由于存在数据的管理和维护困难、数据访问速度慢、多用户数据并发共享冲突等问题而不适用本系统。而 Oracle Spatial 实际上只是在原来的数据库模型上进行了空间数据模型的扩展，实现的是"点、线、面"等简单要素的存储和检索，所以它并不能存储数据之间复杂的拓扑关系，也不能建立一个空间几何网络。ESRI 公司所开发的 ArcSDE 解决了这些问题，并利用空间索引机制来提高查询速度，利用长事务和版本机制来实现多用户同时操纵同一类型数据，利用特殊的表结构来实现空间数据和属性数据的无缝集成等，因此黄河三角洲湿地数据库在底层采用 ArcSDE 存储模型。

在本数据库中基本矢量数据和栅格数据按照特定的分类方式进行分层组织管理，其物理存储由 ArcSDE 进行统一的管理（图 11-7）。本研究采用关系数据库与对象关系数据库管理空间数据，通过 ArcSDE 与 SQL Server 2000 的集成，可以充分利用 RDBMS 数据管理的功能，利用 SQL 语言对空间与非空间数据进行各项数据库操作，同时可以利用关系数据库的海量数据管理、事务处理、记录锁定、并发控制、数据仓库等功能，使空间数据与非空间数据一体化集成，实现真正 C/S 和 B/S 结构，确保空间和非空间数据的一体化集成。

11.3.3　数据库建设与管理

11.3.3.1　资源与环境信息元数据与分类编码

元数据是关于数据的数据，即关于数据的内容、质量、状况和其他特性的信息，也可译为描述数据或诠释数据。在本数据库中，元数据是关于数据集的一些信息，主要包括：数据集编码、数据集名称、资料类别、数据起止时间、数据空间范围、数据表达方式、数据表达内容、数据存储格式、数据量、数据来源、数据存放位置、数据集索取方式、数据空间参考系及坐标、数据编辑单位、数据出版单位、出版时间、比例尺等。

有效而规范的数据分类编码不仅可以节省大量的存储空间和录入时间，而且有利于数据的应用和交流，便于信息的查询和管理。在本数据库中，分类编码主要应用于各类型和各比例尺的矢量地理要素图层。每一种地理要素都有一个分类编码，同时由于不同比例尺

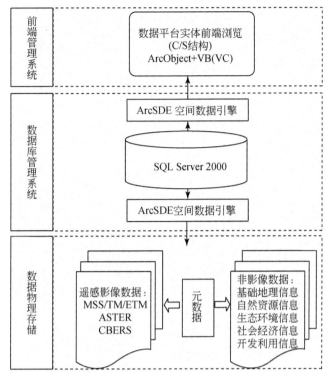

图 11-7　黄河三角洲湿地数据库数据管理模型

对数据分类级别的要求不同其分类的详细程度也因图而异。因此，根据该系统的矢量数据库的特点，需要设计不同的分类编码方案（图 11-8）。

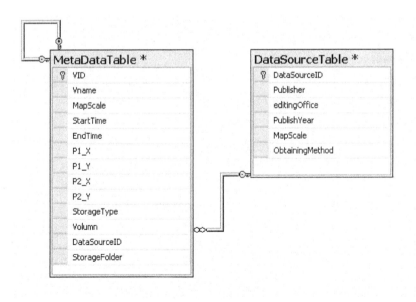

图 11-8　数据表结构图

11.3.3.2 数据库结构设计与开发

概念结构设计是将分析得到的用户需求抽象为概念模型的过程，即在需求分析的基础上，设计出能够满足用户需求的各种实体以及它们之间的相互关系概念结构设计模型。这样才能更好地、更准确地用某一 DBMS 实现这些需求。逻辑结构设计就是把概念结构设计阶段设计好的基本 E-R 图转换为与选用 DBMS 产品所支持的数据模型相符合的逻辑结构。为了方便湿地数据库的分类查询与管理，本研究中，黄河三角洲湿地数据库按类型分为基础地理数据库、遥感影像库、专题数据库、水文气象数据库、社会经济统计数据库五大类型及元数据库。元数据库作为五大子库的元信息单独进行存储管理，并随着其他子库的变化而动态地进行更新（图 11-9）。

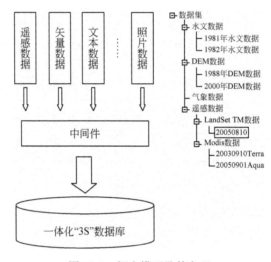

图 11-9　概念模型及其实现

（1）基础地理矢量数据库

矢量数据按比例尺分别存储，其生态要素包括湿地保护区边界、地形、地貌、植被、土壤、河流、水文站点等。数据库存储结构采用按比例尺分层方式。

（2）影像数据库

该数据库主要包括一些栅格类型数据，如扫描的专题图件和照片、数码相机拍摄的数码照片和遥感影像。该数据子库采用分类存储的方式，分为专题图件、遥感影像和图片三部分存储，系统对数据建立详细的索引表，对有位置关联的数据还建立索引图，实现属性和空间的双向查询。以图片数据为例，该部分主要存储收集到的野外考察照片，通常这些照片都有经纬度记录，也就是说具有空间信息。用这些经纬度坐标建立相应的点文件作为图片数据的索引图，然后与建立的索引表相关联就可以实现属性与空间的双向查询。

（3）水文气象数据库

该数据库包括黄河三角洲地区 4 个气象台站的气象数据，包含的气象要素有平均气温、最高气温、最低气温、降水量、总辐射、蒸发量、相对湿度、日照时数、平均气压、平均风速。另外，还有黄河三角洲地区利津水文站点及丁字路口水文站的水文测量数据。

该数据库数据为表格数据，经统一化、规范化处理后按要素类型分别导入数据库存储。

（4）社会经济统计数据库

社会经济统计数据库的内容包括黄河三角洲各行政区的社会、经济统计数据。统计内容包括人口状况，人口分布与构成，农作物播种面积、产量、产值，畜产品生产情况，工业产品生产状况，财政收支情况，商业经营状况等。文档数据库内存储的是文档类型的数据，如 word、txt 格式。该数据库收集各行政区的文字性介绍文档，如自然概貌、资源状况、气候特点等。

（5）专题数据库

该数据库存储的是 1∶50 000 黄河三角洲土地利用/覆被数据、湿地演化数据、土壤采样数据、地下水观测数据等各类湿地专题信息。

11.3.3.3　数据库管理

（1）空间数据和非空间数据的关系数据库一体化存储

系统采用中间件为上传服务提供任务分配功能以及时间管理，支持海量数据上传。这对于大批量遥感数据的导入工作提供了便捷的工具（图 11-10）。

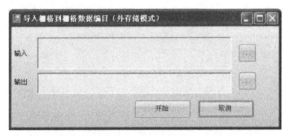

图 11-10　标准化数据集成功能

（2）多分辨率无缝影像数据库

采用多分辨率无缝影像数据库技术建立卫星遥感影像数据库，并采用多源数据无缝集成技术与矢量栅格数据复合、融合技术，提取矢量数据和更新数据库，使卫星遥感数据能直接在系统中应用，所有用户能更直观地了解地表的各种地理信息。

（3）"3S"技术一体化集成

在本系统建设过程中，RS 用于快速获取大面积空间数据，GPS 用于精确获得监测点的空间坐标，GIS 用于管理 RS、GPS 获得的空间数据，将"3S"紧密结合对黄河三角洲湿地进行动态监测与数据管理。

（4）时空数据检索查询与显示

本系统对多源时空数据进行集成管理。构建针对多源数据的检索机制与管理平台，为查询检索与显示提供便利的工具。产品所提供的查询功能基于时间 – 空间耦合的时间戳数据。其中查询服务提供基于时间段的搜索，为使用者寻找连续变化信息提供快速检索功能。

在数据展示上，利用快照功能，对兴趣区域进行集中管理，为使用者提供便捷的空间数据显示手段（图 11-11）。黄河三角洲湿地资源环境数据库界面如图 11-12 所示。

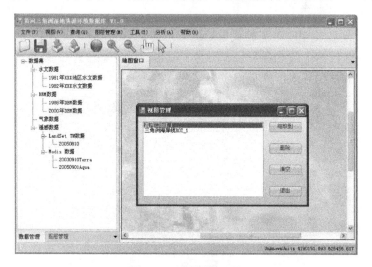

图 11-11　视图管理器

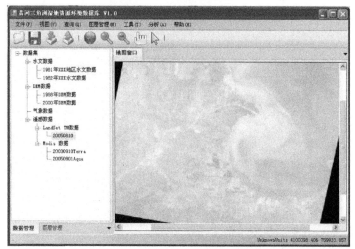

图 11-12　数据产品

参 考 文 献

鲍士旦 . 2000. 土壤农化分析（第 3 版）. 北京：中国农业出版社：206-214.

布仁仓，王宪礼，肖笃宁 . 1999. 黄河三角洲景观组分判定与景观破碎化分析 . 应用生态学报，10（3）：321-324.

陈建伟，黄桂林 . 1995. 中国湿地分类系统及其划分指标的探讨 . 林业资源管理，(5)：65-71.

陈康娟，王学雷 . 2002. 人类活动影响下的四湖地区湿地景观格局分析 . 长江流域资源与环境，11（3）：219-223.

陈利顶，傅伯杰，张淑荣等 . 2002. 异质景观中非点源污染动态变化比较研究 . 生态学报，22（6）：808-815.

陈巍，陈邦本，沈其荣 . 2000. 滨海盐土脱盐过程中 pH 变化及碱化问题研究 . 土壤学报，37（4）：521-528.

陈为峰 . 2005. 黄河三角洲新生湿地生态过程研究 . 泰安：山东农业大学 .

陈效民，白冰，黄德安 . 2006. 黄河三角洲海水灌溉对土壤盐碱化和导水率的影响 . 农业工程学报，22（2）：50-54.

崔保山，杨志峰 . 2002. 湿地生态系统健康评价指标体系 I：理论 . 生态学报，22（7）：1005-1011.

崔承琦，李学伦，印萍 . 1994. 黄河三角洲地貌环境体系 . 青岛海洋大学学报，24（S3）：1-8.

丁成，王世和，杨春生 . 2005. 草浆废水灌溉对海涂湿地土壤及芦苇生长的影响 . 生态环境，14（1）：21-25.

丁秋祎，白军红，高海峰等 . 2009. 黄河三角洲湿地不同植被群落下土壤养分含量特征 . 农业环境科学学报，28（10）：2092-2097.

董丽洁，陆兆华，贾琼等 . 2010. 造纸废水灌溉对黄河三角洲盐碱地土壤酶活性的影响 . 生态学报，30（24）：6821-6827.

方洪亮 . 1997. 地理信息系统与环境模型在黄河三角洲湿地研究中的应用 . 北京：中国科学院 .

方堃，陈效民，沃飞等 . 2008. 太湖地区典型水稻土中速效磷变化规律研究 . 土壤通报，39（5）：1092-1096.

伏小勇，牛磊，白炜等 . 2007. 造纸废水资源化利用对土壤理化性质的影响 . 兰州交通大学学报（自然科学版），26（4）：93-96.

伏小勇，任珺，陈学民等 . 2008. 造纸废水灌溉对沙漠人工林土壤物理特性的影响 . 中国造纸，27（10）：38-41.

付在毅，许学工，林辉平等 . 2001. 辽河三角洲湿地区域生态风险评价 . 生态学报，21（3）：365-373.

傅伯杰，陈利顶，马克明等 . 2001. 景观生态学原理及应用 . 北京：科学出版社 .

高明，周保同，魏朝富等 . 2004. 不同耕作方式对稻田土壤动物、微生物及酶活性的影响研究 . 应用生态学报，15（7）：1177-1181.

郭笃发 . 2006. 近代黄河三角洲段渤海海岸线缓冲带土地利用时空特征分析 . 农业工程学报，22（4）：53-57.

郭怀成，黄凯，刘永等．2007．河岸带生态系统管理研究概念框架及其关键问题．地理研究，26（4）：789-798．

郭静，姚孝友，刘霞等．2008．不同生态修复措施下鲁中山区土壤的水文特征．浙江林学院学报，25（3）：342-349．

郭凯，孙培新，刘卫国．2005．利用遥感影像软件 ENVI 提取植被指数．红外，（5）：13-15．

国家环境保护总局《水和废水监测分析方法》编委会．2002．水和废水监测分析方法（第四版）．北京：中国环境科学出版社．

贺强，崔保山，赵欣胜等．2008．水、盐梯度下黄河三角洲湿地植物种的生态位．应用生态学报，19（5）：969-975．

侯培强，任珺，陶玲等．2008．造纸废水灌溉对沙漠生态林土壤营养成分的影响．兰州交通大学学报，27（1）：42-45．

胡乔木，杨舒茜，李韦等．2009．土壤养分梯度下黄河三角洲湿地植物的生态位．北京师范大学学报（自然科学版），45（1）：75-79．

黄昌勇．2008．土壤学．北京：中国农业出版社：206-225．

黄桂林，张建军，李玉祥．2000．辽河三角洲湿地分类及现状分析——辽河三角洲湿地资源及其生物多样性的遥感监测系列论文之一．林业资源管理，（4）：51-56．

江洪，黄建辉．1994．东灵山植物群落的排序、数量分类与环境解释．植物学报，36（7）：539-551．

李峰，谢永宏，陈心胜等．2009．黄河三角洲湿地水生植物组成及生态位．生态学报，29（11）：6257-6265．

李甲亮，陆兆华，田家怡等．2008b．造纸废水灌溉对滨海盐碱化湿地的生态修复．中国矿业大学学报，37（2）：281-286．

李甲亮，陆兆华，王琳等．2008a．芦苇湿地酶活性动态变化及其与净化功能相关性．中国海洋大学学报，38（3）：483-488．

李甲亮，田家怡，李学平．2009．造纸废水灌溉对芦苇湿地微生物的影响研究．海洋湖沼通报，（4）：163-170．

李茂．2003．生态系统管理原则．土资源情报，（2）：24-34．

李崧，邱微，赵庆良等．2006．层次分析法应用于黑龙江省生态环境质量评价研究．环境科学，27（5）：1031-1034．

李有志．2007．小叶章和芦苇种子萌发以及幼苗生长对环境因子的响应研究．长沙：湖南农业大学．

李元芳．1991．废黄河三角洲的演变．地理研究，10（4）：29-38．

林茂昌．2005．基于 RS 和 GIS 的闽江河口区湿地生态环境质量评价．福州：福建师范大学．

刘高焕，汉斯·德罗斯特．1997．黄河三角洲可持续发展图集．北京：测绘出版社：60-61．

刘红玉，吕宪国，刘振乾等．2000．辽河三角洲湿地资源与区域持续发展．地理科学，20（6）：545-551．

刘红玉，吕宪国．1995．三江平原湿地景观生态制图分类系统研究．地理科学，15（5）：432-436．

刘擎，夏江宝，贾岱等．2011．造纸废水灌溉对轻度盐碱湿地理化性状的影响．水土保持研究，18（4）：258-261，267．

刘庆生，刘高焕，励惠国．2003．近、现代黄河三角洲地貌形态反演．地理与地理信息科学，19（2）：93-96．

刘世梁，傅伯杰．2001．景观生态学原理在土壤学中的应用．水土保持学报，15（3）：102-106．

刘彦清，董宽虎，王奇丽等．2007．不同盐分胁迫对高冰草种子发芽的影响．草原与草坪，（2）：18-21．

卢玲，程国栋，李新．2001．黑河流域中游地区景观变化研究．应用生态学报，12（1）：68-74．

卢玉东，尹黎明，何丙辉等．2005．利用 TM 影像在土地利用/覆盖遥感解译中波段选取研究．西南农业大学学报（自然科学版），27（4）：479-486.

鲁萍，郭继勋，朱丽. 2002. 东北羊草草原主要植物群落土壤过氧化氢酶活性的研究. 应用生态学报，13（6）：675-679.

鲁如坤. 2000. 土壤农业化学分析方法. 北京：中国农业科技出版社：106-253.

骆洪义，丁方军. 1995. 土壤学实验. 成都：成都科技大学出版社：63-68，97-154.

马春辉，张灵，段黄金等. 2001. PEG 渗调处理改善高冰草种子活力的研究. 中国草地，23（5）：38-40.

马鹤林，海棠，申庆宏等. 1992. 21 种豆科牧草辐射敏感性及适宜辐射剂量的研究. 中国草地学报，（6）：125-128.

马克明，傅伯杰，黎晓亚等. 2004. 区域生态安全格局：概念与理论基础. 生态学报，24（4）：761-768.

马克明. 2003. 物种多度格局研究进展. 植物生态学报，27（3）：412-426.

马欣，夏孟婧，陆兆华等. 2010. 造纸废水灌溉对黄河三角洲重度退化滨海盐碱湿地土壤理化性质的影响. 生态学报，30（11）：3001-3009.

潘世钦. 2004. 鄱阳湖湿地立法必要性研究. 法学杂志，（1）：74-75.

彭建，王仰麟，张源等. 2006. 土地利用分类对景观格局指数的影响. 地理学报，61（2）：157-168.

彭致功，杨培岭，王勇等. 2006. 再生水灌溉对草坪土壤速效养分及盐碱化的效应. 水土保持学报，20（6）：58-61.

曲均峰，李菊梅，徐明岗等. 2008. 长期不施肥条件下几种典型土壤全磷和 Olsen-P 的变化. 植物营养与肥料学报，14（1）：90-98.

全国土壤普查办公室. 1979. 全国第二次土壤普查暂行技术规程. 北京：农业出版社.

任海，邬建国，彭少麟等. 2000. 生态系统管理的概念及其要素. 应用生态学报，11（3）：455-458.

邵明安，王全九，黄明斌. 2006. 土壤物理学. 北京：高等教育出版社：1-102.

申卫军，邬建国，任海等. 2003. 空间幅度变化对景观格局分析的影响. 生态学报，23（11）：2219-2231.

沈泽昊，张新时. 2000. 地形对亚热带山地景观尺度植被格局影响的梯度分析. 植物生态学报，24（4）：430-435.

沈泽昊. 2002. 山地森林样带植被 – 环境关系的多尺度研究. 生态学报，22（4）：461-470.

宋创业，刘高焕，刘庆生等. 2008. 黄河三角洲植物群落分布格局及其影响因素. 生态学杂志，27（12）：2042-2048.

宋永昌. 2001. 关于中国常绿阔叶林分类的建议（摘要）//中国植物学会植物生态学专业委员会，中国科学院植物研究所. 植被生态学学术研讨会暨侯学煜院士逝世 10 周年纪念会论文集. 北京：中国植物学会植物生态学专业委员会，中国科学院植物研究所：40-42.

孙国锋，徐尚起，张海林等. 2010. 轮耕对双季稻田耕层土壤有机碳储量的影响. 中国农业科学，43（18）：3776-3786.

孙启祥，张建峰，Franz M. 2006. 不同土地利用方式对土壤化学性状与酶学指标分析. 水土保持学报，20（4）：98-102.

汤亿，严俊霞，孙明等. 2009. 灌溉和翻耕对土壤呼吸速率的影响. 安徽农业科学，37（6）：2625-2627，2671.

唐伟，杨建强，赵蓓等. 2010. 我国海岛生态系统管理对策初步研究. 海洋开发与管理，27（3）：1-4.

王德汉，彭俊杰，戴苗. 2003. 造纸污泥作为肥料资源的评价与农业试验. 纸和造纸，3：47-52.

王国梁，刘国彬，党小虎. 2009. 黄土丘陵区不同土地利用方式对土壤含水率的影响. 农业工程学报，25（2）：31-35.

王介勇，赵庚星，杜春先. 2005. 基于景观空间结构信息的区域生态脆弱性分析——以黄河三角洲垦利县为例. 干旱区研究，22（3）：317-321.

王丽荣，赵焕庭. 2000. 中国河口湿地的一般特点. 海洋通报，19（5）：47-54.

王明璐，徐志红. 2009. 造纸废水灌溉对湿地土壤中有机质含量的影响. 污染防治技术，22（1）：15-16.

王伟，陆健健. 2005. 生态系统服务与生态系统管理研究. 生态经济，（9）：35-37.

王伟，张洪江，李猛等. 2008. 重庆市四面山林地土壤水分入渗特性研究与评价. 水土保持学报，22（4）：95-99.

王希华，宋永昌. 2001. 马尾松林恢复为常绿阔叶林的研究. 生态学杂志，20（1）：30-32.

王宪礼，李秀珍. 1997. 湿地的国内外研究进展. 生态学杂志，16（1）：58-62.

王宪礼，肖笃宁，布仁仓等. 1997. 辽河三角洲湿地的景观格局分析. 生态学报，17（3）：317-323.

王晓峰. 2007. 基于RS和GIS的榆林地区生态安全动态综合评价. 西安：陕西师范大学.

邬建国. 2000. 景观生态学——概念与理论. 生态学杂志，19（1）：42-52.

邬建国. 2002. 景观生态学——格局、过程、尺度与等级. 北京：高等教育出版社.

吴江天. 1994. 江西鄱阳湖国家级自然保护区湿地生态系统评价. 自然资源学报，9（4）：333-340.

吴玉辉，李凤翥，徐维骝. 2004. 稻草制浆造纸废水灌溉对芦苇生长影响研究. 上海造纸，35（2）：52-55.

吴玉辉，李凤翥，徐维骝. 2005. 稻草制浆造纸废水对芦苇生长的影响. 纸和造纸，（2）：73-74.

吴征镒. 1980. 中国植被. 北京：科学出版社.

夏江宝，刘庆，谢文军等. 2009. 废水灌溉对芦苇地土壤水文特征的影响. 农业工程学报，25（12）：63-68.

夏江宝，谢文军，陆兆华等. 2010. 再生水浇灌方式对芦苇地土壤水文生态特性的影响. 生态学报，30（15）：4137-4143.

夏江宝，谢文军，孙景宽等. 2011. 造纸废水灌溉对芦苇生长及其土壤改良效应. 水土保持学报，25（1）：110-113，118.

鲜骏仁. 2007. 川西亚高山森林生态系统管理研究——以王朗国家级自然保护区为例. 成都：四川农业大学.

肖笃宁. 1992. 从自然地理学到景观生态学. 地球科学进展，7（6）：18-24.

谢艳宾，贾庆宇，周莉. 2006. 锦盘湿地芦苇群落土壤呼吸作用动态及其影响因子分析. 气象与环境学报，4（22）：53-58.

徐敬华，王国梁，陈云明等. 2008. 黄土丘陵区退耕地土壤水分入渗特征及影响因素. 中国水土保持科学，6（2）：19-25.

徐克学，杨奠安，李奕等. 2001. 物种和植被资源信息系统的建设及展望. 资源科学，23（1）：40-45.

许景伟，李传荣，夏江宝等. 2009. 黄河三角洲滩地不同林分类型的土壤水文特性. 水土保持学报，23（1）：173-176.

许学工. 1997. 黄河三角洲土地结构分析. 地理学报，52（1）：18-26.

严金龙，全桂香，丁成. 2008. 造纸废水污灌对土壤性质及脲酶活性的影响. 中国造纸学报，23（4）：58-60.

杨理，杨持. 2004. 草地资源退化与生态系统管理. 内蒙古大学学报（自然科学版），（2）：205-208.

杨荣金，傅伯杰，刘国华等. 2004. 生态系统可持续管理的原理和方法. 生态学杂志，23（3）：103-108.

杨永兴. 2002. 国际湿地科学研究的主要特点、进展与展望. 地理科学进展，21（2）：111-120.

杨招弟，蔡立群，张仁陟等. 2008. 不同耕作方式对旱地土壤酶活性的影响. 土壤通报，39（3）：514-517.

叶庆华，陈述彭，黄翀等. 2004a. 黄河近、现代洲体演变规律及其河口治理问题与建议//中国海洋学会.

第八届全国海岸河口学术研讨会暨海岸河口理事会议论文摘要集.上海：中国海洋学会：29-30.

叶庆华，刘高焕，陆洲等.2004b.黄河三角洲土地利用时空复合变化图谱分析.中国科学 D 辑（地球科学），34（5）：461-474.

易朝路，蔡述明，黄进良等.1998.江汉平原（四湖地区）和洞庭湖区湿地的分类与分布特征.应用基础与工程科学学报.6（1）：19-25.

于贵瑞.2001.生态系统管理学的概念框架及其生态学基础.应用生态学报，12（5）：787-794.

张峰，张金屯.2000.我国植被数量分类和排序研究进展.山西大学学报（自然科学版），23（3）：278-282.

张高生，李俊，李岩.2000.黄河三角洲生态现状及保护对策.农村生态环境，16（2）：24-27.

张海林，秦耀东，朱文珊.2003.耕作措施对土壤物理性状的影响.土壤，35（2）：140-144.

张金屯.1995a.结合多个环境因子的模糊数学排序.植物学通报，12（4）：325-331.

张金屯.1995b.植被数量生态学方法.北京：中国科学技术出版社.

张雷娜，冯永军，张红.2001.滨海盐渍土水盐运移影响因素研究.山东农业大学学报（自然科学版），32（1）：55-58.

张丕远.2003.全球变化研究：一门综合学科发展的历程.科学对社会的影响，（1）：22-24.

张晓龙.2005.现代黄河三角洲滨海湿地环境演变及退化研究.青岛：中国海洋大学.

张新时.1993.研究全球变化的植被-气候分类系统.第四纪研究，5（2）：157-167.

张永民，席桂萍.2009.生态系统管理的概念——框架与建议.安徽农业科学，37（13）：6075-6076，6079.

张永泽.2001.自然湿地生态恢复研究综述.生态学报，21（2）：309-314.

张芸香，郭晋平.2001.林景观斑块密度及边缘密度动态研究——以关帝山林区为例.生态学杂志，20（1）：18-21.

张志良.2003.植物生理学实验指导（第3版）.北京：高等教育出版社：127-128.

章家恩，徐琪.1997.生态退化研究的基本内容与框架.水土保持通报，17（6）：46-53.

赵庚星，李秀娟，李涛等.2005.耕地不同利用方式下的土壤养分状况分析.农业工程学报，21（10）：55-58.

赵绘宇.2006.论生态系统管理的经济价值//邓楠.2006年中国可持续发展论坛——中国可持续发展研究会 2006 学术年会可持续发展的机制创新与政策导向专辑.北京：中国可持续发展研究会：89-93.

赵善伦.1993.黄河三角洲的植被资源及其利用方向.山东师范大学学报（自然科学版），8（1）：49-53，73.

赵士洞，汪业勖.1997.生态系统管理的基本问题.生态学杂志，16（4）：35-38.

赵延茂，吕卷章，马克斌.1994.黄河三角洲自然保护区植被调查报告.山东林业科技，（5）：10-13.

赵云龙，唐海萍，陈海等.2004.生态系统管理的内涵与应用.地理与地理信息科学，20（6）：94-98.

郑博福.2006.基于生态系统服务的区域可持续发展研究——泸沽湖流域实例分析.北京：中国科学院研究生院.

周小春.2001.安徽湿地植被类型及其利用、保护现状.安徽师范大学学报（自然科学版），24（3）：250-253.

Edward M，Martin H，Mike A，等.2003.生态系统管理：科学与社会问题.康乐，韩兴国等译.北京：科学出版社：1-19.

Vogt K A，Gordon J C，Wargo J P，等.2002.生态系统—平衡与管理的科学.欧阳华，王政权，王群力译.北京：科学出版社：49-50，275-277.

Abdelbasset L，Mokded R，Tahar G，et al.2009.Effectiveness of compost use in salt- affected soil. Journal of Hazardous Materials，5（132）：1-8.

Agee J, Johnson D. 1988. Ecosystem Management for Parks and Wilderness. Seattle: University of Washington Press: 6-12.

Aitken M N, Evans B, Lewis J G. 1998. Effect of appling paper mill sludge to arable land on soil fertility and crop yields. Soil Use and Management, 14: 215-222.

Alan J, Lymberyr G, Doupe B T, et al. 2006. Efficacy of a subsurface-flow wetland using the estuarine sedge Juncus kraussii to treat effluent from inland saline aquaculture. Aquacultural Engineering, 34 (1): 1-7.

Alison J G, Janssen R. 1998. Use of environmental functions to communicate the values of a mangrove ecosystem under different management regimes. Eeol Econ, 25 (3): 323-346.

Alvarez R, Steinbach H S. 2009. A review of the effects of tillage systems on some soil physical properties, water content, nitrate availability and crops yield in the Argentine Pampas. Soil & Tillage Research, 104 (1): 1-15.

Arnon D I. 1949. Copper enzymes in isolated chloroplasts. Polyphenoloxidase in Beta vulgaris. Plant Physiology, 24 (1): 1-10.

Askin T, Kizilkaya R. 2005. The spatial variability of urease activity of surface agricultural soils within an urban area. Journal of Central European Agriculture, 6 (2): 161-166.

Bai J H, Cui B S, Deng W, et al. 2007. Soil organic carbon contents of marsh soils from two natural saline-alkalined wetlands in Northeast China. Journal of Soil and Water Conservation, 62 (6): 447-452.

Barzegar A R, Asoodar M A, Khadish A, et al. 2003. Soil physical characteristics and chickpea yield responses to tillage treatments. Soil & Tillage Research, 71 (1): 49-57.

Bates L S, Waldren R P, Teare I D. 2004. Rapid determination of free proline for water-stress studies. Plant and Soil, 39 (1): 205-207.

Bauhus J, Messier C. 1999. Evaluation of fine root length and diameter measurements obtained using RHIZO Image Analysis. Agronomy Journal, 91: 142-147.

Baziranmakenga R, Sinard R R, Lalonde R. 2001. Effects of de-inking paper sludge compost application on soil chemical and biological properties. Canadian Journal of Soil Science, 81: 561-575.

Beauchamp C, Fridovich I. 1971. Superoxide dismutase: improved assays and an assay applicable to acrylamide-gels. Anal Biochem, 44 (1): 276-287.

Beers R F, Sizer I W. 1952. A spectrophotometric method for measuring the breakdown of hydrogen peroxide by catalase. Journal of Biological Chemistry, 195: 133-140.

Brinson MM. 1993. A hydrogeomorphic classification for w etlands. Wetlands Research Program Technical Report WRP-DE-4. Vicksburg, MS: US Army Engineers Waterways Experiment Station.

Bronick R L. 2005. Soil structure and management: a review. Geodermal, (24): 3-22.

Brown J H. 1984. On the relationship between abundance and distribution of species. American Naturalist, 124 (2): 255-279.

Brown M, Whitehead D, Hunt J E, et al. 2009. Regulation of soil surface respiration in a grazed pasture in New Zealand. Agricultural and Forest Meteorology, 149 (2): 205-213.

Buege J A, Aust S D. 1978. Microsomal lipid peroxidation. Methods Enzymol, 52: 302-310.

Burnham KP, Anderson D R. 2002. Model Selection and Multi-model Inference: A Practical Information Theoretic Approach. New York: Springer Verlag: 321-323.

Chantigny M H, Angers D A, Beauchamp C J. 2000. Active carbon pools and enzyme activities in soils amended with de-inking paper sludge. Canadian Journal of Soil Science, 80 (1): 99-105.

Chapin F S. 1996. Principles of ecosystem sustainability. Am Nat, 148 (6): 1016-1037.

Choudhary O P, Ghuman B S, Bijay-Singha N, et al. 2011. Effects of long-term use of sodic water irrigation, amendments and crop residues on soil properties and crop yields in rice – wheat cropping system in a calcareous soil. Field Crops Research, 121: 363-372.

Christensen N L, Bartuska A M, Brown J H, et al. 1996. The report of the ecological society of America committee on the scientific basis ecosystem management. Ecology Application, 6: 665-691.

Christensen N L, Bartuska A M, Brown J H, et al. 1996. The report of the ecological society of America committee on the scientific basis ecosystem management. Ecology Application, 6: 665-691.

Collins S L, Glenn S M. 1997. Effects of organismal and distance scaling on analysis of species distribution and abundance. Ecological Applications, 7 (2): 543-551.

Cowardin L M, Carter V, Golet F C, et al. 1979. Classification of wetlands and deep water habitats of the United States. U. S. Fish and Wildlife Service, FWS/ OBS 79/31. Washington D. C.: U. S. Fish and Wildlife Service.

Cowley M J R, Thomas C D, Wilson R J, et al. 2001. Density- distribution relationships in British butterflies (Ⅱ): an assessment of mechanisms. Journal of Animal Ecology, 70 (3): 426-441.

Dick W A, Tabatabai M A. 1992. Significance and potential use of soil enzymes//Metting Jr F B. Soil Microbial Ecology: Application and Environmental Management. New York: Marcel Dekker: 99-110.

Faith D P, Minchin P R, Belbin L. 1987. Compositional dissimilarity as a robust measure of ecologicaldistance. Plant Ecology, 69 (1/3): 57-68.

Fielding A, Bell J F. 1997. A review of methods for the assessment of prediction errors in conservation presence/ absence models. Environmental Conservation, 24 (1): 38-49.

Franklin J. 1995. Predictive vegetation mapping: geographic modeling of bio- spatial pattern in relation to environmental gradients. Progress in Physical Geography, 19 (4): 474-499.

Freckleton R P, Noble D, Webb T J. 2006. Distributions of habitat suitability and the abundance-occupancy relationship. American Naturalist, 167 (2): 260-275.

Gagnon B, Lalande R, Sinard R R, et al. 2000. Soil enzyme activities following paper sludge addition in a winter cabbage-sweet corn rotation. Canadian Journal of Soil Science, 80 (1): 91-97.

Gaston K J, Blackburn T M, Greenwood J J D, et al. 2000. Abundance- occupancy relationships. Journal of Applied Ecology, 37 (s1): 39-59.

Gaston K J, Lawton J H. 1990. Effects of Scale and habitat on the relationship between regional distribution and local abundance. Oikos, 58 (3): 329-335.

Gaston K J, Warren P H. 1997. Interspecific abundance-occupancy relationships and the effects of disturbance: a test using microcosms. Oecologia, 112 (1): 112-117.

Green V S, Stott D E, Diack M. 2006. Assay for fluorescein diacetate hydrolytic activity: optimization for soil samples. Soil Biol Biochem, 38: 693-701.

Grumbine R E. 1994. What is ecosystem management. Conser Biol, 8 (1): 27- 38.

Guisan A, Zimmermann N E. 2000. Predictive habitat distribution models in ecology. Ecological Modelling, 135: 147-186.

Hafele S, Wpoereis M C S, Boivin P, et al. 1999. Effects of puddling on soil desalinization and rice seedling survival in the Senegal River Delta. Soil & Tillage Research, 51: 35-46.

Hanley J A, Mcneil B J. 1982. The meaning and use of the area under a receiver operating characteristic (ROC) curve. Radiology, 143: 29-36.

Hanley J A, Mcneil B J. 1983. A method of comparing the areas under receiver operating characteristic curves derived from the same cases. Radiology, 148: 839-843.

Harvey P H. 1996. Phylogenies for ecologists. Journal of Animal Ecology, 65 (3): 255-263.

He F L, Gaston K J, Wu J G. 2002. On species occupancy-abundance models. Ecoscience, 9 (1): 119-126.

Heino J. 2005. Positive relationship between regional distribution and local abundance in stream insects: a consequence of niche breadth or niche position. Ecography, 28 (3): 345-354.

Holt R D, Lawton J H, Gaston K J, et al. 1997. On the relationship between range size and local abundance: back to basics. Oikos, 78 (1): 183-190.

Holzkamper A, Seppelt R. 2007. A generic tool for optimising land-use patterns and landscape structures. Environmental Modeling & Software, 22: 1801-1804.

Humberto B, Lal R. 2007. Soil structure and organic carbon relationships following 10 years of wheat straw management in no-till. Soil & Tillage Research, 95 (1-2): 240-254.

Janet F. 1995. Predictive vegetation mapping: geographic modelling of biospatial patterns in relation to environmental gradients. Progress in Physical Geography, 19 (4): 474-499.

Kannan K, Oblisami G. 1990a. Influence of irrigation with pulp and paper mill effluent on soil chemical and microbiological properties. Biology and Fertility of Soils, 10 (3): 197-201.

Kannan K, Oblisami G. 1990b. Influence of paper mill effluent irrigation on soil enzyme activities. Soil Biology and Biochemistry, 22 (7): 923-926.

Kaushik A, Nisha R, Jagteeta K, et al. 2005. Impact of long and short term irrigation of a sodic soil with distillery effluent in combination with bioamendments. Bioresource Technology, 96 (17): 1860-1866.

Keiter R B. 1989. Taking account of the ecosystem in the public domain: law and ecology in the greater yellow stone region. University of Colorado Law Review, 60 (3): 933-1007.

Khaleel R, Reddy K R, Overcash M R. 1981. Changes in soil physical properties due to organic waste applications: a review. Journal of Environmental Quality, 10 (2): 133 – 141.

Khan S, Asghar M N, Rana T. 2007. Tariq characterizing groundwater dynamics based on impact of pulp and paper mill effluent irrigation and climate variability. Water Air Soil Pollut, 185: 131-148.

Kiziloglu F M, Turan M, Sahin U, et al. 2008. Effects of untreated and treated wastewater irrigation on some chemical properties of cauliflower (*Brassica olerecea* L. var. *botrytis*) and red cabbage (*Brassica olerecea* L. var. *rubra*) grown on calcareous soil in Turkey. Agricultural Water Management, 95 (6): 716-724.

Kruskal J B. 1964. Nonmetric multidimensional scaling: a numerical method. Psychometrika, 29 (2): 115-129.

Kumar V, Chopra A K, Pathak C, et al. 2010. Agro-potentiality of paper mill effluent on the characteristics of *Trigonella foenum-graecum* L. (Fenugreek). New York Science Journal, 3 (5): 68-77.

La Scala J N, Bolonhezin D, Pereira G T. 2006. Short term soil CO_2 emission after conventional and reduced tillage of a not ill sugar cane area in southern Brazil. Soil and Tillage Research, 91: 244-248.

Lal R. 1997. Long-term tillage and maize monoculture effects on a tropical Alfisol in western Nigeria (II): soil chemical properties. Soil & Tillage Research, 42: 161-174.

Ledley R S, Lusted L B. 1960. The use of electronic computers in medical data processing: aids in diagnosis, current information retrieval, and medical record keeping. IRE Transactions on Medical Electronics, 7 (1): 31-47.

Legendre P, Gallagher E D. 2001. Ecologically meaningful transformations for ordination of species data. Oecologia, 129 (2): 271-280.

Legendre P, Legendre L. 1998. Numerical Ecology. Second English Editinon. Amsterdam: Elsevier Science B. V.

Lehmann A, Overton J M, Leathwick J R. 2002. GRASP: generalized regression analysis and spatial prediction. Ecological Modelling, 57: 189-207.

Leisenring W, Pepe M S, Longton G. 1997. A marginal regression modelling framework for evaluating medical diagnostic tests. Statistics in Medicine, 16 (11): 1263-1281.

Li H, Yan J, Yue X, et al. 2008. Significance of soil temperature and moisture for soil respirat ion in a Chinese mountain area. Agricultural and Forest Meteorology, 148: 490- 503.

Malik A, Kaushik A, Kaushik C P. 1985. Salinization effect on dehydrogenase activity and CO_2 evolution from soils following phytomass amendments. Proc Ind Natl Sci Acad, B61 (3): 181 – 186.

Martín-Olmedo P, Rees R M. 1999. Short-term N availability in response to dissolved-organic-carbon from poultry manure, alone or in combination with cellulose. Biology and Fertility of Soils, 29: 386-393.

Minchin P R. 1987. An evaluation of the relative robustness of techniques for ecological ordination. Plant Ecology, 69 (1/3): 89-107.

Miyamoto S, Arturo C. 2006. Soil salinity of urban turf areas irrigated with saline water. Landscape and Urban Planning, (77): 28-38.

Moberg F, Folke C. 1999. Eeological goods and services of coral reef ecosystems. Ecol Econ, 29: 215-133.

Moilanen A. 2007. Landscape zonation, benefit functions and target- based planning: unifying reserve selection strategies. Biological Conservation, 134: 571-579.

Overbay J C. 1992. Ecosystem management//Gordon D. Taking an Ecological Approach to Management. United States Department of Agriculture Forest Service Publication WO-WSA-3. Washington D. C. : United States Department of Agriculture Forest Service: 3-15.

Palese A M, Pasquale V, Celano G, et al. 2009. Irrigation of olive groves in Southern Italy with treated municipal wastewater: effects on microbiological quality of soil and fruits. Agriculture, Ecosystems and Environment, 129: 43-51.

Patterson S J, Chanasyk D S, Mapfumo E, et al. 2008. Effects of diluted kraft pulp mill effluent on hybrid poplar and soil chemical properties. Irrigation Science, 26: 547-560.

Piotrowska A, Iamarino G, Rao M A, et al. 2006. Short-term effects of olive mill waste water (OMW) on chemical and biochemical properties of a semiarid Mediterranean soil. Soil Biology & Biochemistry, 38 (3): 600-610.

Polle A, Chakrabarti K, Schthmann W, et al. 1990. Composition and properties of the hydrogen peroxide decomposing systems in extracellular and total extracts from needles of Norway spruce. Plant Physiology, l94: 312-319.

Porter K G, Feig Y S. 1980. The use of DAPI for identifying and counting aquatic micro flora. Limnol Oceanogr, 25 (5): 943-948.

Potthoff M, Steenwerth K L, Jackson L E, et al. 2006. Soil microbial community composition as affected by restoration practice in california grassland. Soil Biology and Biochemistry, 38 (7): 1851-1860.

Pulliam H R. 2000. On the relationship between niche and distribution. Ecology Letters, 3 (4): 349-361.

Quine C P, Watts K. 2009. Successful de-fragmentation of woodland by planting in an agricultural landscape? An assessment based on landscape indicators . Journal of Environmental Management, 90: 251-259.

Rajashekhara R B K, Siddaramappa R. 2008. Evaluation of soil quality parameters in a tropical paddy soil amended with rice residues and tree litters. European Journal of Soil Biology, 44: 334-340.

Rato N J, Cabral F, López-Piñeiro A. 2008. Short-term effects on soil properties and wheat production from secondary paper sludge application on two Mediteranean agricultural soils. Bioresource Techonology, 99 (11): 4935-4942.

Robort A, Corbitt R A. 1998. Standard Handbook of Environmental Engineering. New York: McGraw-Hill Professional Publishing: 128-136.

Roca-Pérez L, Martínez C, Marcilla P, et al. 2009. Composting rice straw with sewage sludge and compost effects on the soil-plant system. Chemosphere, 75: 781-787.

Sadiq M, Hassan G, Mehdi S M, et al. 2007. Amelioration of saline-sodic soils with tillage implements and sulfuric acid application. Pedoshpere, 17 (2): 182-190.

SAF Task Forceed. 1992. Sustaining Long-term Forest Health and Productivity. Bethesda (Maryland): Society of American Foresters.

Saroinsong F, Harashina K, Arifin H, et al. 2007. Practical application of a land resources information system for agricultural landscape planning. Landscape and Urban Planning, 79: 38-52.

Saxena M, Kumar A, Rai J P N. 2002. Microbial dynamics of pulp and paper mill effluent affected soil. Indian Journal of Ecological, 29: 227-232.

Sebastian S P, Udayasoorian C, Jayabalakrishnan R M, et al. 2009. Improving soil microbial biomass and enzyme activities by amendments under poor quality irrigation water. World applied Science Journal, 7: 885-890.

Seppelt R. 2000. Regionalised optimum control problems for agroecosystem management. Ecol Model, 131: 121-132.

Sethi V, Kaushik A, Khatri R. 1990. Soil dehydrogenase activity and nitrifier population in relation to different soil-plant association. Tropical Ecology, 31 (2): 112-117.

Simrd R R, Baziramakenga R, Yelle S, et al. 1998. Effects of de-inking paper sludges on soil properties and crop yields. Canadian Journal of Soil Science, 78 (4): 689-697.

Singh B, Malhi S S. 2006. Response of soil physical properties to tillage and residue management on two soils in a cool temperate environment. Soil & Tillage Research, 85: 143-153.

Singh S K. 2007. Effect of irrigation with paper mill effluent on the nutrient status of soil. International Journal of Soil Science, 2 (1): 74-77.

Siqueira T, Bini L M, Cianciaruso M V, et al. 2009. The role of niche measures in explaining the abundance-distribution relationship in tropical lotic chironomids. Hydrobiologia, 636 (1): 163-172.

Sjursen H, Michelasen A, Holmstrup M. 2005. Effects of freeze-thaw cycles on microarthopods and nutrients availability in a sub-Arctic soil. Applied Soil Ecology, 28: 79-93.

Tales E, Keith P, Oberdorff T. 2004. Density-range size relationships in French riverine fishes. Oecologia, 138 (3): 360-370.

Tejada M, Garcia C, Gonzalez J L, et al. 2006. Use of organic amendment as a strategy for salin soil remediation: influence on the physical, chemical and biological properties of soil. Soil Biology & Biochemistry, 38 (6): 1413-1421.

Thomas W Y, Neil D M. 1991. Generalized additive models in plant ecology. Journal of Vegetation Science, 2 (5): 587-602.

USDOIBLM. 1993. Final supplemental environmental impact statement for management of habitat for late-successional and old-growth related species within range of the northern spotted Owl. Washington D. C. : U. S. Forest Service and Bureau of Land Management: 19-21.

Venier L A, Fahrig L. 1996. Habitat availability causes the species abundance-distribution relationship. Oikos, 76 (3): 564-570.

Vogt K A. 1997. Ecosystems: Balancing Science with Management. New York: Springer-Verlag: 1-470.

Wagner J E, Luzadis V A, Floyd D W. 1998. A role for economic analysis in the ecosystem management debate. Landscape and Urban Planning, (40): 151-157.

Walker C, Lin H S. 2008. Soil property changes after four decades of wastewater irrigation: a landscape perspective. Catena, 73 (1): 63-74.

Wichern J, Wichern F, Joergensen R G. 2006. Impact of salinity on soil microbial communities and the decomposition of maize in acidic soils. Geoderma, 137 (1-2): 100-108.

Wood C A. 1994. Ecosystem management: achieving the new land ethic. Renew Nat Resour J, 12: 6-12.

Woodward F I. 1987. Climate and Plant Distribution. New York: Cambridge University Press: 174.

Wright D H. 1991. Correlations between incidence and abundance are expected by chance. Journal of Biogeography, 18 (4): 463-466.

Xia M, Lu Z, Tao W, et al. 2011. Effects of paper mill effluent, sludge and wheat straw residue on remediation of heavily degraded coastal saline wetlands in Yellow River Delta, China. Wuhan, China: Environmental Pollution and Public Health (EPPH2011).

Yan J, Pan G. 2010. Effects of pulp wastewater irrigation on soil enzyme activites and respiration from a managed wetland. Soil and Sediment Contamination, 19 (2): 204-216.

Zhang Y, Zhang H W, Su Z C, et al. 2008. Soil microbial characteristics under long-term heavy metal stress: a case study in Zhangshi wastewater irrigation area, Shenyang. Pedosphere, 18 (1): 1-10.

彩

图

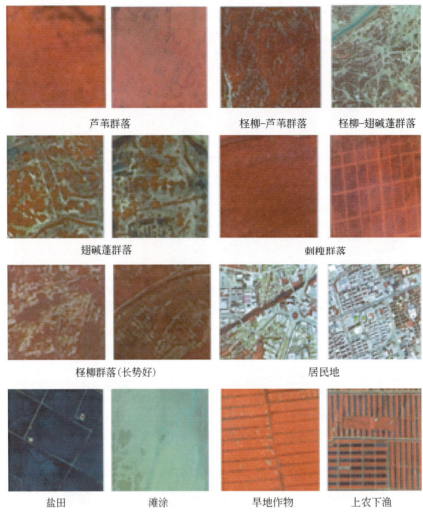

芦苇群落　　　　　柽柳–芦苇群落　　　柽柳–翅碱蓬群落

翅碱蓬群落　　　　　　　　刺槐群落

柽柳群落(长势好)　　　　　　居民地

盐田　　　　滩涂　　　　旱地作物　　　上农下渔

图 4-2　不同地物类型在影像上的反映

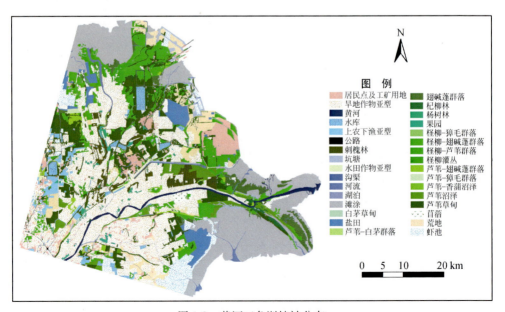

图 4-3　黄河三角洲植被分布

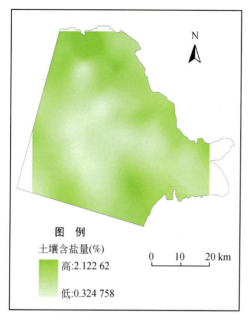

图 4-4　黄河三角洲土壤全盐含量

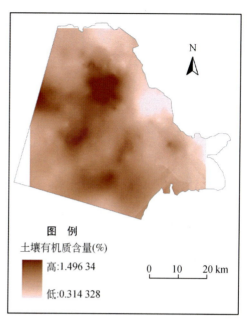

图 4-5　黄河三角洲土壤有机质含量

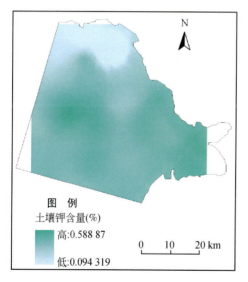

图 4-6　黄河三角洲土壤可溶性钾含量

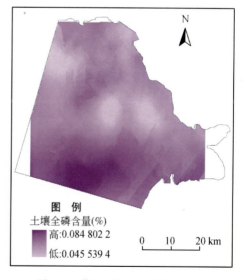

图 4-7　黄河三角洲土壤全磷含量

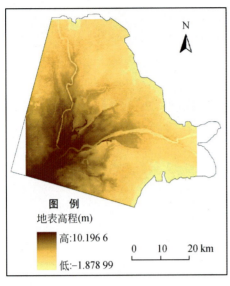

图 例
地表高程(m)

高:10.196 6

低:-1.878 99

0   10   20 km

图 4-8　黄河三角洲地表高程

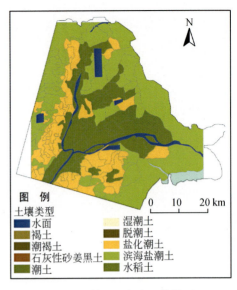

图 例
土壤类型
- 水面
- 褐土
- 潮褐土
- 石灰性砂姜黑土
- 潮土
- 湿潮土
- 脱潮土
- 盐化潮土
- 滨海盐潮土
- 水稻土

0   10   20 km

图 4-9　黄河三角洲土壤类型
（刘高焕和汉斯·德罗斯特，1997）

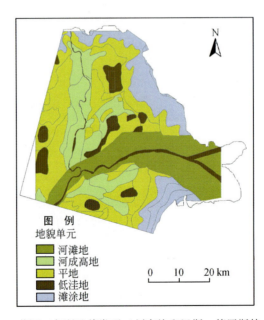

图 例
地貌单元
- 河滩地
- 河成高地
- 平地
- 低洼地
- 滩涂地

0   10   20 km

图 4-10　黄河三角洲地貌类型（刘高焕和汉斯·德罗斯特，1997）

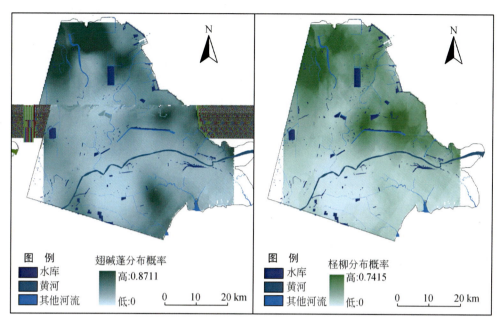

图例
水库
黄河
其他河流

翅碱蓬分布概率
高:0.8711
低:0
0 10 20 km

图例
水库
黄河
其他河流

柽柳分布概率
高:0.7415
低:0
0 10 20 km

图 4-15 翅碱蓬、柽柳潜在分布概率图

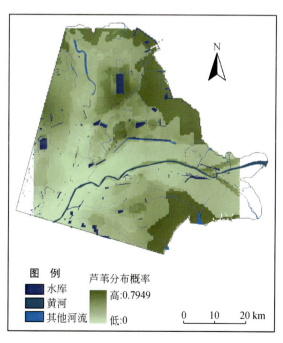

图例
水库
黄河
其他河流

芦苇分布概率
高:0.7949
低:0
0 10 20 km

图 4-16 芦苇潜在分布概率图

图 5-1 黄河三角洲淡水湿地恢复工程

图 5-2 实验区样线布设

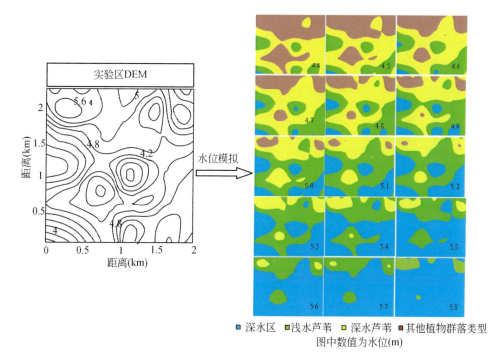

图 5-5 配水技术实验区水位模拟

图 5-10 研究区生态配水前后植被群落变化

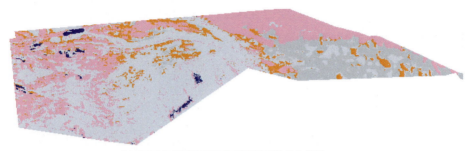

(a) 2001年5月早期湿地恢复区遥感影像分类图

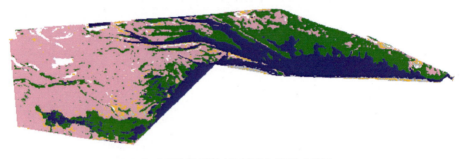

(b)2004年5月早期恢复湿地恢复区遥感影像分类图

(c) 2007年5月早期恢复湿地恢复区遥感影像分类图

■水面 ■翅碱蓬 ■芦苇 ■柽柳 □旱地 ■滩涂

图 5-15　湿地恢复区遥感影像解译分类图

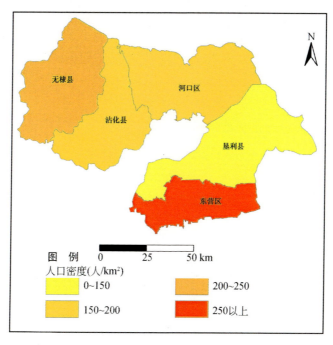

图 10-2　研究区人口密度

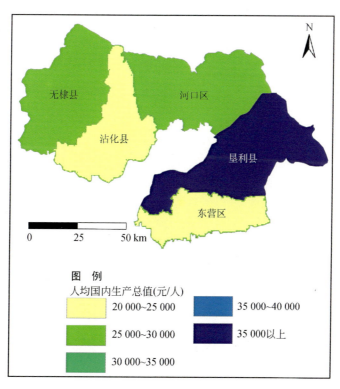

图 10-3　研究区人均国内生产总值

图 10-4 羽化效果对比图

图 10-5 支持向量机分类法效果对比图

表 10-6 12 种地类遥感影像图

地类	居民工矿用地	农田	坑塘湖泊	河流	河滩	海滩
地类图示						
地类	盐碱地	林地	草地	虾池盐田	草本沼泽地	裸地
地类图示						

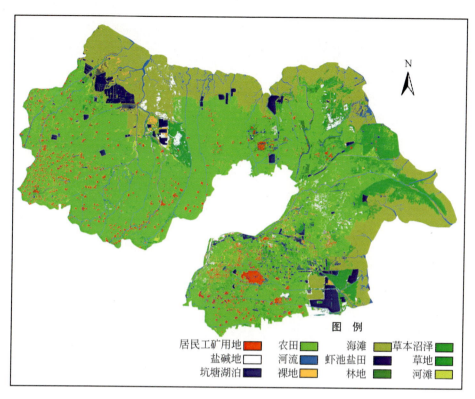

图例

居民工矿用地		农田		海滩		草本沼泽	
盐碱地		河流		虾池盐田		草地	
坑塘湖泊		裸地		林地		河滩	

图 10-8　研究区 1987 年遥感影像解译图

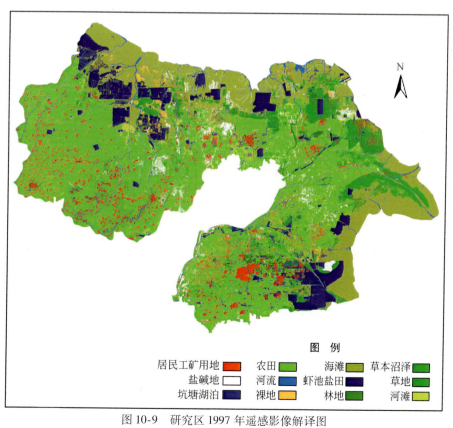

图例

居民工矿用地		农田		海滩		草本沼泽	
盐碱地		河流		虾池盐田		草地	
坑塘湖泊		裸地		林地		河滩	

图 10-9　研究区 1997 年遥感影像解译图

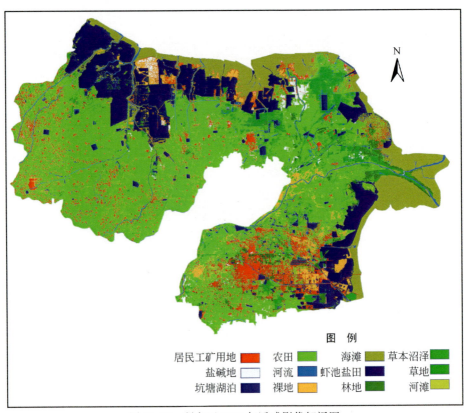

图 10-10　研究区 2007 年遥感影像解译图

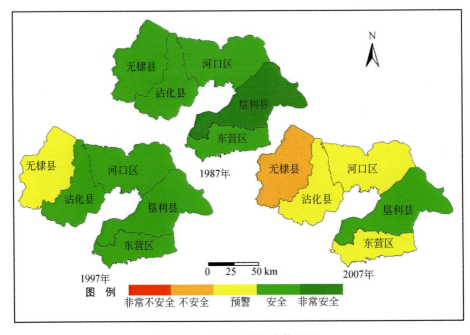

图 10-11　湿地生态安全等级图

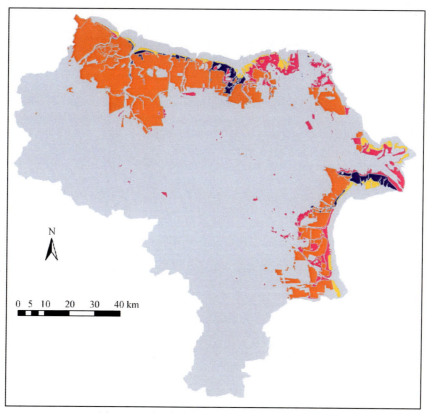

图 11-1　需要恢复的区域（灰色以外的区域）

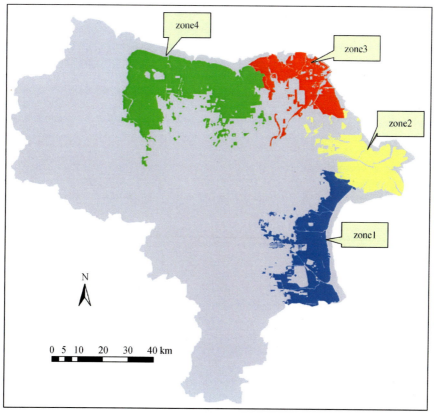

图 11-2　黄河三角洲湿地恢复 4 个亚区域

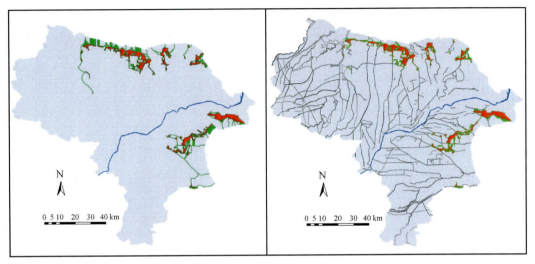

(a) 海水恢复花费最少路径　　　　　　　　　　(b) 废水恢复花费最少路径

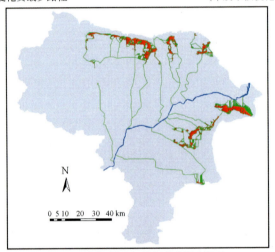

(c) 淡水(黄河水)恢复花费最少路径

图 11-3　不同水源恢复最短路径分析备注

图中红色为需要恢复区域，绿色为恢复花费最少的路径